SolidWorks 专业技能认证考试培训丛书

SolidWorks 产品设计实例精解
（2015 版）

（配全程视频教程）

北京兆迪科技有限公司　编著

电子工業出版社·

Publishing House of Electronics Industry

北京·BEIJING

内 容 提 要

本书是进一步学习 SolidWorks 2015 产品设计的高级实例书籍，本书介绍了 38 个经典的实际产品的设计全过程，这些实例涉及各个行业和领域．选用的实例都是生产一线实际应用中的各种产品，经典而实用。书中讲解选用的范例、实例或应用案例覆盖了不同行业，具有很强的实用性和广泛的适用性。

本书在内容上，针对每一个实例先进行概述，说明该实例的特点，使读者对它有一个整体的认识，学习也更有针对性，接下来通过具体的操作步骤翔实、透彻、图文并茂地引领读者一步一步地完成设计，这种讲解方法不仅能使读者更快、更深入地理解 SolidWorks 产品设计中的一些抽象的概念、设计技巧和复杂的命令及功能，还能使读者较快地进入产品设计实战状态；在写作方式上，本书紧贴软件的实际操作界面，使初学者能够提高学习效率。通过本书的学习，读者能在较短时间内掌握一些外形复杂产品的设计方法和技巧。本书附有 1 张多媒体 DVD 学习光盘，制作了 195 个 SolidWorks 产品设计技巧和具有针对性的实例教学视频，并进行了详细的语音讲解，讲解时长达 21 个小时（1260 分钟）。另外，光盘中特提供了素材源文件。

本书可作为工程技术人员学习 SolidWorks 产品设计的自学教程和参考书，也可作为大中专院校学生和各类培训学校学员的 CAD/CAM 课程上课及上机练习教材。

本书是 "SolidWorks 专业技能认证考试培训丛书" 中的一本，读者在阅读本书后，可根据自己工作和专业的需要，抑或为了进一步提高 SolidWorks 技能、增加职场竞争力，再购买丛书中其他书籍。

图书在版编目（CIP）数据

SolidWorks 产品设计实例精解：2015 版/北京兆迪科技有限公司编著. —北京：电子工业出版社，2015.7
（SolidWorks 专业技能认证考试培训丛书）
配全程视频教程
ISBN 978-7-121-26501-3

Ⅰ. ①S… Ⅱ. ①北… Ⅲ. ①工业产品—计算机辅助设计—应用软件—资格考试—自学参考资料
Ⅳ. ①TB472-39

中国版本图书馆 CIP 数据核字（2015）第 147207 号

策划编辑：管晓伟
责任编辑：管晓伟　　　　特约编辑：李兴 等
印　　刷：涿州市京南印刷厂
装　　订：涿州市京南印刷厂
出版发行：电子工业出版社
　　　　　北京市海淀区万寿路 173 信箱　　　邮编：100036
开　　本：787×1092　1/16　　印张：22.5　　字数：540 千字
版　　次：2015 年 7 月第 1 版
印　　次：2015 年 7 月第 1 次印刷
定　　价：59.90 元（含多媒体 DVD 光盘 1 张）

凡所购买电子工业出版社图书有缺损问题，请向购买书店调换。若书店售缺，请与本社发行部联系，联系及邮购电话：（010）88254888。

质量投诉请发邮件至 zlts@phei.com.cn，盗版侵权举报请发邮件至 dbqq@phei.com.cn。

服务热线：（010）88258888。

丛书介绍与选读

这套 SolidWorks 丛书自 2007 年出版以来，已经拥有超过百万的读者并赢得了他们的认可和青睐，很多读者在图书版本升级后还继续选购。SolidWorks 是一款非常优秀的 CAD/CAM/CAE 软件，由于其功能强大、价格适中，目前在我国占有绝对的市场份额，近年来随着 SolidWorks 软件功能进一步完善，其市场占有率越来越高，我们这套 SolidWorks 丛书质量也在不断完善，丛书涵盖的模块也不断增加。为了方便广大读者选购本套丛书，下面特对本套丛书进行介绍。首先介绍本套 SolidWorks 丛书的主要特点：

- ☑ 本套 SolidWorks 丛书是目前涵盖 SolidWorks 模块功能最多、体系最完整、丛书数量（共 18 本）最多的一套丛书，拥有的读者群也最多。

- ☑ 本套 SolidWorks 丛书特为中国大陆读者编写，编写时充分考虑到了中国大陆读者的阅读习惯，语言简洁，讲解详细，条理清晰，图文并茂。

- ☑ 本套 SolidWorks 丛书中的每一本书内都附带 1 张多媒体 DVD 学习光盘，对书中内容进行全程讲解，并且制作了大量 SolidWorks 应用技巧和具有针对性的范例教学视频，并进行了详细的语音讲解，随着中国大陆读者生活节奏不断加快，读者可将光盘中语音讲解录像复制到个人手机、iPad 等电子工具中随时观看、学习。另外，光盘内还包含了书中所有的素材模型、练习模型、范例模型的原始文件及配置文件，方便读者学习。

- ☑ 本套 SolidWorks 丛书中的每一本书在写作方式上，都紧贴 SolidWorks 软件的实际操作界面，采用软件中真实的对话框、操控板和按钮等进行讲解，使初学者能够直观、准确地操作软件进行学习，从而尽快地上手，提高学习效率。

本套 SolidWorks 丛书的所有 18 本图书全部是由北京兆迪科技有限公司统一组织策划、研发和编写的，当然，兆迪公司在策划和编写这套丛书的过程中，也有来自各个行业著名公司的顶尖工程师的参与，将他们所在不同行业的独特的工程案例及设计技巧、经验都融入进来；同时这套丛书也获得了 SolidWorks 厂商的支持，并且丛书的高质量也获得了他们的认可。

本套 SolidWorks 丛书的优点是丛书中的每一本书在内容上都是相互独立的、但是在工程案例的应用上是相互关联、互为一体的，在编写风格上也完全一致，因此读者可根据自己目前的需要单独购买丛书中的一本或多本，但是如果以后为了进一步提高 SolidWorks 技能而需要购书学习，建议还是购买本丛书中的相关书籍，这样可以保证学习的连续性和很好的学习效果。现在市场上也有一些其他的 SolidWorks 丛书，但这些丛书中的每一本都是由不同的独立作者编写的，每本书之间没有任何关联性，写作风格也各不相同，因此这些丛书很难保证学习的连续性和好的学习效果。

《SolidWorks 快速入门教程（2015 版）》是学习 SolidWorks 2015 的快速入门与提高教程，也是学习 SolidWorks 高级或专业模块的基础教程，这些高级或专业模块包括曲面、钣金、工程图、注塑模具、冲压模具、运动仿真与分析、管道、电气布线、结构分析等。如果读者以后根据自己工作和专业的需要，或者是为了增加职场竞争力，需要学习这些专业模块，建议先熟练掌握本套丛书的《SolidWorks 快速入门教程（2015 版）》中的基础内容，然后再学习这些高级或专业模块，以提高这些模块的学习效率。

另外，由于《SolidWorks 快速入门教程（2015 版）》内容丰富、讲解详细、价格低廉，该书的低版本书籍《SolidWorks 快速入门教程（2007 版）》、《SolidWorks 快速入门教程（2008 版）》、《SolidWorks 快速入门教程（2009 版）》、《SolidWorks 快速入门教程（2010 版）》、《SolidWorks 快速入门教程（2011 版）》、《SolidWorks 快速入门教程（2012 版）》、《SolidWorks 快速入门教程（2013 版）》和《SolidWorks 快速入门教程（2014 版）》已经累计被我国 50 多所大学本科院校和高等职业院校选为大学生 CAD/CAM/CAE 等课程的教材。《SolidWorks 快速入门教程（2015 版）》与以前的版本相比，书籍的质量和性价比有了大幅的提高，我们相信会有更多的高校选择此书作为教材，以进一步提高教学质量。下面对本丛书中的每一本书进行简要介绍：

(1)《SolidWorks 快速入门教程（2015 版）》

- 内容概要：本书是学习 SolidWorks 的快速入门教程，内容包括 SolidWorks 功能概述、SolidWorks 软件安装方法和过程、软件的环境设置与工作界面的用户定制和各常用模块应用基础。
- 适用读者：零基础读者，或者作为中高级读者查阅 SolidWorks 2015 新功能、新操作之用，也可作为工具书放在手边以备个别功能不熟或遗忘而备查。

(2)《SolidWorks 产品设计实例精解（2015 版）》

- 内容概要：本书是学习 SolidWorks 产品设计实例类的中高级书籍。
- 适用读者：适合中高级读者提高产品设计能力、掌握更多产品设计技巧。SolidWorks 基础不扎实的读者在阅读本书前，建议选购和阅读本丛书中的《SolidWorks 快速入门教程（2015 版）》。

(3)《SolidWorks 工程图教程（2015 版）》

- 内容概要：本书是全面、系统学习 SolidWorks 工程图设计的中高级书籍。
- 适用读者：适合中高级读者全面精通 SolidWorks 工程图设计方法和技巧。

(4)《SolidWorks 曲面设计教程（2015 版）》

- 内容概要：本书是学习 SolidWorks 曲面设计的中高级书籍。
- 适用读者：适合中高级读者全面精通 SolidWorks 曲面设计。SolidWorks 基础不扎实的读者在阅读本书前，建议选购和阅读本丛书中的《SolidWorks 快速入门教程（2015 版）》。

（5）《SolidWorks 曲面设计实例精解（2015 版）》

- 内容概要：本书是学习 SolidWorks 曲面造型设计实例类的中高级书籍。
- 适用读者：适合中高级读者提高曲面设计能力、掌握更多曲面设计技巧。SolidWorks 基础不扎实的读者在阅读本书前，建议选购和阅读本丛书中的《SolidWorks 快速入门教程（2015 版）》、《SolidWorks 曲面设计教程（2015 版）》。

（6）《SolidWorks 高级应用教程（2015 版）》

- 内容概要：本书是进一步学习 SolidWorks 高级功能的书籍。
- 适用读者：适合读者进一步提高 SolidWorks 应用技能。SolidWorks 基础不扎实的读者在阅读本书前，建议选购和阅读本丛书中的《SolidWorks 快速入门教程（2015 版）》。

（7）《SolidWorks 钣金件与焊件教程（2015 版）》

- 内容概要：本书是学习 SolidWorks 钣金件与焊件设计的中高级书籍。
- 适用读者：适合读者全面精通 SolidWorks 钣金件与焊件设计。SolidWorks 基础不扎实的读者在阅读本书前，建议选购和阅读本丛书中的《SolidWorks 快速入门教程（2015 版）》。

（8）《SolidWorks 钣金设计实例精解（2015 版）》

- 内容概要：本书是学习 SolidWorks 钣金设计实例类的中高级书籍。
- 适用读者：适合读者提高钣金设计能力、掌握更多钣金设计技巧。SolidWorks 基础不扎实的读者在阅读本书前，建议选购和阅读本丛书中的《SolidWorks 快速入门教程（2015 版）》、《SolidWorks 钣金件与焊件教程（2015 版）》。

（9）《钣金展开实用技术手册（SolidWorks 2015 版）》

- 内容概要：本书是学习 SolidWorks 钣金展开的中高级书籍。
- 适用读者：适合读者全面精通 SolidWorks 钣金展开技术。SolidWorks 基础不扎实的读者在阅读本书前，建议选购和阅读本丛书中的《SolidWorks 快速入门教程（2015 版）》、《SolidWorks 钣金件与焊件教程（2015 版）》。

（10）《SolidWorks 模具设计教程（2015 版）》

- 内容概要：本书是学习 SolidWorks 模具设计的中高级书籍。
- 适用读者：适合读者全面精通 SolidWorks 模具设计。SolidWorks 基础不扎实的读者在阅读本书前，建议选购和阅读本丛书中的《SolidWorks 快速入门教程（2015 版）》。

（11）《SolidWorks 模具设计实例精解（2015 版）》

- 内容概要：本书是学习 SolidWorks 模具设计实例类的中高级书籍。
- 适用读者：适合读者提高模具设计能力、掌握更多模具设计技巧。SolidWorks

基础不扎实的读者在阅读本书前，建议选购和阅读本丛书中的《SolidWorks 快速入门教程（2015 版）》、《SolidWorks 模具设计教程（2015 版）》。

（12）《SolidWorks 冲压模具设计教程（2015 版）》
- 内容概要：本书是学习 SolidWorks 冲压模具设计的中高级书籍。
- 适用读者：适合读者全面精通 SolidWorks 冲压模具设计。SolidWorks 基础不扎实的读者在阅读本书前，建议选购和阅读本丛书中的《SolidWorks 快速入门教程（2015 版）》。

（13）《SolidWorks 冲压模具设计实例精解（2015 版）》
- 内容概要：本书是学习 SolidWorks 冲压模具设计实例类的中高级书籍。
- 适用读者：适合读者提高冲压模具设计能力、掌握更多冲压模具设计技巧。SolidWorks 基础不扎实的读者在阅读本书前，建议选购和阅读本丛书中的《SolidWorks 快速入门教程（2015 版）》、《SolidWorks 冲压模具设计教程（2015 版）》。

（14）《SolidWorks 运动仿真与分析教程（2015 版）》
- 内容概要：本书是学习 SolidWorks 运动仿真与分析的中高级书籍。
- 适用读者：适合中高级读者全面精通 SolidWorks 运动仿真与分析。

（15）《SolidWorks 管道与电气布线教程（2015 版）》
- 内容概要：本书是学习 SolidWorks 管道与电气布线设计的中高级书籍。
- 适用读者：高产品设计师。SolidWorks 基础不扎实的读者在阅读本书前，建议选购和阅读本丛书中的《SolidWorks 快速入门教程（2015 版）》。

（16）《SolidWorks 结构分析教程（2015 版）》
- 内容概要：本书是学习 SolidWorks 结构分析的中高级书籍。
- 适用读者：高级产品设计师、分析工程师。SolidWorks 基础不扎实的读者在阅读本书前，建议选购和阅读本丛书中的《SolidWorks 快速入门教程（2015 版）》。

（17）《SolidWorks 振动分析教程（2015 版）》
- 内容概要：本书是学习 SolidWorks 振动分析的中高级书籍。
- 适用读者：高级产品设计师、分析工程师。

（18）《SolidWorks 流体分析教程（2015 版）》
- 内容概要：本书是学习 SolidWork 流体分析的中高级书籍。
- 适用读者：高级产品设计师、分析工程师。SolidWorks 基础不扎实的读者在阅读本书前，建议选购和阅读本丛书中的《SolidWorks 快速入门教程（2015 版）》。

前　　言

SolidWorks 是由美国 SolidWorks 公司推出的功能强大的三维机械设计软件系统，自 1995 年问世以来，以其优异的性能、易用性和创新性，极大地提高了机械工程师的设计效率，在与同类软件的激烈竞争中已经确立了其市场地位，成为三维机械设计软件的标准，其应用范围涉及航空航天、汽车、机械、造船、通用机械、医疗器械和电子等诸多领域。

三维建模是产品设计的基础和关键，要熟练掌握使用 SolidWorks 对各种零件的三维建模，只靠理论学习和少量的练习是远远不够的。编著本书的目的正是为了使读者通过书中的经典实例，迅速掌握各种曲面零件的建模方法、技巧和构思精髓，使读者在短时间内成为一名 SolidWorks 产品设计高手。本书是进一步学习 SolidWorks 2015 产品设计的高级实例书籍，其特色如下：

- 本书介绍了 38 个实际产品的设计全过程，最后一个实例采用目前最为流行的 Top_Down（自顶向下）方法进行设计，令人耳目一新，对读者的实际设计具有很好的指导和借鉴作用。

- 讲解详细，条理清晰，图文并茂，保证自学的读者能够独立学习书中的内容。

- 写法独特，采用 SolidWorks 2015 软件中真实的对话框、按钮和图标等进行讲解，使初学者能够直观、准确地操作软件，从而大大提高学习效率。

- 附加值高，本书附有 1 张多媒体 DVD 学习光盘，制作了 236 个 SolidWorks 产品设计技巧和具有针对性实例的教学视频，并进行了详细的语音讲解，时长达 21.7 小时（1302 分钟），可以帮助读者轻松、高效地学习。

本书由北京兆迪科技有限公司编著，参加编写的人员有詹友刚、王焕田、刘静、雷保珍、刘海起、魏俊岭、任慧华、詹路、冯元超、刘江波、周涛、段进敏、赵枫、邵为龙、侯俊飞、龙宇、施志杰、詹棋、高政、孙润、李倩倩、黄红霞、尹泉、李行、詹超、尹佩文。本书经过多次审校，但仍不免有疏漏之处，恳请广大读者予以指正。

电子邮箱：zhanygjames@163.com

咨询电话：010-82176248　010-82176249

编　者

本 书 导 读

为了能更高效地学习本书，请您务必仔细阅读下面的内容。

读者对象

本书是进一步学习 SolidWorks 2015 产品设计的高级实例书籍，可作为工程技术人员进一步学习 SolidWorks 的自学教程和参考书，也可作为大专院校学生和各类培训学校学员的 SolidWorks 课程上课或上机练习教材。

写作环境

本书使用的操作系统为 64 位的 Windows 7，系统主题采用 Windows 经典主题。

本书的写作蓝本是 SolidWorks 2015 中文版。

光盘使用

为方便读者练习，特将本书所有素材文件、已完成的范例文件、配置文件和视频语音讲解文件等放入随书附带的光盘中，读者在学习过程中可以打开相应的素材文件进行操作和练习。

本书附有 1 张多媒体 DVD 光盘，建议读者在学习本书前，先将 DVD 光盘中的所有文件复制到计算机的 D 盘中。在 D 盘中 sw15.7 目录下共有 3 个子目录：

（1）sw15_system_file 子目录：包含一些系统配置文件。

（2）work 子目录：包含本书讲解中所有的教案文件、范例文件和练习素材文件。

（3）video 子目录：包含本书讲解中的视频录像文件。读者学习时，可在该子目录中按顺序查找所需的视频文件。

光盘中带有 ok 的文件或文件夹表示已完成的范例。

本书约定

- 本书中有关鼠标操作的说明如下。
    - ☑ 单击：将鼠标指针移至某位置处，然后按一下鼠标的左键。
    - ☑ 双击：将鼠标指针移至某位置处，然后连续快速地按两次鼠标的左键。
    - ☑ 右击：将鼠标指针移至某位置处，然后按一下鼠标的右键。
    - ☑ 单击中键：将鼠标指针移至某位置处，然后按一下鼠标的中键。
    - ☑ 滚动中键：只是滚动鼠标的中键，而不能按中键。
    - ☑ 选择（选取）某对象：将鼠标指针移至某对象上，单击以选取该对象。
    - ☑ 拖移某对象：将鼠标指针移至某对象上，然后按下鼠标的左键不放，同时移动鼠标，将该对象移动到指定的位置后再松开鼠标的左键。

- 本书中的操作步骤分为 Task、Stage 和 Step 三个级别，说明如下：

  ☑ 对于一般的软件操作，每个操作步骤以 Step 字符开始。例如，下面是草绘环境中绘制椭圆操作步骤的表述：

  Step1. 选择下拉菜单 工具(T) ➝ 草图绘制实体(K) ➝ ⊘ 椭圆(长短轴)(E) 命令（或单击"草图"工具栏中的 ⊘ 按钮）。

  Step2. 定义椭圆中心点。在图形区某位置单击，放置椭圆的中心点。

  Step3. 定义椭圆长轴。在图形区某位置单击，定义椭圆的长轴和方向。

  Step4. 确定椭圆大小。移动鼠标指针，将椭圆拉至所需形状并单击以定义椭圆的短轴。

  ☑ 每个 Step 操作视其复杂程度，其下面可含有多级子操作。例如 Step1 下可能包含（1）、（2）、（3）等子操作，子操作（1）下可能包含①、②、③等子操作，子操作①下可能包含 a)、b)、c) 等子操作。

  ☑ 如果操作较复杂，需要几个大的操作步骤才能完成，则每个大的操作冠以 Stage1、Stage2、Stage3 等，Stage 级别的操作下再分 Step1、Step2、Step3 等操作。

  ☑ 对于多个任务的操作，则每个任务冠以 Task1、Task2、Task3 等，每个 Task 操作下则可包含 Stage 和 Step 级别的操作。

- 由于已建议读者将随书光盘中的所有文件复制到计算机 D 盘中，所以书中在要求设置工作目录或打开光盘文件时，所述的路径均以 D:开始。

技术支持

本书主要参编人员均来自北京兆迪科技有限公司，该公司专业从事 SolidWorks 技术的研究、开发、咨询及产品设计与制造服务，并提供 SolidWorks 软件的专业面授培训及技术上门服务。读者在学习本书的过程中如果遇到问题，可通过访问该公司的网站 http://www.zalldy.com 来获得技术支持。

咨询电话：010-82176248，010-82176249。

目　　录

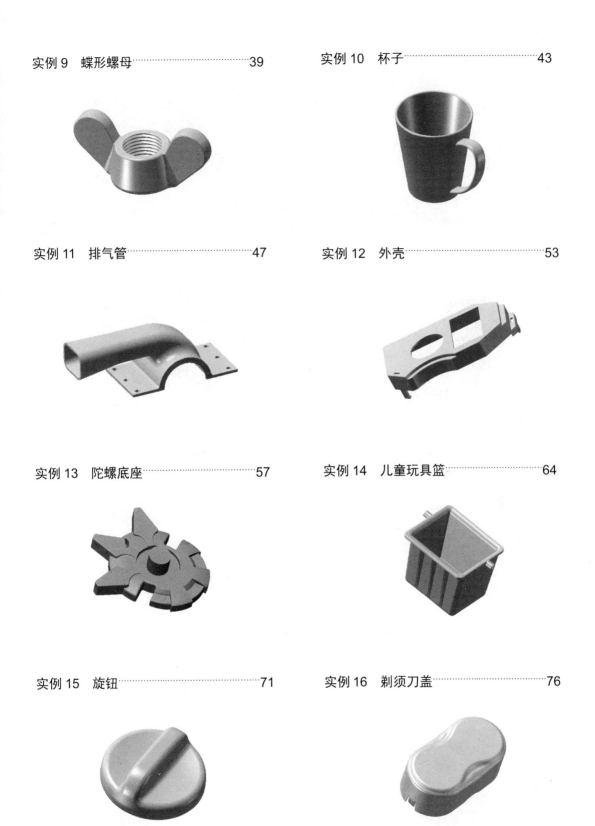

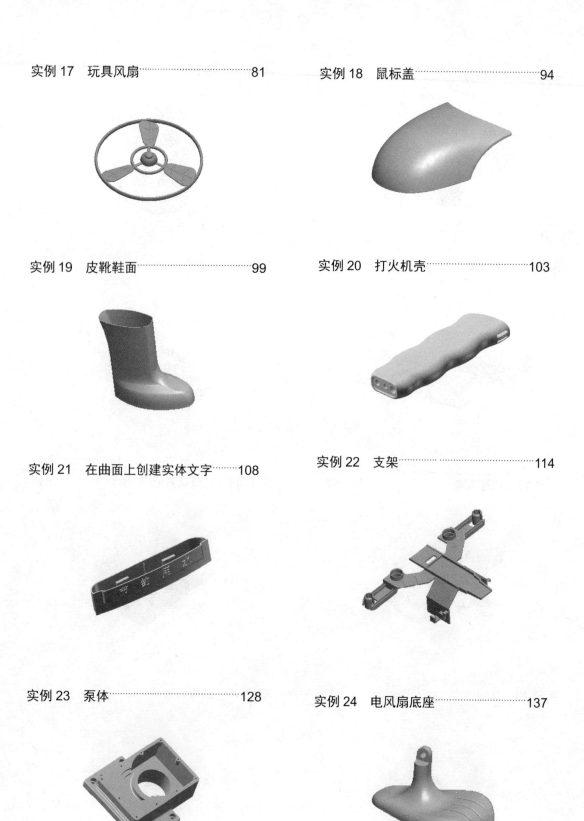

实例 **1** 机械手部件

实例概述

本实例介绍一个机械手部件的创建过程，其中用到的命令有凸台-拉伸、切除-拉伸及圆角命令，该零件模型及设计树如图 1.1 所示。

图 1.1 零件模型和设计树

Step1. 新建一个零件模型文件，进入建模环境。

Step2. 创建图 1.2 所示的零件特征—— 凸台-拉伸 1。选择下拉菜单 插入(I) ➡ 凸台/基体(B) ➡ 拉伸(E)...命令（或单击 按钮）；选取前视基准面为草图基准面；在草图绘制环境中绘制图 1.3 所示的横断面草图；在"凸台-拉伸"对话框 方向1 区域的下拉列表中选择 两侧对称 选项，输入深度值 20.0；单击 按钮，完成凸台-拉伸 1 的创建。

图 1.2 凸台-拉伸 1

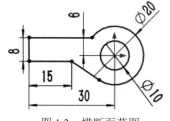

图 1.3 横断面草图

Step3. 创建图 1.4 所示的切除-拉伸 1。选择下拉菜单 插入(I) ➡ 切除(C) ➡ 拉伸(E)...命令；选取图 1.5 所示的面为草图基准面，绘制图 1.6 所示的横断面草图；在"切除-拉伸"对话框 方向1 区域 按钮后的下拉列表中选择 完全贯穿 选项；单击 按钮，完成切除-拉伸 1 的创建。

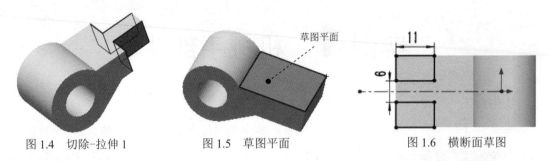

图 1.4　切除-拉伸 1　　　　　　图 1.5　草图平面　　　　　　图 1.6　横断面草图

Step4. 创建图 1.7 所示的零件特征——凸台-拉伸 2。选择下拉菜单 插入(I) ➡
凸台/基体(B) ➡ 拉伸(E)... 命令（或单击 按钮）；选取前视基准面为草图基准面；
在草图绘制环境中绘制图 1.8 所示的横断面草图；在"凸台-拉伸"对话框 方向1 区域的下
拉列表中选择 两侧对称 选项，输入深度值 6.0；单击 按钮，完成凸台-拉伸 2 的创建。

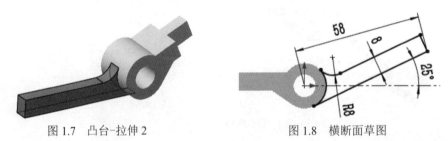

图 1.7　凸台-拉伸 2　　　　　　图 1.8　横断面草图

Step5. 创建图 1.9 所示的零件特征——凸台-拉伸 3。选择下拉菜单 插入(I) ➡
凸台/基体(B) ➡ 拉伸(E)... 命令（或单击 按钮）；选取图 1.10 所示的平面为草图
基准面；在草图绘制环境中绘制图 1.11 所示的横断面草图；在"凸台-拉伸"对话框 方向1
区域的下拉列表中选择 给定深度 选项，输入深度值 8.0；单击 按钮，完成凸台-拉伸 3 的
创建。

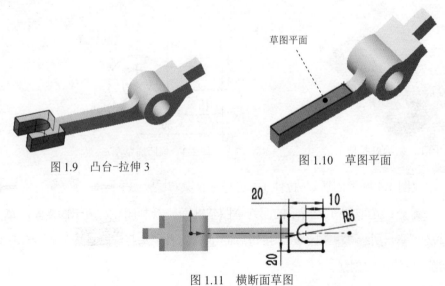

图 1.9　凸台-拉伸 3　　　　　　图 1.10　草图平面

图 1.11　横断面草图

Step6. 创建图 1.12b 所示的"圆角 1"。选择下拉菜单 插入(I) ➡ 特征(F) ➡ 圆角(F)···命令；选取图 1.12a 所示的边线为要倒圆角的对象；在对话框中输入半径值 7.0；单击"圆角"对话框中的 ✔ 按钮，完成圆角 1 的创建。

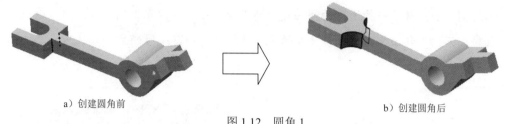

a）创建圆角前　　　　　　　　　　　　　　　b）创建圆角后

图 1.12　圆角 1

Step7. 创建图 1.13b 所示的"圆角 2"。选择下拉菜单 插入(I) ➡ 特征(F) ➡ 圆角(F)···命令；选取图 1.13a 所示的边线为要倒圆角的对象；在对话框中输入半径值 5.0；单击"圆角"对话框中的 ✔ 按钮，完成圆角 2 的创建。

a）创建圆角前　　　　　　　　　　　　　　　b）创建圆角后

图 1.13　圆角 2

Step8. 至此，零件模型创建完毕。选择下拉菜单 文件(F) ➡ 保存(S)命令，命名为 machine hand，即可保存零件模型。

实例 2　塑料旋钮

实例概述：

本实例主要讲解了一款简单的塑料旋钮的设计过程，在该零件的设计过程中运用了拉伸、旋转、阵列等命令，需要读者注意的是创建拉伸特征草绘时的方法和技巧。零件模型及设计树如图 2.1 所示。

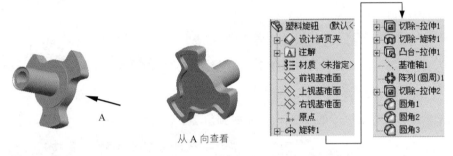

图 2.1　零件模型及设计树

Step1. 新建一个零件模型文件，进入建模环境。

Step2. 创建图 2.2 所示的零件基础特征——凸台-旋转 1。选择下拉菜单 插入(I) ➡ 凸台/基体(B) ➡ 旋转(R)... 命令。选取前视基准面作为草图基准面，绘制图 2.3 所示的横断面草图（包括旋转中心线）。采用草图中绘制的中心线作为旋转轴线，在 方向1 区域的 文本框中输入数值 360.00。

图 2.2　凸台-旋转 1

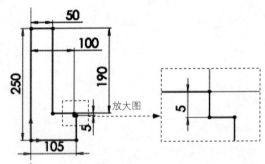

图 2.3　横断面草图 1

Step3. 创建图 2.4 所示的零件特征——切除-拉伸 1。选择下拉菜单 插入(I) ➡ 切除(C) ➡ 拉伸(E)... 命令。选取图 2.4 所示的模型表面作为草图基准面，绘制图 2.5 所示的横断面草图。在"切除-拉伸"窗口 方向1 区域的下拉列表中选择 给定深度 选项，输入深度值 190.0。

Step4. 创建图 2.6 所示的零件特征——切除-旋转 1。选择下拉菜单 插入(I) ➡ 切除(C) ➡ 旋转(R)... 命令。选取右视基准面作为草图基准面，绘制图 2.7 所示的横断面草图，在"切除-旋转"窗口中输入旋转角度值 360.0。

图 2.4 切除-拉伸 1

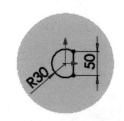

图 2.5 横断面草图 2

图 2.6 切除-旋转 1

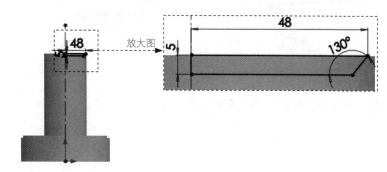

图 2.7 横断面草图 3

Step5. 创建图 2.8 所示的零件特征——凸台-拉伸 1。选择下拉菜单 插入(I) ➡ 凸台/基体(B) ➡ 拉伸(E)...命令。选取上视基准面作为草图基准面，绘制图 2.9 所示的横断面草图；在"凸台-拉伸"窗口 方向1 区域的下拉列表中选择 给定深度 选项，输入深度值 55.0。

Step6. 创建图 2.10 所示的基准轴 1。选择下拉菜单 插入(I) ➡ 参考几何体(G) ➡ 基准轴(A) 命令；单击 选择(S) 区域中的 圆柱/圆锥面(C) 按钮，选取图 2.10 所示的圆柱面作为基准轴的参考实体。

图 2.8 凸台-拉伸 1

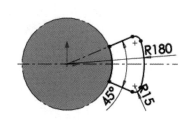

图 2.9 横断面草图 4

图 2.10 基准轴 1

Step7. 创建图 2.11 所示的圆周阵列 1。选择下拉菜单 插入(I) ➡ 阵列/镜向(E) ➡ 圆周阵列(C)...命令。选取凸台-拉伸 1 为阵列的源特征，选取基准轴 1 为圆周阵列轴；在 参数(P) 区域的 后的文本框中输入角度值 120.0，在 后的文本框中输入数值 3；单击 按钮，完成圆周阵列的创建。

Step8. 创建图 2.12 所示的零件特征——切除-拉伸 2。选择下拉菜单 插入(I) ➡ 切除(C) ➡ 📦 拉伸(E)... 命令。选取上视基准面作为草图基准面，绘制图 2.13 所示的横断面草图，在"切除-拉伸"窗口 方向1 区域的下拉列表中选择 给定深度 选项，单击 🔧 按钮，输入深度值为 20.0。

图 2.11　圆周阵列 1

图 2.12　切除-拉伸 2

图 2.13　横截面草图 5

Step9. 创建图 2.14 所示的圆角 1。选择图 2.14a 所示的边线为圆角对象，圆角半径值为 25.0。

a）圆角前

b）圆角后

图 2.14　圆角 1

Step10. 创建图 2.15 所示的圆角 2。选择图 2.15a 所示的边链为圆角对象，圆角半径值为 2.0。

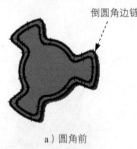

a）圆角前

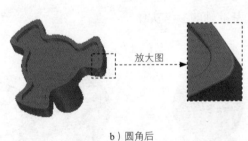

b）圆角后

图 2.15　圆角 2

Step11. 创建图 2.16 所示的圆角 3。选择图 2.16a 所示的边链为圆角对象，圆角半径值为 2.0。

Step12. 保存零件模型。选择下拉菜单 文件(F) ➡ 💾 保存(S) 命令，将零件模型命名为"塑料旋钮"，即可保存零件模型。

a）圆角前

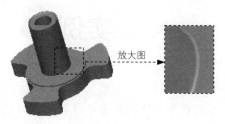

b）圆角后

图 2.16　圆角 3

实例 **3** 减速器上盖

实例概述

本实例介绍减速器上盖模型的设计过程，其设计过程是先由一个拉伸特征创建出主体形状，再利用抽壳形成箱体，在此基础上创建其他修饰特征，其中筋（肋）的创建是首次出现，需要读者注意。零件模型及设计树如图 3.1 所示。

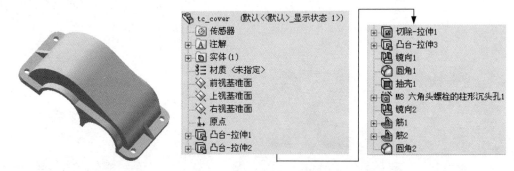

图 3.1　零件模型和设计树

Step1. 新建模型文件。选择下拉菜单 文件(F) ➡ 新建(N)... 命令，在系统弹出的"新建 SolidWorks 文件"对话框中选择"零件"模块，单击 确定 按钮，进入建模环境。

Step2. 创建图 3.2 所示的零件基础特征——凸台-拉伸 1。选择下拉菜单 插入(I) ➡ 凸台/基体(B) ➡ 拉伸(E)... 命令；选取前视基准面为草图基准面，在草绘环境中绘制图 3.3 所示的横断面草图，选择下拉菜单 插入(I) ➡ 退出草图 命令；采用系统默认的深度方向，在"凸台-拉伸"对话框 方向1 区域的下拉列表中选择 给定深度 选项，输入深度值 15.0；单击 ✔ 按钮，完成凸台-拉伸 1 的创建。

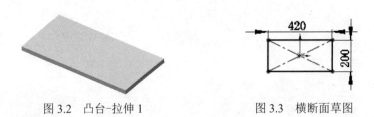

图 3.2　凸台-拉伸 1　　　　　　　图 3.3　横断面草图

Step3. 创建图 3.4 所示的零件特征——凸台-拉伸 2。选择下拉菜单 插入(I) ➡ 凸台/基体(B) ➡ 拉伸(E)... 命令；选取上视基准面为草图基准面，在草绘环境中绘制图 3.5 所示的横断面草图；在"凸台-拉伸"对话框 方向1 区域的下拉列表中选择 两侧对称 选项，输入深度值 160.0；单击 ✔ 按钮，完成凸台-拉伸 2 的创建。

图 3.4 凸台-拉伸 2

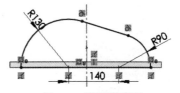

图 3.5 横断面草图

Step4. 创建图 3.6 所示的零件特征——切除-拉伸 1。选择下拉菜单 插入(I) ➡ 切除(C) ➡ 🔲 拉伸(E)... 命令。选取上视基准面为草图基准面，绘制图 3.7 所示的横断面草图。定义切除深度属性。采用系统默认的切除深度方向。选中 ☑ 方向2 复选框，在"切除-拉伸"对话框 方向1 区域和 ☑ 方向2 区域的下拉列表中均选择 完全贯穿 选项。单击对话框中的 ✔ 按钮，完成切除-拉伸 1 的创建。

图 3.6 切除-拉伸 1

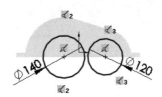

图 3.7 横断面草图

Step5. 创建图 3.8 所示的零件特征—— 凸台-拉伸 3。选择下拉菜单 插入(I) ➡ 凸台/基体(B) ➡ 🔲 拉伸(E)... 命令；选取图 3.9 所示的模型表面为草图基准面；在草绘环境中绘制图 3.10 所示的横断面草图（绘制时，应使用"转换实体引用"命令和"等距实体"命令先绘制出大体轮廓，然后建立约束并修改为目标尺寸）；采用系统默认的深度方向，在"凸台-拉伸"对话框 方向1 区域的下拉列表中选择 给定深度 选项，输入深度值 20.0；单击 ✔ 按钮，完成凸台-拉伸 3 的创建。

图 3.8 凸台-拉伸 3

草图基准面

图 3.9 定义草图基准面

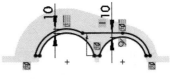

图 3.10 横断面草图

Step6. 创建图 3.11 所示的"镜像 1"。选择下拉菜单 插入(I) ➡ 阵列/镜向(E) ➡ 🔲 镜向(M)... 命令；在设计树中选取上视基准面为镜像基准面；选取凸台-拉伸 3 为镜像 1 的对象；单击对话框中的 ✔ 按钮，完成镜像 1 的创建。

说明： 软件中错误翻译为"镜向"应为"镜像"。

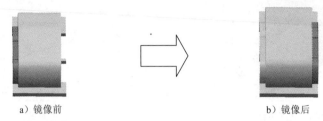

a）镜像前　　　　　　　　　　　　　　b）镜像后

图 3.11　镜像 1

Step7. 创建图 3.12b 所示的"圆角 1"。选择下拉菜单 插入(I)　　　 特征(F)

　　 圆角(U)… 命令；采用系统默认的圆角类型；选取图 3.12a 所示的边线为要倒圆

角的对象；在"圆角"对话框中输入半径值 30.0；单击 ✔ 按钮，完成圆角 1 的创建。

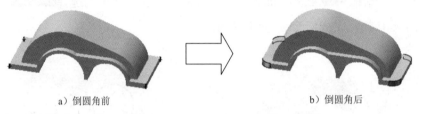

a）倒圆角前　　　　　　　　　　　　　b）倒圆角后

图 3.12　圆角 1

Step8. 创建图 3.13b 所示的零件特征——抽壳 1。选择下拉菜单 插入(I)　　　 特征(F)

　　 抽壳(S)… 命令；选取图 3.13a 所示的模型表面为要移除的面；在"抽壳 1"对话

框 参数(P) 区域 后的文本框中输入壁厚值 10.0；单击对话框中的 ✔ 按钮，完成抽壳 1 的创建。

要移除的面

a）抽壳前　　　　　　　　　　　　　b）抽壳后

图 3.13　抽壳 1

Step9. 创建图 3.14 所示的零件特征——M8 六角头螺栓的柱形沉头孔 1。选择下拉菜单

插入(I)　　　 特征(F)　　　 孔(H)　　　 向导(W)… 命令；在"孔规格"对话框中单击

位置 选项卡，选取图 3.15 所示的模型表面为孔的放置面，在放置面上单击两点将出现

孔的预览，单击 按钮，建立图 3.16 所示的尺寸，并修改为目标尺寸；在"孔位置"对话

框单击 类型 选项卡，在 孔类型(T) 区域选择孔"类型"为 （柱形沉头孔），标准为 Gb ，

定义孔的终止条件。采用系统默认的深度方向，然后在 终止条件(C) 下拉列表中选择 完全贯穿

选项，在 孔规格 区域选中 ☑ 显示自定义大小(Z) 复选框，定义孔的大小为 M8 ，配合为 正常 。

在 后的文本框中输入数值 9.0，在 后的文本框中输入数值 18.0，在 后的文本框中输入数值 3.0；单击 按钮，完成 M8 六角头螺栓的柱形沉头孔 1 的创建。

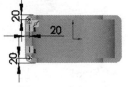

孔的放置面

图 3.14　M8 六角头螺栓的柱形沉头孔 1　　　图 3.15　定义孔的放置面　　　图 3.16　建立尺寸

Step10. 创建图 3.17b 所示的"镜像 2"。选择下拉菜单 插入(I) ➔ 阵列/镜向(E) ➔ 镜向(M)...命令；选取右视基准面为镜像基准面，选取六角头螺栓的柱形沉头孔 1 为镜像 2 的对象；单击 按钮，完成镜像 2 的创建。

a）镜像前　　　　　　　　　　b）镜像后

图 3.17　镜像 2

Step11. 创建图 3.18 所示的零件特征——筋 1。选择下拉菜单 插入(I) ➔ 特征(E) ➔ 筋(R)...命令；定义筋（肋）特征的横断面草图，选取上视基准面为草图基准面，绘制图 3.19 所示的横断面草图，建立尺寸和几何约束，并修改为目标尺寸；定义筋特征的参数，在"筋"对话框的 参数(P) 区域中单击 （两侧）按钮，输入筋厚度值 10.0，在 拉伸方向: 下单击"平行于草图"按钮 ；如有必要，选中 ☑ 反转材料方向(F) 复选框，使筋的生成方向指向实体，单击 按钮，完成筋 1 的创建。

35

图 3.18　筋 1　　　　　　　图 3.19　横断面草图

Step12. 创建图 3.20 所示的零件特征——筋 2。选择下拉菜单 插入(I) ➔ 特征(E) ➔ 筋(R)...命令；选取上视基准面作为草图基准面，绘制图 3.21 所示的横断面草图；在"筋"对话框的 参数(P) 区域中单击 （两侧）按钮，输入筋厚度值 10.0，在 拉伸方向:下单击"平行于草图"按钮 ，取消选中 ☐ 反转材料边(F) 复选框；单击 按钮，完成筋 2 的创建。

图 3.20 筋 2   图 3.21 横断面草图

Step13. 创建图 3.22b 所示的"圆角 2"。选择下拉菜单 插入(I) ➞ 特征(F) ➞ 圆角(U)...命令；采用系统默认的圆角类型；选取图 3.22a 所示的两条边线为要倒圆角的对象；在"圆角"对话框中输入半径值 2；单击 ✔ 按钮，完成圆角 2 的创建。

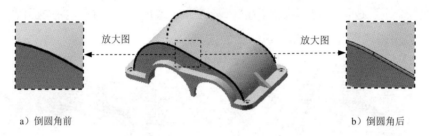

放大图   放大图

a）倒圆角前   b）倒圆角后

图 3.22 圆角 2

Step14. 至此，零件模型创建完毕。选择下拉菜单 文件(F) ➞ 保存(S) 命令，命名为 tc_cover，即可保存零件模型。

实例 **4** 阀门固定件

实例概述

本实例介绍一个阀门固定件的创建过程，其中用到的命令比较简单，关键在于创建的思路技巧，该零件模型如图 4.1 所示。

图 4.1 零件模型

Step1. 新建一个零件模型文件，进入建模环境。

Step2. 创建图 4.2 所示的零件特征——凸台-拉伸 1。选择下拉菜单 插入(I) ➡ 凸台/基体(B) ➡ 拉伸(E) 命令（或单击 按钮）；选取右视基准面为草图基准面；在草图绘制环境中绘制图 4.3 所示的横断面草图；在"凸台-拉伸"对话框 方向 1 区域的下拉列表中选择 两侧对称 选项，输入深度值 40.0；单击 按钮，完成凸台-拉伸 1 的创建。

图 4.2 凸台-拉伸 1

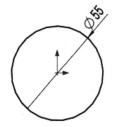

图 4.3 横断面草图

Step3. 创建图4.4所示的"基准轴1"。选择下拉菜单 插入(I) ➡ 参考几何体(G) ➡ 基准轴(A)... 命令；选取上视基准面和前视基准面为参考实体；单击对话框中的 按钮，完成基准轴 1 的创建。

Step4. 创建图 4.5 所示的 "基准面 1"。选择下拉菜单 插入(I) ➡ 参考几何体(G) ➡ 基准面(P)... 命令；选取基准轴 1 和前视基准面，在 后的文本框中输入角度值 45.0；单击 按钮，完成基准面 1 的创建。

图 4.4　基准轴 1

图 4.5　基准面 1

Step5. 绘制草图 2。选择下拉菜单 插入(I) ➡️ ✏️ 草图绘制 命令，选取右视基准面为草图基准面，绘制图 4.6 所示的草图 2。

说明：草图 2 绘制的是一个点，两条中心线为垂直关系，且左下的一条中心线在基准面 1 中。

Step6. 创建图 4.7 所示的"基准面 2"。选择下拉菜单 插入(I) ➡️ 参考几何体(G) ▶ ➡️ ◇ 基准面(P)... 命令；选取基准面 1 和草图 2 为参考；单击 ✔️ 按钮，完成基准面 2 的创建。

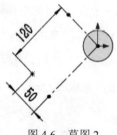

图 4.6　草图 2

图 4.7　基准面 2

Step7. 创建图 4.8 所示的零件特征——凸台-拉伸 2。选择下拉菜单 插入(I) ➡️ 凸台/基体(B) ➡️ 🗔 拉伸(E)... 命令（或单击 🗔 按钮）；选取基准面 2 为草图基准面；在草图绘制环境中绘制图 4.9 所示的横断面草图；在"凸台-拉伸"对话框 方向1 区域的下拉列表中选择 给定深度 选项，单击 🖈 按钮，输入深度值 20.0；单击 ✔️ 按钮，完成凸台-拉伸 2 的创建。

图 4.8　凸台-拉伸 2

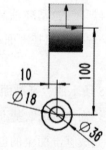

图 4.9　横断面草图

Step8. 创建图 4.10 所示的点 1。选择下拉菜单 插入(I) ➡ 参考几何体(G) ➡ ＊ 点(O)... 命令；在"点"对话框的 选择(E) 区域单击 圆弧中心(T) 按钮，选取图 4.10 所示的边线为参考；单击 ✓ 按钮，完成点 1 的创建。

Step9. 创建图 4.11 所示的"基准面 3"。选择下拉菜单 插入(I) ➡ 参考几何体(G) ➡ 基准面(P)... 命令；选取右视基准面和点 1 为参考；单击 ✓ 按钮，完成基准面 3 的创建。

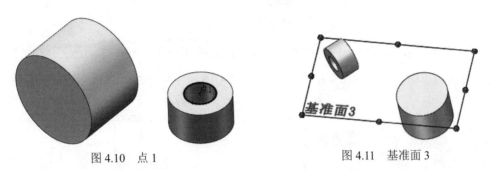

图 4.10 点 1   图 4.11 基准面 3

Step10. 创建图 4.12 所示的草图 4。选择下拉菜单 插入(I) ➡ 草图绘制 命令；选取基准面 3 为草图基准面；在草绘环境中绘制图 4.12 所示的草图；选择下拉菜单 插入(I) ➡ 退出草图 命令，完成草图 4 的创建。

Step11. 创建图 4.13 所示的草图 5。选择下拉菜单 插入(I) ➡ 草图绘制 命令；选取基准面 3 为草图基准面；在草绘环境中绘制图 4.13 所示的草图；选择下拉菜单 插入(I) ➡ 退出草图 命令，完成草图 5 的创建。

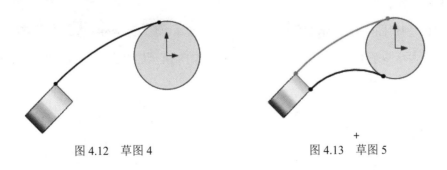

图 4.12 草图 4   图 4.13 草图 5

Step12. 创建 3D 草图 1。选择下拉菜单 插入(I) ➡ 3D 草图 命令；选取基准面 3 为草图基准面；绘制图 4.14 所示的 3D 草图 1。

Step13. 创建图 4.15 所示的"基准面 4"。选择下拉菜单 插入(I) ➡ 参考几何体(G) ➡ 基准面(P)... 命令；选取图 4.15 所示的点 1、点 2 和点 3 为参考；单击 ✓ 按钮，完成基准面 4 的创建。

图 4.14　3D 草图 1

Step14. 创建图 4.16 所示的草图 6。选择下拉菜单 插入(I) ➡️ 🖉 草图绘制 命令；选取基准面 4 为草图基准面；在草绘环境中绘制图 4.16 所示的草图；完成草图 6 的创建。

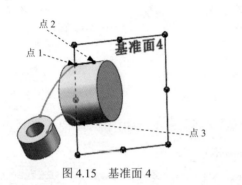

图 4.15　基准面 4　　　　　　　　图 4.16　草图 6

Step15. 创建图 4.17 所示的"基准面 5"。选择下拉菜单 插入(I) ➡️ 参考几何体(G) ▸

➡️ 🔷 基准面(P)... 命令；选取图 4.17 所示的点 1 和边线 1 为参考；单击 ✔ 按钮，完成基准面 5 的创建。

Step16. 创建图 4.18 所示的草图 7。选择下拉菜单 插入(I) ➡️ 🖉 草图绘制 命令；选取基准面 5 为草图基准面；在草绘环境中绘制图 4.18 所示的草图；完成草图 7 的创建。

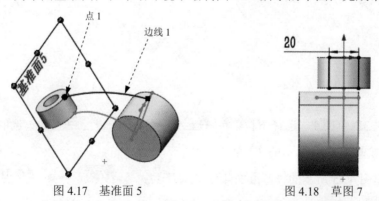

图 4.17　基准面 5　　　　　　　　图 4.18　草图 7

Step17. 创建图 4.19 所示的零件特征——放样 1。选择下拉菜单 插入(I) ➡️ 凸台/基体(B) ▸

➡️ 🔔 放样(L)... 命令（或单击"特征"工具栏中的 🔔 按钮），系统弹出"放样"对话框；依次选取草图 6 和草图 7 作为凸台放样特征的截面轮廓；选取草图 4 和草图 5 作为凸台放样特征的引导线；单击"放样"对话框中的 ✅ 按钮，完成放样 1 的创建。

Step18. 创建图 4.20 所示的零件特征——凸台-拉伸 3。选择下拉菜单 插入(I) ➡️ 凸台/基体(B) ➡️ 拉伸(E)...命令（或单击 按钮）；选中草图 7，在"凸台-拉伸"对话框 方向1 区域的下拉列表中选择成形到下一面选项，单击 按钮；单击 ✅ 按钮，完成凸台-拉伸 3 的创建。

图 4.19　放样 1

图 4.20　凸台-拉伸 3

Step19. 创建图 4.21 所示的"基准面 6"。选择下拉菜单 插入(I) ➡️ 参考几何体(G) ➡️ 基准面(P)...命令；选取前视基准面为参考，单击 按钮，输入偏移距离 35.0；选中 反转 复选框；单击 ✅ 按钮，完成基准面 6 的创建。

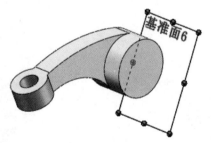
图 4.21　基准面 6

Step20. 创建图 4.22 所示的零件特征——凸台-拉伸 4。选择下拉菜单 插入(I) ➡️ 凸台/基体(B) ➡️ 拉伸(E)...命令（或单击 按钮）；选取基准面 6 为草图基准面；在草图绘制环境中绘制图 4.23 所示的横断面草图；在"凸台-拉伸"对话框 方向1 区域的下拉列表中选择成形到下一面选项；单击 ✅ 按钮，完成凸台-拉伸 4 的创建。

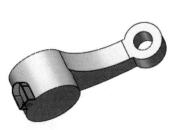
图 4.22　凸台-拉伸 4

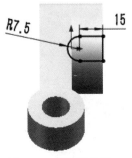
图 4.23　横断面草图

R7.5　15

Step21. 创建图 4.24 所示的零件特征——切除-拉伸 1。选择下拉菜单 插入(I) ➡ 切除(C) ➡ ▣拉伸(E)... 命令；选取图 4.24 所示的面为草图基准面，在草图绘制环境中绘制图 4.25 所示的横断面草图，在 方向1 区域的下拉列表中选择 完全贯穿 选项；单击该对话框中的 ✓ 按钮，完成切除-拉伸 1 的创建。

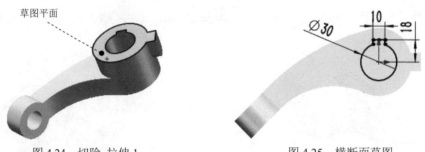

图 4.24　切除-拉伸 1　　　　　　　　　　图 4.25　横断面草图

Step22. 创建图 4.26 所示的零件特征——切除-拉伸 2。选择下拉菜单 插入(I) ➡ 切除(C) ➡ ▣拉伸(E)... 命令；选取图 4.26 所示的面为草图基准面，在草图绘制环境中绘制图 4.27 所示的横断面草图，在 方向1 区域的下拉列表中选择 成形到下一面 选项；单击该对话框中的 ✓ 按钮，完成切除-拉伸 2 的创建。

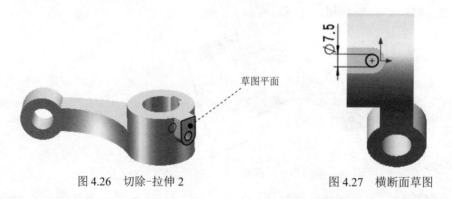

图 4.26　切除-拉伸 2　　　　　　　　　　图 4.27　横断面草图

Step23. 至此，零件模型创建完毕。选择下拉菜单 文件(F) ➡ 🖫保存(S) 命令，命名为 tap_fix，即可保存零件模型。

实例 **5** 支撑板

实例概述：

本实例主要运用了实体建模的基本技巧，包括实体拉伸、旋转、筋和异型向导孔的创建等特征命令，其中的异型向导孔在造型上运用得比较巧妙。该零件模型及设计树如图 5.1 所示。

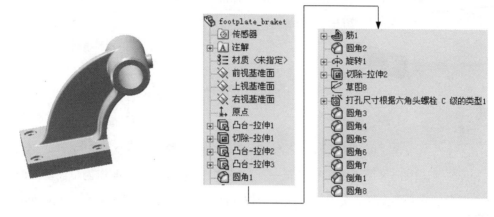

图 5.1 零件模型和设计树

Step1. 新建模型文件。选择下拉菜单 文件(F) ➡ 新建(N)... 命令，在系统弹出的"新建 SolidWorks 文件"对话框中选择"零件"模块，单击 确定 按钮，进入建模环境。

Step2. 创建图 5.2 所示的基础特征——拉伸 1。选择下拉菜单 插入(I) ➡ 凸台/基体(B) ➡ 拉伸(E) 命令；选取前视基准面作为草图基准面，绘制图 5.3 所示的横断面草图；在"拉伸"对话框 方向1 区域的下拉列表中选择 给定深度 选项，输入深度值 15.0；单击 ✔ 按钮，完成拉伸 1 的创建。

图 5.2 拉伸 1　　　　　　　图 5.3 横断面草图

Step3. 创建图 5.4 所示的零件特征——拉伸 2。选择下拉菜单 插入(I) ➡ 切除(C) ➡ 拉伸(E) 命令；选取上视基准面作为草图基准面，在草绘环境中绘制图 5.5 所示的横断面草图；采用系统默认的深度方向，在"拉伸"对话框 方向1 区域的下拉列表中选择 完全贯穿 选项，在"拉伸"对话框 方向2 区域的下拉列表中选择 完全贯穿 选项；单击 ✔ 按钮，完成拉伸 2 的创建。

图 5.4　拉伸 2　　　　　　　　　　图 5.5　横断面草图

Step4. 创建图 5.6 所示的零件特征——拉伸 3。选取右视基准面作为草图基准面，绘制图 5.7 所示的横断面草图，采用系统默认的拉伸深度方向，在 **方向 1** 区域的下拉列表中选择 **两侧对称** 选项，输入深度值 70.0。

图 5.6　拉伸 3　　　　　　　　　　图 5.7　横断面草图

Step5. 创建图 5.8 所示的零件特征——拉伸 4。选取右视基准面作为草图基准面，绘制图 5.9 所示的横断面草图，采用系统默认的拉伸深度方向，在 **方向 1** 区域的下拉列表中选择 **两侧对称** 选项，输入深度值 40.0。

图 5.8　拉伸 4　　　　　　　　　　图 5.9　横断面草图

Step6. 创建图 5.10b 所示的零件特征——圆角 1。选择下拉菜单 **插入(I)** ➡ **特征(F)** ➡ **圆角(F)...** 命令；选取图 5.10a 所示的两条边线为要圆角的对象，输入圆角半径值 10.0。

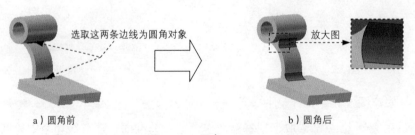

a）圆角前　　　　　　　　　　　　b）圆角后

图 5.10　圆角 1

Step7. 创建图 5.11 所示的零件特征——筋 1。选择下拉菜单 **插入(I)** ➡ **特征(F)** ➡ **筋(R)...** 命令；选取右视图作为草图基准面，绘制截面的几何图形（即图 5.12 所示的曲线）；在"筋"对话框的 参数(P) 区域中单击 ▤（两侧）按钮，输入筋厚度值 8.0，在 拉伸方向: 下单击 ▨ 按钮，选中 ☑反转材料方向(F) 复选框；单击 ✔ 按钮，完成筋 1 的创建。

图 5.11　筋 1

图 5.12　横断面草图

Step8. 创建图 5.13b 所示的零件特征——圆角 2。选取图 5.13a 所示的边线为要圆角的对象，输入圆角半径值 20.0。

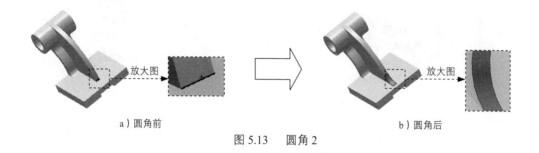

a）圆角前　　　　　　　　　　　　　　　　　　　　b）圆角后

图 5.13　圆角 2

Step9. 创建图 5.14 所示的零件特征——旋转 1。选择下拉菜单 插入(I) ➡ 凸台/基体(B) ➡ 🞶🞶 旋转(R) 命令；选取右视基准面作为草图基准面，绘制图 5.15 所示的横断面草图；采用草图中绘制的中心线作为旋转轴线；在"旋转"对话框 旋转参数(R) 区域的下拉列表中选择 单向 选项，采用系统默认的旋转方向，在 ↰A¹ 文本框中输入数值 360.0；单击对话框中的 ✔ 按钮，完成旋转 1 的创建。

图 5.14　旋转 1

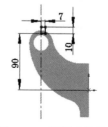

图 5.15　横断面草图

Step10. 创建图 5.16 所示的零件特征——切除-拉伸 5。选取图 5.17 所示的模型表面作为草图基准面，绘制图 5.18 所示的横断面草图，采用系统默认的拉伸深度方向，在"拉伸"对话框 方向1 区域的下拉列表中选择 成形到下一面 选项，单击对话框中的 ✔ 按钮。

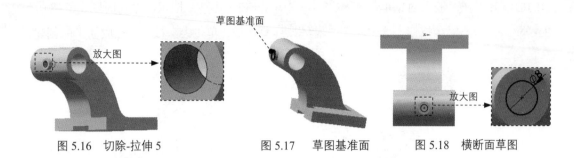

图 5.16　切除-拉伸 5　　　　图 5.17　草图基准面　　　　图 5.18　横断面草图

Step11. 创建图 5.19 所示的草图 8。选择下拉菜单 插入(I) ➡ 草图绘制 命令，选取模型表面作为草图基准面，绘制图 5.20 所示的草图。

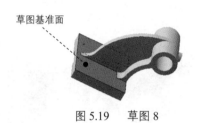

图 5.19　草图 8

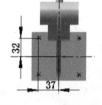

图 5.20　横断面草图

Step12. 创建图 5.21 所示的零件特征——异形向导孔 1。选择下拉菜单 插入(I) ➡ 特征(F) ➡ 孔(H) ➡ 向导(W)... 命令，系统弹出"孔规格"对话框；在"孔规格"对话框中选择 位... 选项卡，然后选取图 5.22 所示的模型表面为孔的放置面；在图形区右击，从系统弹出的快捷菜单中选择 选择 (K) 选项，然后选取草图中的"点"命令绘制 4 个点（图 5.23），并与草图 8 中对应的点建立重合约束；在"孔位置"对话框中单击 类... 选项卡，选择孔"类型"为 （柱孔），标准为 GB，类型为 六角头螺栓 C级 GB/T5780-2000，大小为 M6，配合为 正常，在"孔规格"对话框的 终止条件(C) 下拉列表中选择 完全贯穿 选项，在 ☑ 显示自定义大小(Z) 区域的 后输入数值 6.6，在 后输入数值 13.0，在 后输入数值 2.0；单击"孔规格"对话框中的 ✓ 按钮，完成异形向导孔 1 的创建。

说明： 本例中要放置四个孔，在表面上要点击四次，与草图 8 中的四个点分别建立重合约束。

图 5.21　异形向导孔 1

图 5.22　定义孔的放置面

图 5.23　建立几何约束

Step13. 创建图 5.24b 所示的零件特征——圆角 3。选取图 5.24a 所示的四条边链为要圆角的对象，输入圆角半径值为2.0。

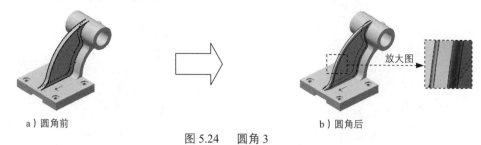

a）圆角前　　　　　　　　　　　　　　　b）圆角后

图 5.24　　圆角 3

Step14. 创建图 5.25b 所示的零件特征——圆角 4。选取图 5.25a 所示的三条边链为要圆角的对象，输入圆角半径值2.0。

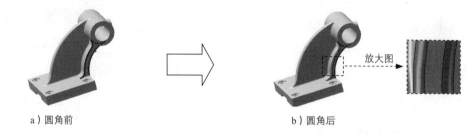

a）圆角前　　　　　　　　　　　　　　　b）圆角后

图 5.25　圆角 4

Step15. 创建图 5.26b 所示的零件特征——圆角 5。选取图 5.26a 所示的边链为要圆角的对象，输入圆角半径值1.0。

选取此边链为圆角对象

放大图

a）圆角前　　　　　　　　　　　　　　　b）圆角后

图 5.26　　圆角 5

Step16. 创建图 5.27b 所示的零件特征——圆角 6。选取图 5.27a 所示的三条边链为要圆角的对象，输入圆角半径值2.0。

选取这三条边链为圆角对象

放大图

a）圆角前　　　　　　　　　　　　　b）圆角后

图 5.27　　圆角 6

Step17. 创建图 5.28b 所示的零件特征——圆角 7。选取图 5.28a 所示的边线为要圆角的对象，输入圆角半径值 1.0。

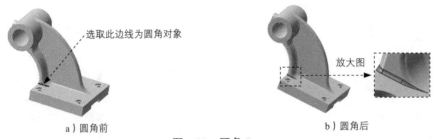

a）圆角前　　　　　　　　　　　　　　b）圆角后

图 5.28　圆角 7

Step18. 创建图 5.29b 所示的零件特征——倒角 1。选择下拉菜单 插入(I) ➡ 特征(F) ➡ 倒角(C)... 命令（或单击"特征（F）"工具栏中的 按钮），系统弹出"倒角"对话框；在"倒角"对话框中选中 距离-距离(D) 单选项；在系统 为倒角选择边线/环/面 的提示下，选取图 5.29a 所示的两条边线作为倒角对象；在对话框中选中 相等距离(E) 复选框，然后在 文本框中输入数值 2.0；单击对话框中的 按钮，完成倒角 1 的创建。

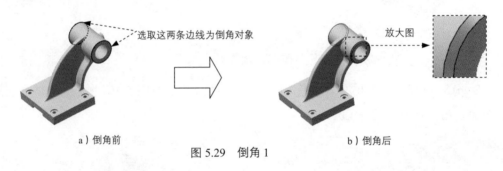

选取这两条边线为倒角对象　　　　　　　放大图

a）倒角前　　　　　　　　　　　　　　b）倒角后

图 5.29　倒角 1

Step19. 创建图 5.30b 所示的零件特征——圆角 8。选取图 5.30a 所示的两条边线为要圆角的对象，输入圆角半径值 1.0。

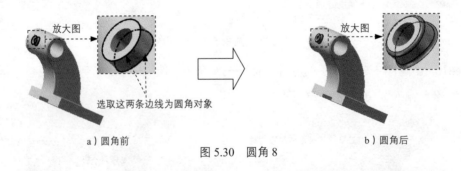

放大图　　　　　　　　　　　　　　　　放大图

选取这两条边线为圆角对象

a）圆角前　　　　　　　　　　　　　　b）圆角后

图 5.30　圆角 8

Step20. 至此，零件模型创建完毕。选择下拉菜单 文件(F) ➡ 保存(S) 命令，将模型命名为 footplate_braket，即可保存零件模型。

实例 **6** 圆 形 盖

实例概述

本实例设计了一个简单的圆形盖,主要运用旋转、抽壳、拉伸和倒圆角等特征命令,先创建基础旋转特征,再添加其他修饰,重在零件的结构安排。零件模型如图 6.1 所示。

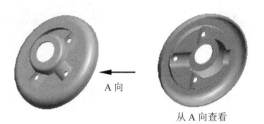

A 向

从 A 向查看

图 6.1 零件模型

Step1. 新建模型文件。选择下拉菜单 文件(F) ➡ 新建(N)... 命令,在系统弹出的"新建 SolidWorks 文件"对话框中选择"零件"模块,单击 确定 按钮,进入建模环境。

Step2. 创建图 6.2 所示的零件基础特征——旋转 1。选择下拉菜单 插入(I) ➡ 凸台/基体(B) ➡ 旋转(R)... 命令。选取前视基准面作为草图基准面,绘制图 6.3 所示的横断面草图(包括旋转中心线)。采用草图中绘制的中心线作为旋转轴线,在 方向1 区域的 文本框中输入数值 360.00。

图 6.2 旋转 1

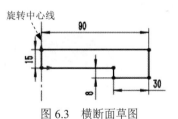

旋转中心线

图 6.3 横断面草图

Step3. 创建图 6.4 所示的零件基础特征——凸台-拉伸 1。选择下拉菜单 插入(I) ➡ 凸台/基体(B) ➡ 拉伸(E)... 命令。选取前视基准面作为草图基准面,绘制图 6.5 所示的横断面草图;在"凸台-拉伸"对话框 方向1 区域的下拉列表中选择 两侧对称 选项,输入深度值 170.0。

图 6.4 凸台-拉伸 1

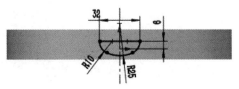

图 6.5 横断面草图

Step4. 创建图 6.6 所示的零件基础特征——凸台-拉伸 2。选择下拉菜单 插入(I) ➡️
凸台/基体(B) ➡️ 🔲 拉伸(E)... 命令。选取右视基准面作为草图基准面，绘制图 6.7 所示的横断面草图；在"凸台-拉伸"对话框 方向1 区域的下拉列表中选择 两侧对称 选项，输入深度值 170.0。

图 6.6 凸台-拉伸 2　　　　　　　　　图 6.7 横断面草图

Step5. 选择图 6.8a 所示的边线为倒圆角对象，圆角半径值为 6.0，创建的圆角特征 1 如图 6.8b 所示。

这四条边线为倒圆角对象

a）倒圆角前　　　　　　　　　　　　　b）倒圆角后

图 6.8 倒圆角 1

Step6. 选择图 6.9a 所示的边线为倒圆角对象，圆角半径值为 15.0，创建的圆角特征 2 如图 6.9b 所示。

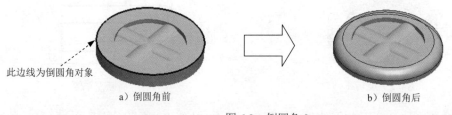

此边线为倒圆角对象

a）倒圆角前　　　　　　　　　　　　　b）倒圆角后

图 6.9 倒圆角 2

Step7. 创建图 6.10 所示的基准面 1。选择下拉菜单 插入(I) ➡️ 参考几何体(G) ➡️
◇ 基准面(P)... 命令。选取右视基准面为参考实体，采用系统默认的偏移方向，输入偏移距离值 15.0。单击 ✔️ 按钮，完成基准面 1 的创建。

图 6.10 基准面 1

Step8. 创建图 6.11 所示的零件基础特征——旋转 2。选择下拉菜单 插入(I) ➡️ 凸台/基体(B) ➡️ 旋转(R)... 命令。选取基准面 1 作为草图基准面，绘制图 6.12 所示的横断面草图（包括旋转中心线）。采用草图中绘制的中心线作为旋转轴线，在 方向1 区域的 文本框中输入数值 360.00。

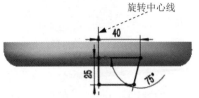

图 6.11　旋转 2　　　　　　　　　　图 6.12　横断面草图

Step9. 创建图 6.13 所示的零件特征——切除-拉伸 1。选择下拉菜单 插入(I) ➡️ 切除(C) ➡️ 拉伸(E)... 命令。选取前视基准面作为草图基准面，绘制图 6.14 所示的横断面草图。在"切除-拉伸"对话框 方向1 区域和 方向2 区域的下拉列表中选择 完全贯穿 选项。

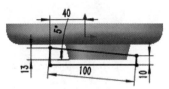

图 6.13　切除-拉伸 1　　　　　　　图 6.14　横断面草图

Step10. 创建图 6.15b 所示的零件特征——抽壳 1。选择下拉菜单 插入(I) ➡️ 特征(F) ➡️ 抽壳(S)... 命令。选取图 6.15a 所示的模型表面为要移除的面。在"抽壳 1"对话框的 参数(P) 区域输入壁厚值 3.0。

要移除的面

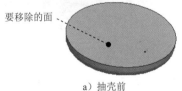

a）抽壳前　　　　　　　　　　　　　b）抽壳后

图 6.15　抽壳 1

Step11. 选取图 6.16a 所示的边链为倒圆角对象，圆角半径值为 1.0，创建的倒圆角特征 3 如图 6.16b 所示。

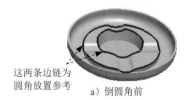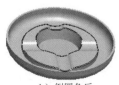

这两条边链为
圆角放置参考　　a）倒圆角前　　　　　　　　　　b）倒圆角后

图 6.16　倒圆角 3

Step12. 选取图 6.17a 所示的边链为倒圆角对象，圆角半径值为 6.0。创建的倒圆角特征 4 如图 6.17b 所示。

此边链为圆角放置参考

a）倒圆角前　　　　　　　　　　　　　　　　b）倒圆角后

图 6.17　倒圆角 4

Step13. 创建图 6.18 所示的零件特征——切除-拉伸 2。选择下拉菜单 插入(I) ➡ 切除(C) ➡ 拉伸(E)... 命令。选取上视基准面作为草图基准面，绘制图 6.19 所示的横断面草图。在"切除-拉伸"对话框 方向1 区域的下拉列表中选择 完全贯穿 选项。

图 6.18　切除-拉伸 2

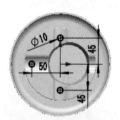

图 6.19　横断面草图

Step14. 创建图 6.20 所示的零件特征——切除-拉伸 3。选择下拉菜单 插入(I) ➡ 切除(C) ➡ 拉伸(E)... 命令。选取上视基准面作为草图基准面，绘制图 6.21 所示的横断面草图。在"切除-拉伸"对话框 方向1 区域的下拉列表中选择 完全贯穿 选项。

图 6.20　切除-拉伸 3

图 6.21　横断面草图

Step15. 保存模型。选择下拉菜单 文件(F) ➡ 保存(S) 命令，将模型命名为 INSTANCE_PART_COVER，保存模型。

实例 **7** 吹风机喷嘴

实例概述

本实例介绍吹风机喷嘴的设计过程。本例中对模型外观的创建是一个值得读者学习的地方，某些特征单独放置的时候显得比较呆板，但组合到一起却能给人耳目一新的感觉，而且还可以避免繁琐的调整步骤。希望通过对本例的学习，读者能有更多的收获。零件模型如图 7.1 所示。

图 7.1 零件模型

Step1. 新建一个零件模型文件，进入建模环境。

Step2. 创建图 7.2 所示的零件基础特征——旋转 1。选择下拉菜单 插入(I) ➡️ 凸台/基体(B) ➡️ 旋转(R)... 命令，系统弹出"旋转"对话框；选取前视基准面作为草图基准面，绘制图 7.3 所示的横断面草图（旋转中心线及圆心与坐标点在同一条水平线上）；采用草图中绘制的中心线作为旋转轴线（此时"旋转"对话框中显示所选中心线的名称）；采用系统默认的旋转方向，在 旋转参数(R) 区域的 文本框中输入数值 360.0；单击 ✔️ 按钮，完成旋转 1 的创建。

图 7.2 旋转 1

图 7.3 横断面草图

Step3. 创建图 7.4 所示的"基准面 1"。选择下拉菜单 插入(I) ➡️ 参考几何体(G) ▸ ➡️ 基准面(P)... 命令；选取上视基准面作为参考实体，在 按钮后的文本框中输入等距距离值 5.0，单击 ✔️ 按钮，完成基准面 1 的创建。

Step4. 创建图 7.5 所示的"基准面 2"。选择下拉菜单 插入(I) ➡️ 参考几何体(G) ▸ ➡️ 基准面(P)... 命令；选取基准面 1 作为参考实体，在 按钮后的文本框中输入等距距离值 50.0，单击 ✔️ 按钮，完成基准面 2 的创建。

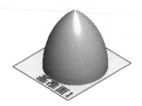

图 7.4 基准面 1

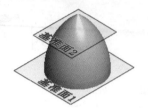

图 7.5 基准面 2

Step5. 选取上视基准面为草图基准面，绘制图 7.6 所示的草图 2。

Step6. 选取基准面 1 为草图基准面，绘制图 7.7 所示的草图 3。

Step7. 选取基准面 2 为草图基准面，绘制图 7.8 所示的草图 4。

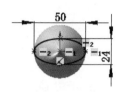

图 7.6 草图 2

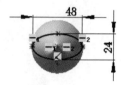

图 7.7 草图 3

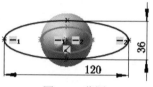

图 7.8 草图 4

Step8. 创建图 7.9 所示的零件特征——放样 1。选择下拉菜单 插入(I) ➡ 凸台/基体(B) ➡ 放样(L)... 命令（或单击"特征"工具栏中的 按钮），系统弹出"放样"对话框；依次选取草图 2、草图 3 和草图 4 作为凸台放样特征的截面轮廓；单击 按钮，完成放样 1 的创建。

说明：凸台放样特征，实际上是利用截面轮廓以渐变的方式生成，所以在选取时要注意截面轮廓的先后顺序，否则实体无法正确生成。

Step9. 创建图 7.10 所示的零件特征——切除-拉伸 1。选择下拉菜单 插入(I) ➡ 切除(C) ➡ 拉伸(E)... 命令；选取前视基准面作为草绘基准面，绘制图 7.11 所示的横断面草图；采用系统默认的切除深度方向；在"切除-拉伸"对话框的 方向1 和 方向2 区域的下拉列表中均选择 完全贯穿 选项；单击 按钮，完成切除-拉伸 1 的创建。

图 7.9 放样 1

图 7.10 切除-拉伸 1

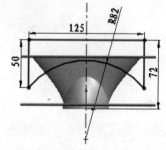

图 7.11 横断面草图

Step10. 创建图 7.12b 所示的"圆角 1"。选择下拉菜单 插入(I) ➡ 特征(F) ➡

圆角(F)... 命令（或单击 按钮），系统弹出"圆角"对话框；采用系统默认的圆角类型；选取图 7.12a 所示的边链为要倒圆角的对象；在对话框中输入半径值 2.0；单击 按钮，完成圆角 1 的创建。

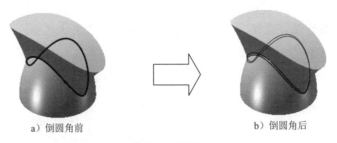

a）倒圆角前　　　　　　　　　　　b）倒圆角后

图 7.12　圆角 1

Step11. 创建图 7.13b 所示的零件特征——抽壳 1。选择下拉菜单 插入(I) ➡ 特征(F) ➡ 抽壳(S)... 命令；选取图 7.13a 所示的模型表面为要移除的面；在"抽壳 1"对话框的 参数(P) 区域中输入壁厚值 1.0；单击 按钮，完成抽壳 1 的创建。

Step12. 创建图 7.14 所示的零件特征——凸台-拉伸 1。选择下拉菜单 插入(I) ➡ 凸台/基体(B) ➡ 拉伸(E)... 命令（或单击"特征"工具栏中的 按钮）；选取上视基准面作为草图基准面。绘制图 7.15 所示的横断面草图（此草图为一个直径值为 49 的圆和一个取自于模型内边线的圆组成）；采用系统默认的深度方向，在"凸台-拉伸"对话框 方向1 区域单击 按钮，在下拉列表中选择 给定深度 选项，输入深度值 4.0；单击 按钮，完成凸台-拉伸 1 的创建。

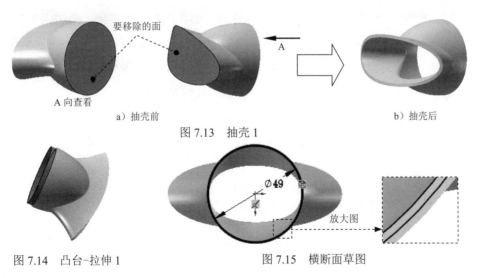

图 7.14　凸台-拉伸 1　　　　　　图 7.15　横断面草图

Step13. 后面的详细操作过程请参见随书光盘中 video\ch05\reference 文件下的语音视频讲解文件 blower_nozzle-r01.exe。

实例 **8** 笔　　帽

实例概述：

本例介绍了笔帽的设计过程。在其设计过程中，运用了实体放样、筋、拉伸、旋转、切除旋转和圆角等命令，实体放样及筋特征是需要掌握的重点，另外面圆角中面的选择顺序以及放样中横截面的选择顺序是值得注意的地方。零件模型及其设计树如图 8.1 所示。

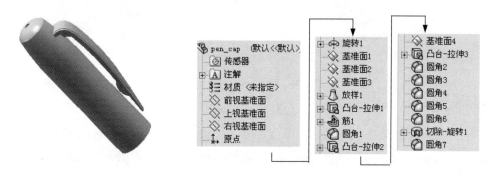

图 8.1　零件模型及设计树

Step1. 新建模型文件。选择下拉菜单 文件(F) ➡ 新建 (N)... 命令，在系统弹出的"新建 SolidWorks 文件"对话框中选择"零件"模块，单击 确定 按钮，进入建模环境。

Step2. 创建图 8.2 所示的零件基础特征——旋转 1。选择下拉菜单 插入(I) ➡ 凸台/基体 (B) ➡ 旋转 (R) 命令；选取前视基准面作为草图基准面，绘制图 8.3 所示的横断面草图（包括旋转中心线）；采用草图中绘制的中心线作为旋转轴线；在 旋转参数(R) 区域的下拉列表中选择 单向 选项，采用系统默认的旋转方向；在 旋转参数(R) 区域的 文本框中输入数值 360.0；单击对话框中的 ✔ 按钮，完成旋转 1 的创建。

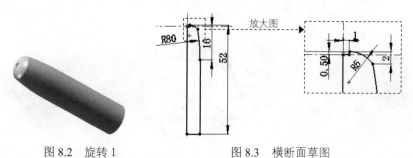

图 8.2　旋转 1　　　　　　　　　图 8.3　横断面草图

Step3. 创建图 8.4 所示的基准面 1。选择下拉菜单 插入(I) ➡ 参考几何体 (G) ▶ ➡ 基准面 (P)... 命令，选取上视基准面作为基准面的参考实体，单击 按钮，并在其后的文本框中输入数值 46.0，选中 ☑反转 复选框；单击 ✔ 按钮，完成基准面 1 的创建。

Step4. 创建图 8.5 所示的草图 2。选择下拉菜单 插入(I) ➡ 草图绘制 命令；选取前视基准面为草图基准面，绘制图 8.5 所示的草图。

图 8.4　基准面 1

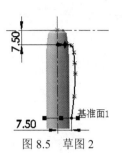

图 8.5　草图 2

Step5. 创建图 8.6 所示的基准面 2。选择下拉菜单 插入(I) ➡ 参考几何体(G) ➡ 基准面(P)... 命令，选取图 8.6 所示的基准面 1 和草图 2 上的点作为基准面的参考实体。

Step6. 创建图 8.7 所示的基准面 3。选择下拉菜单 插入(I) ➡ 参考几何体(G) ➡ 基准面(P)... 命令，选取图 8.7 所示的草图 2 和点作为基准面的参考实体。

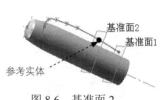

图 8.6　基准面 2

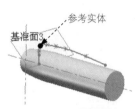

图 8.7　基准面 3

Step7. 创建图 8.8 所示的草图 3。选择下拉菜单 插入(I) ➡ 草图绘制 命令，选取右视基准面作为草图基准面，绘制图 8.8 所示的草图。

Step8. 创建图 8.9 所示的草图 4。选择下拉菜单 插入(I) ➡ 草图绘制 命令，选取基准面 3 作为草图基准面，绘制图 8.9 所示的草图。

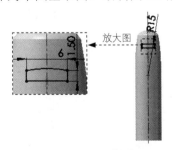

图 8.8　草图 3

图 8.9　草图 4

Step9. 创建图 8.10 所示的草图 5。选择下拉菜单 插入(I) ➡ 草图绘制 命令，选取基准面 2 作为草图基准面，绘制图 8.10 所示的草图。

Step10. 创建图 8.11 所示的草图 6。选择下拉菜单 插入(I) ➡ 草图绘制 命令，绘制图 8.11 所示的草图。

Step11. 创建图 8.12 所示的零件特征——放样 1。选择下拉菜单 插入(I) ➡
凸台/基体(B) ➡ 放样(L) 命令，系统弹出"放样"对话框；选取草图 3、草图 4、草图 5 和草图 6 作为放样 1 的轮廓；选取草图 2 为放样引导线，然后在"放样"对话框 引导线(G) 区域的 引导线感应类型(V): 下拉列表选择 到下一引线 选项；单击对话框中的 ✔ 按钮，完成放样 1 的创建。

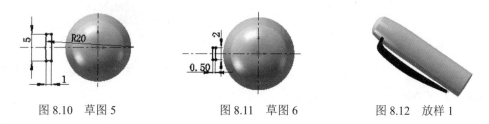

图 8.10　草图 5　　　　　图 8.11　草图 6　　　　　图 8.12　放样 1

Step12. 创建图 8.13 所示的零件特征——拉伸 1。选择下拉菜单 插入(I) ➡
凸台/基体(B) ➡ 拉伸(E) 命令；选取前视基准面作为草图基准面，绘制图 8.14 所示的横断面草图；采用系统默认的深度方向，在 方向1 区域的下拉列表中选择 两侧对称 选项，输入深度值 1.0；单击 ✔ 按钮，完成拉伸 1 的创建。

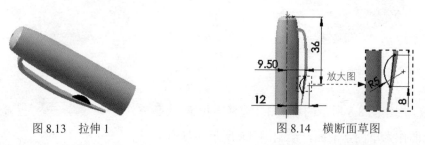

图 8.13　拉伸 1　　　　　　　　图 8.14　横断面草图

Step13. 创建图 8.15 所示的零件特征——筋 1。选择下拉菜单 插入(I) ➡ 特征(F) ➡ 筋(R) 命令（或单击"特征"工具栏中的 按钮）；选取前视基准面作为草图基准面，绘制图 8.16 所示横断面草图（即直线）；在"筋"对话框的 参数(P) 区域中单击 （两侧）按钮，在 后的文本框中输入筋厚度值 1.0；单击 ✔ 按钮，完成筋 1 的创建。

注意：由于该草图是用样条线来绘制的，所以在此绘制筋特征草图时参数可有不同。

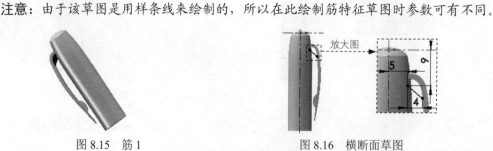

图 8.15　筋 1　　　　　　　　图 8.16　横断面草图

Step14. 创建图 8.17 所示的零件特征——圆角 1。选择下拉菜单 插入(I) ➡

特征(F) ➤ 圆角(U). 命令；在"圆角"对话框的 圆角类型(Y) 区域里单击 选项；选取图 8.17a 所示的面 1 为边侧面组 1，单击以激活中央面组文本框，选取图 8.17a 所示的面 2 为中央面组，单击以激活边侧面组 2 文本框，选取图 8.17a 所示和面 1 相对的面 3 为边侧面组 2；单击"圆角"对话框中的 按钮，完成圆角 1 的创建。

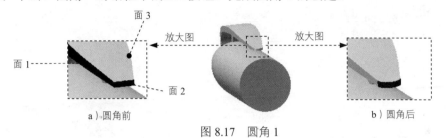

a）圆角前　　　　　　　　　　　　　　　　　　b）圆角后

图 8.17　圆角 1

Step15. 创建图 8.18 所示的零件特征——拉伸 2。选择下拉菜单 插入(I) ➤
凸台/基体(B) ➤ 拉伸(E) 命令；选取前视基准面作为草图基准面，在草绘环境中绘制图 8.19 所示的横断面草图（使用 等距实体(O)... 命令来绘制草图）；在 方向 1 区域的下拉列表中选择 两侧对称 选项，在 d1 文本框中输入数值 5.0；单击 按钮，完成拉伸 2 的创建。

图 8.18　拉伸 2

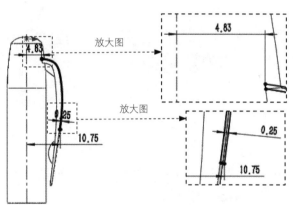

图 8.19　横断面草图

Step16. 创建图 8.20 所示的基准面 4。选择下拉菜单 插入(I) ➤ 参考几何体(G)
➤ 基准面(P)... 命令，选取图 8.21 所示的面和面的一顶点作为基准面 4 的参考实体。

图 8.20　基准面 4

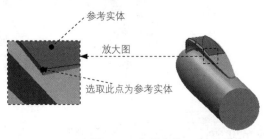

图 8.21　参考实体

Step17. 创建图 8.22 所示的零件特征——拉伸 3。选择下拉菜单 插入(I) ➡ 凸台/基体(B) ➡ 拉伸(E) 命令（或单击"特征（F）"工具栏中的 按钮）；选取基准面 4 作为草图基准面；在草绘环境中绘制图 8.23 所示的横断面草图；在"拉伸"对话框的 方向1 区域中单击"反向"按钮 ，在 方向1 区域的下拉列表中选择 成形到下一面 选项；单击 按钮，完成拉伸 3 的创建。

图 8.22　拉伸 3

图 8.23　横断面草图

Step18. 创建图 8.24 所示的零件特征——圆角 2。参照 Step14 的操作步骤创建图 8.24 所示的圆角 2。

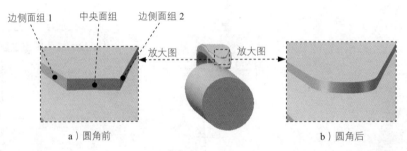

图 8.24　圆角 2

Step19. 创建图 8.25b 所示的零件特征——圆角 3。选择下拉菜单 插入(I) ➡ 特征(F) ➡ 圆角(U) 命令（或单击 按钮），系统弹出"圆角"对话框；在"圆角"对话框的 圆角类型(Y) 区域里单击 选项；选取图 8.25a 所示的面为要圆角的对象；在文本框中输入半径值 10.0；单击"圆角"对话框中的 按钮，完成圆角 3 的创建。

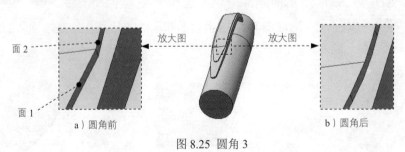

图 8.25　圆角 3

Step20. 创建图 8.26 所示的零件特征——圆角 4。要圆角的对象为图 8.26a 所示的面，输入圆角半径值为 10.0。

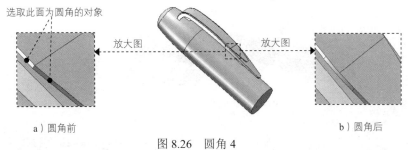

a) 圆角前   b) 圆角后

图 8.26 圆角 4

Step21. 创建图 8.27 所示的零件特征——圆角 5。选取图 8.27 所示的四条边链为圆角对象，输入半径值 0.08；单击 ✔ 按钮，完成圆角 5 的创建。

Step22. 创建图 8.28 所示的零件特征——圆角 6。选取图 8.28 所示的边线为要圆角的对象，输入圆角半径值 0.1。

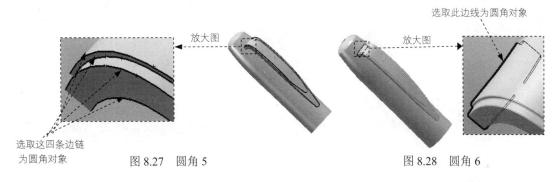

选取这四条边链
为圆角对象   图 8.27 圆角 5   图 8.28 圆角 6

Step23. 创建图 8.29 所示的零件特征——切除-旋转 1。选择下拉菜单 插入(I) ➡ 切除(C) ➡ 🔲 旋转(R). 命令（或单击"特征（F）"工具栏中的 🔲 按钮）；选取前视基准面作为草图基准面，绘制图 8.30 所示的横断面草图（使用 ⏋ 等距实体(O). 命令来绘制横断面草图）；采用草图中绘制的中心线作为旋转轴线；在 旋转参数(R) 区域的下拉列表中选择 单向 选项，在 旋转参数(R) 区域的 ⟅ 文本框中输入数值 360.0；单击对话框中的 ✔ 按钮，完成切除-旋转 1 的创建。

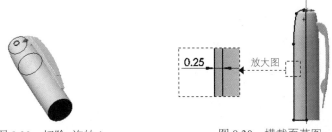

图 8.29 切除-旋转 1   图 8.30 横截面草图

Step24. 创建图 8.31 所示的零件特征——圆角 7。选取图 8.31 所示的三条边链为圆角对象，输入圆角半径值 0.1。

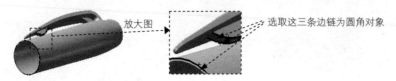

图8.31　圆角7

Step25. 至此，零件模型创建完毕。选择下拉菜单 文件(F) ➡ 📁 保存(S) 命令，命名为 pen_cap，即可保存零件模型。

实例 **9** 蝶 形 螺 母

实例概述

本实例介绍一个蝶形螺母的设计过程。在其设计过程中，运用了实体旋转、拉伸、切除-扫描、圆角及变化圆角等特征命令，在创建过程中需要重点掌握变化圆角和切除-扫描的创建方法。零件模型如图 9.1 所示。

图 9.1 零件模型

Step1. 新建一个零件模型文件，进入建模环境。

Step2. 创建图 9.2 所示的零件特征——凸台-拉伸 1。选择下拉菜单 插入(I) ➡ 凸台/基体(B) ➡ 拉伸(E)... 命令（或单击"特征"工具栏中的 按钮）；选取前视基准面为草图基准面，在草绘环境中绘制图 9.3 所示的横断面草图，选择下拉菜单 插入(I) ➡ 退出草图命令，退出草绘环境，此时系统弹出"凸台-拉伸"对话框；采用系统默认的深度方向，在 方向1 区域的下拉列表中选择 两侧对称 选项，输入深度值 6.0；单击 按钮，完成凸台-拉伸 1 的创建。

图 9.2 凸台-拉伸 1

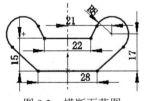

图 9.3 横断面草图

Step3. 创建图 9.4 所示的零件基础特征——旋转 1。选择下拉菜单 插入(I) ➡ 凸台/基体(B) ➡ 旋转(R)... 命令（或单击"特征"工具栏中的 按钮），系统弹出"旋转"对话框；选取前视基准面为草图基准面，进入草绘环境，绘制图 9.5 所示的横断面草图（包括旋转中心线）， 完成草图绘制后，选择下拉菜单 插入(I) ➡ 退出草图命令，退出草绘环境；采用草图中绘制的中心线为旋转轴线（此时"旋转"对话框中显示所选中心线的名称）；采用系统默认的旋转方向，在 方向1 区域的 文本框中输入数值 360.0；单

击 按钮，完成旋转 1 的创建。

图 9.4　旋转 1

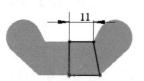

图 9.5　横断面草图

Step4. 创建图 9.6 所示的零件特征——切除-拉伸 1。选择下拉菜单 插入(I) ➡️
切除(C) ➡️ 拉伸(E)... 命令；选取上视基准面为草图基准面，绘制图 9.7 所示的横断面草图；在"切除-拉伸"对话框 方向1 区域的下拉列表中选择 完全贯穿 选项，单击 按钮；单击 按钮，完成切除-拉伸 1 的创建。

图 9.6　切除-拉伸 1

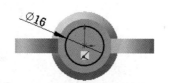

图 9.7　横断面草图

Step5. 创建图 9.8 所示的螺旋线 1。选择下拉菜单 插入(I) ➡️ 曲线(U) ➡️
螺旋线/涡状线(H)... 命令；选取图 9.9 所示的模型表面为草图基准面，用"转换实体引用"命令绘制图 9.10 所示的横断面草图，选择下拉菜单 插入(I) ➡️ 退出草图 命令，退出草绘环境，此时系统弹出"螺旋线/涡状线"对话框；在 定义方式(D): 区域的下拉列表中选择 高度和螺距 选项；在 参数(P) 区域中选中 恒定螺距(C) 单选按钮，选中 反向(V) 复选框，在对应文本框中输入数值 18.0，在 螺距(I): 文本框中输入数值 1.5，在 起始角度(S): 文本框中输入数值 135.0，选中 顺时针(C) 单选按钮；单击 按钮，完成螺旋线 1 的创建。

图 9.8　螺旋线 1

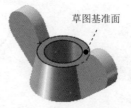

草图基准面

图 9.9　定义草图基准面

图 9.10　横断面草图

Step6. 创建图 9.11b 所示的"倒角 1"。选择下拉菜单 插入(I) ➡️ 特征(F)
➡️ 倒角(C)... 命令，系统弹出"倒角"对话框；选取图 9.11a 所示的边链为要倒角的对象；在"倒角"对话框中选中 角度距离(A) 单选按钮，然后在 文本框中输入数值 1.0，在 文本框中输入数值 45.0；单击 按钮，完成倒角 1 的创建。

Step7. 创建图 9.12 所示的"基准面 1"。选择下拉菜单 插入(I) ➡️ 参考几何体(G)

➡ 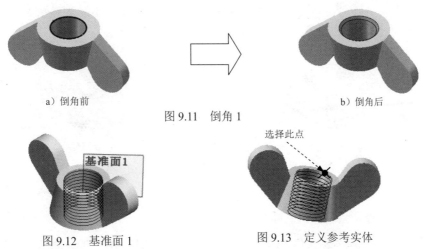 ... 命令，系统弹出"基准面"对话框；选取图 9.13 所示的螺旋线和螺旋线的一端点为基准面 1 的第一参考实体和第二参考实体；单击 ✓ 按钮，完成基准面 1 的创建。

a）倒角前   b）倒角后

图 9.11 倒角 1

图 9.12 基准面 1   图 9.13 定义参考实体

Step8. 创建图 9.14 所示的草图。选择下拉菜单 插入(I) ➡ 草图绘制 命令（或单击"草图"工具栏中的 按钮）；选取基准面 1 为草图基准面；在草绘环境中绘制图 9.14 所示的草图；完成草图的创建。

说明：草图中的两个定位尺寸的参照对象为原点。

Step9. 创建图 9.15 所示的零件特征——切除-扫描 1。选择下拉菜单 插入(I) ➡ 切除(C) ➡ 扫描(S)... 命令，系统弹出"切除-扫描"对话框；在图形区中选取草图为切除-扫描 1 的轮廓；在图形区中选取螺旋线 1 为切除-扫描 1 的路径；单击 ✓ 按钮，完成切除-扫描 1 的创建。

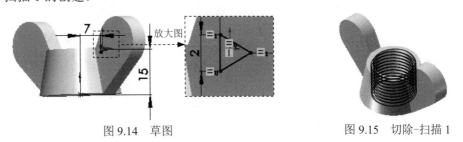

图 9.14 草图   图 9.15 切除-扫描 1

Step10. 创建图 9.16b 所示的"变化圆角 1"。选择下拉菜单 插入(I) ➡ 特征(F) ➡ 圆角(U)... 命令（或单击"特征"工具栏中的 按钮），系统弹出"圆角"对话框；在 手工 选项卡的 圆角类型(Y) 区域中单击 按钮；在系统 选择要加圆角的边线 的提示下，选取图 9.16a 所示的边线 1 为要倒圆角的对象；在"圆角"对话框中 圆角半径参数(P) 区域的文本框中输入数值 1，在 列表中选择"v1"（边线的上端点），然后在 文本框中输入数值 1.0（即设置左端点的半径），按回车键确定；在 列表中选择"v2"（边线的下端点），

然后在 ✎ 文本框中输入半径值 5.0，再按回车键确定，在图形区选中边线 1 的中点（此时点被加入 ⚬ 列表中），然后在列表中选择点的表示项 "P1"，在 ✎ 文本框中输入数值 3.0，按回车键确定，单击 ✔ 按钮，完成变化圆角 1 的创建。

说明：实例数即所选边线上需要设置半径值的点的数目（除起点和端点外）。

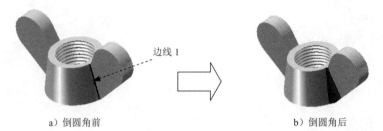

a）倒圆角前　　　　　　　b）倒圆角后

图 9.16　变化圆角 1

Step11. 创建图 9.17b 所示的"变化圆角 2"。选择下拉菜单 插入(I) ➡ 特征(F) ➡ 圆角(U)... 命令，系统弹出"圆角"对话框；在 手工 选项卡的 圆角类型(Y) 区域中单击 ⬛ 按钮；在系统 选择要加圆角的边线 的提示下，选取图 9.17a 所示的三条边线为要倒圆角的对象；在 圆角参数(P) 区域中选中 边线<1>，定义实例数为 1，边线上三个点的半径值与变半径圆角 1 中边线的半径值一致，参照 边线<1>，分别设置 边线<2> 与 边线<3> 的圆角半径，圆角数值均一致，单击 ✔ 按钮，完成变化圆角 2 的创建。

要倒圆角对象

a）倒圆角前　　　　　　　b）倒圆角后

图 9.17　变化圆角 2

Step12. 创建图 9.18b 所示的"圆角 1"。选择下拉菜单 插入(I) ➡ 特征(F) ➡ 圆角(U)... 命令（或单击 ⬛ 按钮），系统弹出"圆角"对话框。在 圆角类型(Y) 区域中单击 ⬛ 按钮。选取图 9.18a 所示的两条边线为要倒圆角的对象。在对话框中输入半径值 1.0，单击 ✔ 按钮，完成圆角 1 的创建。

Step13. 后面的详细操作过程请参见随书光盘中 video\ch09\reference 文件下的语音视频讲解文件 bfbolt-r01.exe。

a）倒圆角前　　　　　　　b）倒圆角后

图 9.18　圆角 1

实例 **10**　杯　　子

实例概述

本实例中使用的特征命令比较多，主要运用了旋转、扫描、切除-旋转、圆角及抽壳等特征命令，其中扫描命令的使用是重点，务必保证草图的正确性，否则此后的圆角将难以创建。该零件模型如图 10.1 所示。

图 10.1　零件模型

Step1. 新建一个零件模型文件，进入建模环境。

Step2. 创建图 10.2 所示的零件基础特征——旋转 1。选择下拉菜单 插入(I) ➡ 凸台/基体(B) ➡ ⊕ 旋转(R)… 命令（或单击"特征"工具栏中的 ⊕ 按钮），系统弹出"旋转"对话框；选取前视基准面为草图基准面，进入草绘环境，绘制图 10.3 所示的横断面草图（包括旋转中心线），选择下拉菜单 插入(I) ➡ ⤴ 退出草图 命令，退出草绘环境，采用草图中绘制的中心线作为旋转轴线（此时"旋转"对话框中显示所选中心线的名称）；采用系统默认的旋转方向，在 方向1 区域的 ↧A¹ 文本框中输入数值 360.0；单击对话框中的 ✓ 按钮，完成旋转 1 的创建。

图 10.2　旋转 1

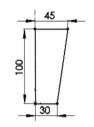

图 10.3　横断面草图

Step3. 创建图 10.4 所示的零件特征——切除-旋转 1。选择下拉菜单 插入(I) ➡ 切除(C) ➡ ⋒ 旋转(R)… 命令；选取前视基准面为草图基准面，绘制图 10.5 所示的横断面草图（包括旋转中心线），选择下拉菜单 插入(I) ➡ ⤴ 退出草图 命令，退出草绘环境。采用草图中绘制的中心线作为旋转轴线；采用系统默认的旋转方向，在 方向1 区域的 ↧A¹

文本框中输入数值 360.0；单击对话框中的  按钮，完成切除-旋转 1 的创建。

图 10.4　切除-旋转 1　　　　　　图 10.5　横断面草图

Step4. 创建图 10.6b 所示的零件特征——抽壳 1。选择下拉菜单 插入(I) ➡ 特征(F)

➡ 抽壳(S)...命令；选取图 10.6a 所示的模型的上表面为要移除的面；在"抽壳 1"

对话框的 参数(P) 区域中输入壁厚值 3.0；单击对话框中的 按钮，完成抽壳 1 的创建。

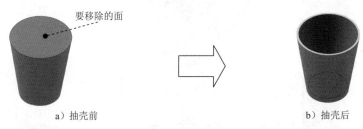

a）抽壳前　　　　　　　　　　b）抽壳后

图 10.6　抽壳 1

Step5. 创建图 10.7 所示的草图 1。选择下拉菜单 插入(I) ➡ 草图绘制 命令；选

取前视基准面为草图基准面；在草绘环境中绘制图 10.7 所示的草图 1；选择下拉菜单

插入(I) ➡ 退出草图 命令，退出草图设计环境。

Step6. 创建图 10.8 所示的"基准面 1"。选择下拉菜单 插入(I) ➡ 参考几何体(G)

➡ 基准面(P)...命令，系统弹出"基准面"对话框；选取右视基准面和如图 10.8 所

示的端点作为参考实体；单击对话框中的 按钮，完成基准面 1 的创建。

图 10.7　草图 1　　　　　　　　图 10.8　基准面 1

Step7. 创建图 10.9 所示的草图 2。选择下拉菜单 插入(I) ➡ 草图绘制 命令；选

取前视基准面作为草图基准面，绘制草图 2。

Step8. 创建图 10.10 所示的特征——扫描 1。选择下拉菜单 插入(I) ➡ 凸台/基体(B)

➡ 扫描(S)...命令，系统弹出"扫描"对话框；选择草图 2 为扫描 1 特征的轮廓；

选择草图 1 为扫描 1 特征的路径；单击对话框中的 按钮，完成扫描 1 的创建。

图 10.9　草图 2

图 10.10　扫描 1

Step9. 创建图 10.11b 所示的圆角 1。选择下拉菜单 插入(I) ➡ 特征(F) ➡

圆角(F)…命令，系统弹出"圆角"对话框。采用系统默认的圆角类型。选取图 10.11a 所示的边线为要倒圆角的对象；在对话框中输入半径值 15，单击"圆角"对话框中的 ✓ 按钮，完成圆角 1 的创建。

a）倒圆角前 　　　要倒圆角的边线 　　　　　　　　　　　　　b）倒圆角后

图 10.11　圆角 1

Step10. 创建圆角 2。选取图 10.12 所示的四条边线为要倒圆角的对象，圆角半径为 3。

a）倒圆角前　　　放大图　　　　　　　放大图　　　　b）倒圆角后

图 10.12　圆角 2

Step11. 创建圆角 3。选取图 10.13 所示的两条边线为要倒圆角的对象，圆角半径值为 1.5。

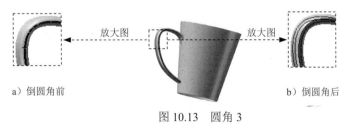

a）倒圆角前　　　放大图　　　　　　　放大图　　　　b）倒圆角后

图 10.13　圆角 3

Step12. 创建圆角 4。选取图 10.14 所示的两条边线为要倒圆角的对象，圆角半径值为 0.8。

a）倒圆角前   b）倒圆角后

图 10.14   圆角 4

Step13. 创建图 10.15b 所示的圆角 5。选择下拉菜单 插入(I) ➡ 特征(F) ➡

🔘 圆角(F)... 命令，系统弹出"圆角"对话框；在"圆角"对话框的 圆角类型(Y) 区域中单

击 ⬛ 选项，选取图 10.15a 所示的边侧面组 1，单击以激活"中央面组"文本框，选取图 10.15a

所示的中央面组，单击以激活"边侧面组 2"文本框，选取边侧面组 2；单击"圆角"对话

框中的 ✔ 按钮，完成圆角 5 的创建。

中央面组
边侧面组 2
边侧面组 1

a）倒圆角前   b）倒圆角后

图 10.15   圆角 5

Step14. 后面的详细操作过程请参见随书光盘中 video\ch10\reference 文件下的语音视

频讲解文件 cup-r01.exe。

实例 **11** 排 气 管

实例概述

本实例中使用的命令较多，主要运用了拉伸、扫描、放样、圆角及抽壳等命令，设计思路是先创建互相交叠的拉伸、扫描、放样特征，再对其进行抽壳，从而得到模型的主体结构，其中扫描和放样的综合使用是重点，务必保证草图的正确性，否则此后的圆角将难以创建。该零件模型如图 11.1 所示。

图 11.1 零件模型

Step1. 新建一个零件模型文件，进入建模环境。

Step2. 创建图 11.2 所示的零件基础特征——凸台-拉伸 1。选择下拉菜单 插入(I) ➡ 凸台/基体(B) ➡ 拉伸(E)... 命令；选取前视基准面为草图基准面，在草绘环境中绘制图 11.3 所示的草图 1；采用系统默认的深度方向，在"凸台-拉伸"对话框中 方向1 区域的下拉列表中选择 两侧对称 选项，输入深度值 220.0；单击 ✔ 按钮，完成凸台-拉伸 1 的创建。

图 11.2 凸台-拉伸 1

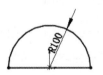

图 11.3 草图 1

Step3. 创建图 11.4 所示的草图 2。选择下拉菜单 插入(I) ➡ 草图绘制 命令；选取上视基准面为草图基准面；在草绘环境中绘制图 11.4 所示的草图 2；选择下拉菜单 插入(I) ➡ 退出草图 命令，退出草图设计环境。

Step4. 创建图 11.5 所示的草图 3。选取前视基准面作为草图基准面。

注意：绘制直线和相切弧时，注意添加圆弧和凸台-拉伸 1 边界线的相切约束。

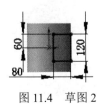

图 11.4 草图 2

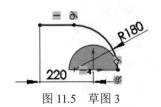

图 11.5 草图 3

Step5. 创建图 11.6 所示的"扫描 1"。选择下拉菜单 [插入(I)] ➡ [凸台/基体(B)] ➡
[扫描(S)]...命令；选取草图 2 作为扫描 1 的轮廓；选取草图 3 作为扫描 1 的路径；单击 ✓
按钮，完成扫描 1 的创建。

Step6. 创建图 11.7 所示的"基准面 1"。选择下拉菜单 [插入(I)] ➡ [参考几何体(G)]
➡ [基准面(P)]...命令；选取图 11.7 所示的模型表面为参考实体；采用系统默认的偏
移方向，在 [⊢⊣] 后输入偏移距离值 160.0；单击 ✓ 按钮，完成基准面 1 的创建。

图 11.6 扫描 1   图 11.7 基准面 1

Step7. 创建图 11.8 所示的草图 4。选取图 11.9 所示的模型表面为草图基准面。在草绘
环境中绘制图 11.8 所示的草图时，此草图只需选中图 11.8 所示的边线，然后单击"草图"
工具栏中的"转换实体引用"按钮 [🗗]，即可完成创建。

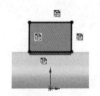
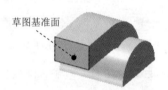

图 11.8 草图 4   图 11.9 定义草图基准面

Step8. 创建图 11.10 所示的草图 5。选取基准面 1 为草图基准面，创建时可先绘制中心
线，再绘制矩形，然后建立对称和重合约束，最后添加尺寸并修改尺寸值。

Step9. 创建图 11.11 所示的零件特征——放样 1。选择下拉菜单 [插入(I)] ➡
[凸台/基体(B)] ➡ [放样(L)]...命令，系统弹出"放样"对话框；选取草图 4 和草图 5 为
放样 1 特征的轮廓；单击 ✓ 按钮，完成放样 1 的创建。

注意： 在选取放样 1 特征的轮廓时，轮廓的闭合点和闭合方向必须一致。

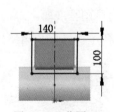

图 11.10 草图 5   图 11.11 放样 1

Step10. 创建图 11.12 所示的零件特征——凸台-拉伸 2。选择下拉菜单 [插入(I)] ➡
[凸台/基体(B)] ➡ [拉伸(E)]...命令；选取上视基准面作为草图基准面；在草绘环境中绘

制图 11.13 所示的横断面草图；采用系统默认的深度方向；在"凸台-拉伸"对话框 方向1 区域的下拉列表中选择 给定深度 选项，输入深度值 10.0；单击 ✔ 按钮，完成凸台-拉伸 2 的创建。

图 11.12 凸台-拉伸 2   图 11.13 横断面草图

Step11. 创建图 11.14b 所示的"圆角 1"。选择下拉菜单 插入(I) ➡ 特征(F) ➡
🔷 圆角(U)... 命令，系统弹出"圆角"对话框；选取图 11.14a 所示的边线为要倒圆角的对象。在"圆角"对话框中输入圆角半径值 30.0，单击 ✔ 按钮，完成圆角 1 的创建。

a）倒圆角前   b）倒圆角后

图 11.14 圆角 1

Step12. 创建图 11.15b 所示的"圆角 2"。选取图 11.15a 所示的两条边线为要倒圆角的对象，圆角半径值为 30.0。

注意：圆角的每一段边线都要选取。

a）倒圆角前   b）倒圆角后

图 11.15 圆角 2

Step13. 创建图 11.16b 所示的"圆角 3"。选取图 11.16a 所示的边线为要倒圆角的对象，圆角半径值为 30.0。

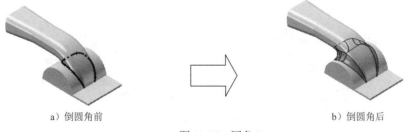

a）倒圆角前   b）倒圆角后

图 11.16 圆角 3

Step14. 创建图 11.17b 所示的"圆角 4"。选取图 11.17a 所示的边线为要倒圆角的对象，圆角半径值为 400.0。

a）倒圆角前　　　　　　　　　　　　　　b）倒圆角后

图 11.17　圆角 4

Step15. 创建图 11.18b 所示的零件特征——抽壳 1。选择下拉菜单 插入(I) ➡ 特征(F) ▶ ➡ 抽壳(S)... 命令。选取图 11.18a 所示模型的两个端面为要移除的面，在"抽壳 1"对话框的 参数(P) 区域输入壁厚值 8.0，单击 ✅ 按钮，完成抽壳 1 的创建。

要移除的面

a）抽壳前　　　　　　　　　　　　　　b）抽壳后

图 11.18　抽壳 1

Step16. 创建图 11.19 所示的零件特征——孔 1。选择下拉菜单 插入(I) ➡ 特征(F) ▶ ➡ 孔(H) ▶ ➡ 简单直孔(S)... 命令；选取图 11.20 所示的模型表面为孔 1 的放置面，此时系统弹出"孔"对话框；在"孔"对话框 方向1 区域的下拉列表中选择 完全贯穿 选项，在 ⌀ 文本框中输入数值 18.0；单击 ✅ 按钮，完成孔 1 的创建；在设计树中右击"孔 1"，在系统弹出的快捷菜单中单击 按钮，进入草绘环境，在草绘环境中建立图 11.21 所示的尺寸，然后将其修改为目标尺寸，约束完成后，退出草绘环境。

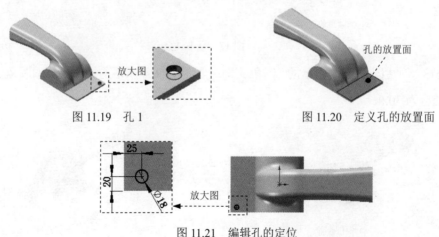

放大图

图 11.19　孔 1　　　　　　　　孔的放置面

图 11.20　定义孔的放置面

25
20
Φ18
放大图

图 11.21　编辑孔的定位

Step17. 创建图 11.22 所示的"阵列（线性）1"。选择下拉菜单 插入(I) ➡ 阵列/镜向(E) ▸ ➡ 线性阵列(L)...命令，系统弹出 "线性阵列"对话框，选取图 11.23 所示的模型边线为方向 1 的参考边线，在 方向1 区域的 文本框中输入数值 90.0；在 文本框中输入数值 3，选取孔 1 作为阵列的源特征，单击 按钮，完成阵列（线性）1 的创建。

图 11.22　线性阵列 1　　　　　　图 11.23　选择参考边线

Step18. 创建图 11.24 所示的零件特征——切除-拉伸 1。选择下拉菜单 插入(I) ➡ 切除(C) ▸ ➡ 拉伸(E)...命令；选取图 11.25 所示的模型表面为草图基准面，在草绘环境中绘制图 11.26 所示的横断面草图；采用系统默认的切除深度方向，在"切除-拉伸"对话框中 方向1 区域的下拉列表中选择 成形到下一面 选项；单击 按钮，完成切除-拉伸 1 的创建。

图 11.24　切除-拉伸 1　　图 11.25　选取草图基准面　　图 11.26　横断面草图

Step19. 添加图 11.27b 所示的"镜像 1"。选择下拉菜单 插入(I) ➡ 阵列/镜向(E) ▸ ➡ 镜向(M)...命令；选取右视基准面为镜像基准面；选取凸台-拉伸 2 和阵列（线性）1 为镜像 1 的对象；单击窗口中的 按钮，完成镜像 1 的创建。

a）镜像前　　　　　　　　　　　　　　　b）镜像后

图 11.27　镜像 1

Step20. 创建图 11.28 所示的零件特征——切除-拉伸 2。选择下拉菜单 插入(I) ➡ 切除(C) ▸ ➡ 拉伸(E)...命令；选取图 11.29 所示的模型表面为草图基准面，在草绘环境中绘制图 11.30 所示的横断面草图；采用系统默认的切除深度方向；在"切除-拉伸"

对话框中 方向1 区域的下拉列表中选择 完全贯穿 选项；单击 ✓ 按钮，完成切除–拉伸2的创建。

图 11.28　切除–拉伸2　　　　图 11.29　选取草图基准面　　　　图 11.30　横断面草图

Step21. 创建图11.31b所示的"圆角5"。选取图11.31a所示的边线为倒圆角的对象，圆角半径值为10.0。

a）倒圆角前　　　　　　　　　　　b）倒圆角后

图 11.31　圆角5

Step22. 保存零件模型。选择下拉菜单 文件(F) ➡ 保存(S) 命令，将模型命名为 main_housing，即可保存零件模型。

实例 **12** 外　　壳

实例概述

本实例是一个外壳模型，主要运用基本的凸台-拉伸和切除-拉伸特征，该零件模型如图 12.1 所示。

图 12.1　零件模型

说明：本实例前面的详细操作过程请参见随书光盘中 video\ch12\reference 文件下的语音视频讲解文件 surface-r01.exe。

Step1. 打开文件 D:\sw15.7\work\ch12\surface_ex.SLDPRT。

Step2. 创建图 12.2 所示的零件特征——切除-拉伸 3。选择下拉菜单 插入(I) ➡ 切除(C) ➡ 拉伸(E)… 命令，选取右视基准面作为草图基准面，在草绘环境中绘制图 12.3 所示的横断面草图，采用系统默认的切除深度方向；在"切除-拉伸"对话框 方向1 区域的下拉列表中选择 完全贯穿 选项，在 方向2 区域的下拉列表中选择 完全贯穿 选项，单击对话框中的 ✓ 按钮，完成切除-拉伸 3 的创建。

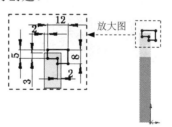

图 12.2　切除-拉伸 3　　　　　　　图 12.3　横断面草图

Step3. 创建图 12.4b 所示的"圆角 1"。选择下拉菜单 插入(I) ➡ 特征(F) ➡ 圆角(F)… 命令；采用系统默认的圆角类型；选择图 12.4a 所示的边线为要倒圆角的对象；在"圆角"对话框中输入圆角半径值 1.0；单击 ✓ 按钮，完成圆角 1 的创建。

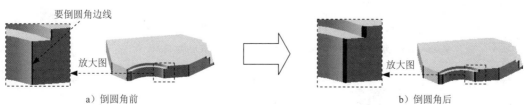

a）倒圆角前　　　　　　　　　　　　　　　　b）倒圆角后

图 12.4　圆角 1

Step4. 创建图 12.5b 所示的"圆角 2"。选择下拉菜单 插入(I) ➡ 特征(F) ➡
圆角(F)... 命令，采用系统默认的圆角类型，选择图 12.5a 所示的边线为要倒圆角的对象，在"圆角"对话框中输入圆角半径值 1.0，单击 ✅ 按钮，完成圆角 2 的创建。

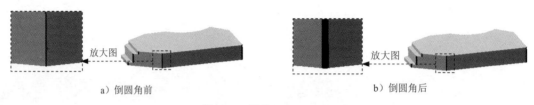

a）倒圆角前　　　　　　　　　　　　　　b）倒圆角后

图 12.5　圆角 2

Step5. 创建图 12.6b 所示的"圆角 3"。选择图 12.6a 所示的边线为要倒圆角的对象，圆角半径为 0.5。

a）倒圆角前　　　　　　　　　　　　　　b）　倒圆角后

图 12.6　圆角 3

Step6. 创建图 12.7b 所示的零件特征——抽壳 1。选择下拉菜单 插入(I) ➡ 特征(F)
➡ 抽壳(S)... 命令；选取图 12.7a 所示的模型的面为要移除的面；在"抽壳 1"对话框的 参数(P) 区域中输入壁厚值 1；单击对话框中的 ✅ 按钮，完成抽壳 1 的创建。

要移除的面

a）抽壳前　　　　　　　　　　　　　　　b）抽壳后

图 12.7　抽壳 1

Step7. 创建图 12.8 所示的零件特征——凸台-拉伸 2。选择下拉菜单 插入(I) ➡
凸台/基体(B) ➡ 拉伸(E)... 命令；选取图 12.9 所示的模型表面为草图基准面，在草绘环境中绘制图 12.10 所示的横断面草图；采用系统默认的深度方向，在"凸台-拉伸"对话框 方向1 区域的下拉列表中选择 给定深度 选项，输入深度值 2.0；单击 ✅ 按钮，完成凸台-拉伸 2 的创建。

Step8. 创建图 12.11 所示的零件特征——凸台-拉伸 3。选择下拉菜单 插入(I) ➡
凸台/基体(B) ➡ 拉伸(E)... 命令，选取右视基准面为草图基准面，在草绘环境中绘制图 12.12 所示的横断面草图，采用系统默认的深度方向；在"凸台-拉伸"对话框 方向1 区域的下拉列表中选择 两侧对称 选项，输入深度值 4.0，单击 ✅ 按钮，完成凸台-拉伸 3 的创建。

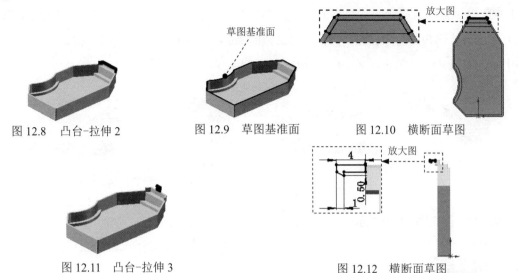

图 12.8　凸台-拉伸 2　　　　图 12.9　草图基准面　　　　图 12.10　横断面草图

图 12.11　凸台-拉伸 3

图 12.12　横断面草图

Step9. 创建图 12.13 所示的零件特征——凸台-拉伸 4。选择下拉菜单 插入(I) ➡
凸台/基体(B) ➡ 拉伸(E)... 命令，选取图 12.14 所示的模型表面作为草图基准面，在
草绘环境中绘制图 12.15 所示的横断面草图，采用系统默认的深度方向；在"凸台-拉伸"
对话框 方向1 区域的下拉列表中选择 给定深度 选项，输入深度值 6.0，单击 ✅ 按钮，完成凸
台-拉伸 4 的创建。

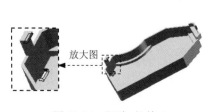

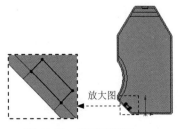

图 12.13　凸台-拉伸 4　　　　图 12.14　草图基准面　　　　图 12.15　横断面草图

Step10. 创建图 12.16 所示的零件特征——切除-拉伸 4。选择下拉菜单 插入(I) ➡
切除(C) ➡ 拉伸(E)... 命令，选取图 12.17 所示的模型表面为草图基准面，绘制图
12.18 所示的横断面草图，采用系统默认的切除深度方向。在"切除-拉伸"对话框 方向1 区
域的下拉列表中选择 完全贯穿 选项，在 方向2 区域的下拉列表中选择 给定深度 选项，输入深
度值 5.0，单击对话框中的 ✅ 按钮，完成切除-拉伸 4 的创建。

图 12.16　切除-拉伸 4　　　　图 12.17　草图基准面　　　　图 12.18　横断面草图

Step11. 创建图 12.19b 所示的"倒角 2"。选择下拉菜单 插入(I) ➡️ 特征(F) ➡️ 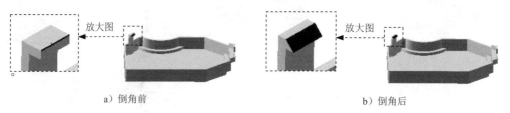 倒角(C)... 命令，弹出"倒角"对话框；采用系统默认的倒角类型；选取如图 12.19a 所示的边线为要倒角的对象；在"倒角"对话框的 🖼文本框中输入数值 1.5，在 🖼后的文本框中输入数值 45.0；单击 ✔ 按钮，完成倒角 2 的创建。

a）倒角前   b）倒角后

图 12.19　倒角 2

Step12. 创建图 12.20 所示的零件特征——切除-拉伸 5。选取前视基准面为草图基准面，横断面草图如图 12.21 所示；在"切除-拉伸"对话框 方向1 区域中单击 🖼按钮，在下拉列表中选择 完全贯穿 选项。

图 12.20　切除-拉伸 5

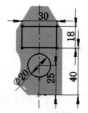

图 12.21　横断面草图

Step13. 创建图 12.21 所示的零件特征——切除-拉伸 6。选取前视基准面为草图基准面，横断面草图如图 12.22 所示；在"切除-拉伸"对话框 方向1 区域中单击 🖼按钮，在下拉列表选择 给定深度 选项，输入深度值 10.0，单击对话框中的 ✔ 按钮，完成切除-拉伸 6 的创建。

图 12.22　切除-拉伸 6

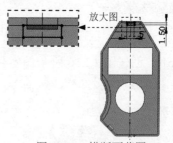

图 12.23　横断面草图

Step14. 至此，零件模型创建完毕。选择下拉菜单 文件(F) ➡️ 保存(S)命令，命名为 surface，即可保存零件模型。

实例 13 陀螺底座

应用概述

本应用是一个陀螺玩具的底座设计，主要运用了旋转、凸台-拉伸、切除-拉伸、移动/复制、圆角以及倒角等特征创建命令。需要注意选取草图基准面、圆角顺序及移动/复制实体的技巧和注意事项。零件实体模型及相应的设计树如图 13.1 所示。

Step1. 新建模型文件。新建一个"零件"模块的模型文件，进入建模环境。

Step2. 创建图 13.2 所示的零件基础特征——旋转 1。选择下拉菜单 插入(I) ➡ 凸台/基体(B) ➡ 旋转(R)... 命令（或单击"特征（F）"工具栏中的 按钮）；选取前视基准面作为草图基准面，绘制图 13.3 所示的横断面草图；采用图 13.3 所示的边线为旋转轴线；在"旋转"对话框中输入旋转角度值 180.00 度；单击 按钮，完成旋转 1 的创建。

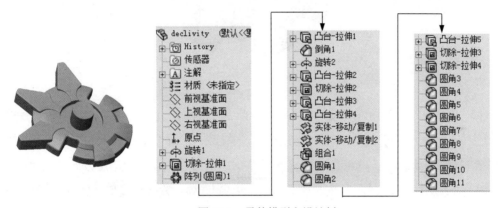

图 13.1 零件模型和设计树

图 13.2 旋转 1

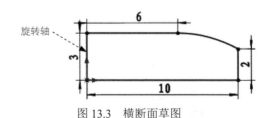

图 13.3 横断面草图

Step3. 创建图 13.4 所示的零件特征——切除-拉伸 1。选择下拉菜单 插入(I) ➡ 切除(C) ➡ 拉伸(E)... 命令；选取上视基准面为草图基准面，在草图绘制环境中绘制图 13.5 所示的横断面草图，完成横断面草图的创建；单击该对话框中的 按钮，完成切除-拉伸 1 的创建。

Step4. 创建图 13.6 所示的阵列（圆周）1。选择下拉菜单 插入(I) ➡ 阵列/镜向(E) ➡ 圆周阵列(C)... 命令（或单击 按钮），系统弹出"圆周阵列"对话框；单击以激活**要阵列的特征(F)** 区域中的文本框，选取"切除-拉伸 1"特征作为阵列的源特征；选择下拉菜单 **视图(V)** ➡ **临时轴(X)** 命令即显示临时轴；选取图 5.20.6 所示的临时轴为圆周阵列轴；在 **参数(P)** 区域的 文本框中输入数值 60.00 度；在 **参数(P)** 区域的 文本框中输入数值 3；取消选中 □ **等间距(E)** 复选框；单击 按钮，单击"圆周阵列"对话框中的 按钮，完成圆周阵列的创建。

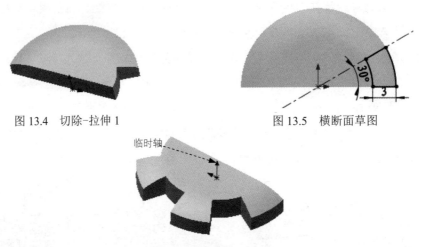

图 13.4　切除-拉伸 1　　　　　　　　图 13.5　横断面草图

图 13.6　阵列（圆周）1

Step5. 创建图 13.7 所示的零件特征—— 凸台-拉伸 1。选择下拉菜单 **插入(I)** ➡ **凸台/基体(B)** ➡ **拉伸(E)...** 命令（或单击 按钮）；选取上视基准面为草图基准面；在草图绘制环境中绘制图 13.8 所示的横断面草图；采用系统默认的深度方向，在"凸台-拉伸"对话框 **方向1** 区域的下拉列表中选择 **给定深度** 选项，输入深度值 2.00mm；单击 按钮，完成凸台-拉伸 1 的创建。

图 13.7　凸台-拉伸 1

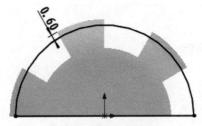

图 13.8　横断面草图

Step6. 创建图 13.9b 所示的倒角 1。选择下拉菜单 **插入(I)** ➡ **特征(F)** ➡ **倒角(C)...** 命令，选取图 13.9a 所示的边线为要倒角的对象；在"倒角"对话框的 文本框中输入数值 0.75mm，在 文本框中输入数值 45.00 度；单击 按钮，完成倒角 1 的创建。

倒角对象

a）倒角前   b）倒角后

图 13.9 倒角 1

Step7. 创建图 13.10 所示的零件特征——旋转 2。选择下拉菜单 插入(I) ➡ 凸台/基体(B) ➡ 旋转(R)... 命令；选取右视基准面为草图基准面；在草图绘制环境中绘制图 13.11 所示的横断面草图；采用图 13.11 所示的线作为旋转轴线；在 "旋转" 对话框的 方向1 区域下拉列表中选择 给定深度 选项，采用系统默认的旋转方向；在 文本框中输入数值 90.00 度；在 "旋转" 对话框的 方向2 区域下拉列表中选择 给定深度 选项，在 文本框中输入数值 90.00 度；单击 ✔ 按钮，完成旋转 2 的创建。

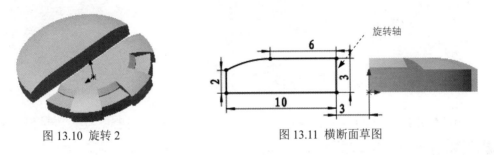

图 13.10 旋转 2   图 13.11 横断面草图

Step8. 创建图 13.12 所示的零件特征——凸台-拉伸 2。选取上视基准面为草图基准面。绘制图 13.13 所示的横断面草图；在 "凸台-拉伸" 对话框 方向1 区域的下拉列表中选择 成形到一面 选项，选择如图 13.12 所示的面；单击 ✔ 按钮，完成凸台-拉伸 2 的创建。

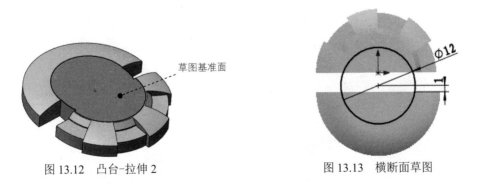

草图基准面

图 13.12 凸台-拉伸 2   图 13.13 横断面草图

Step9. 创建图 13.14 所示的零件特征——切除-拉伸 2。选择下拉菜单 插入(I) ➡ 切除(C) ➡ 拉伸(E)... 命令；选取图 13.15 所示的模型表面为草图基准面；绘制图 13.16 所示的横断面草图；采用系统默认的深度方向，在 方向1 区域的下拉列表中选择选项，输入深度值 1.00mm，单击 按钮，完成切除-拉伸 2 的创建。

图 13.14　切除-拉伸 2

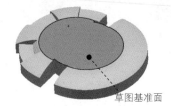

图 13.15　选取草图基准面

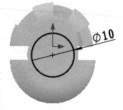

图 13.16　横断面草图

Step10. 创建图 13.17 所示的零件特征——凸台-拉伸 3。选择下拉菜单 插入(I) ➡️ 凸台/基体(B) ➡️ 拉伸(E)... 命令；选取图 13.18 所示的平面为草图基准面，绘制图 13.19 所示的横断面草图；方向1 区域的下拉列表中选择 给定深度 选项，输入深度值 4.00mm；单击 按钮，完成凸台-拉伸 3 的创建。

图 13.17　凸台-拉伸 3

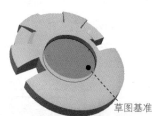

图 13.18　选取草图基准面

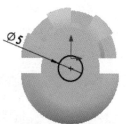

图 13.19　横断面草图

Step11. 创建图 13.20 所示的零件特征—— 凸台-拉伸 4。选择下拉菜单 插入(I) ➡️ 凸台/基体(B) ➡️ 拉伸(E)... 命令；选取上视基准面为草图基准面，绘制图 13.21 所示的横断面草图；采用系统默认的深度方向，在"凸台-拉伸"对话框 方向1 区域的下拉列表中选择 给定深度 选项，输入深度值 3.20mm，取消选中 □ 合并结果(M) 复选框；单击 按钮，完成凸台-拉伸 4 的创建。

图 13.20　凸台-拉伸 4

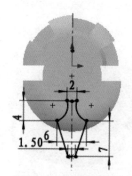

图 13.21　横断面草图

Step12. 创建图 13.22 所示的零件特征——实体-移动/复制 1。选择下拉菜单 插入(I) ➡️ 特征(F) ➡️ 移动/复制(V)... 命令；选取"凸台-拉伸 4"为旋转实体，选中 ☑ 复制(C) 复选框，在 文本框里输入 1；选取图 13.23 所示的轴线为旋转参考体；在 旋转

区域的 文本框中输入数值 50.00 度，单击该对话框中的 按钮，完成实体-移动/复制 1 的创建。

图 13.22　实体-移动/复制 1　　　　　图 13.23　选择旋转轴

Step13. 创建图 13.24 所示的零件特征——实体-移动/复制 2。选择下拉菜单 插入(I) ➡ 特征(F) ➡ 移动/复制(V)... 命令；选取"凸台-拉伸 4"为旋转实体，选中 复制(C) 复选框，在 文本框里输入 1；选取图 13.23 所示的边线为旋转参考体；在 旋转 区域的 文本框中输入数值-50.00 度，单击该对话框中的 按钮，完成实体-移动/复制 2 的创建。

图 13.24　实体-移动/复制 2

Step14. 创建组合 1。选择 插入(I) ➡ 特征(F) ➡ 组合(B)... 命令，依次选择凸台-拉伸 3、实体-移动/复制 1、凸台-拉伸 4、实体-移动/复制 2 为组合对象，单击对话框中的 按钮，完成组合 1 的创建。

Step15. 创建图 13.25b 所示的圆角 1。选择下拉菜单 插入(I) ➡ 特征(F) ➡ 圆角(F)... 命令（或单击 按钮），系统弹出"圆角"对话框；选取图 13.25a 所示的边线为要圆角的对象；在该对话框中输入圆角半径值 0.50mm；单击该对话框中的 按钮，完成圆角 1 的创建。

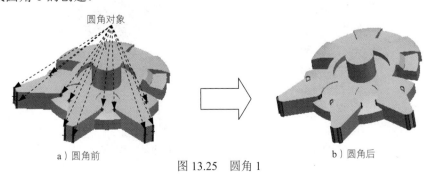

a）圆角前　　　　　　b）圆角后

图 13.25　圆角 1

Step16. 创建图 13.26b 所示的圆角 2。要圆角的对象为图 13.26a 所示的边线，圆角半径值为 0.20mm。

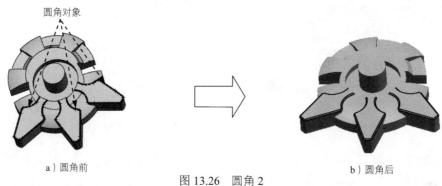

a）圆角前   b）圆角后

图 13.26   圆角 2

Step17. 创建图 13.27 所示的零件特征—— 凸台-拉伸 5。选择下拉菜单 插入(I) ➡️ 凸台/基体 (B) ➡️ 🔲 拉伸 (E)… 命令；选取图 13.27 所示的平面为草图基准面，绘制图 13.28 所示的横断面草图；采用系统默认的深度方向，在"凸台-拉伸"对话框 方向1 区域的下拉列表中选择 给定深度 选项，输入深度值 2.00mm；单击 ✅ 按钮，完成凸台-拉伸 5 的创建。

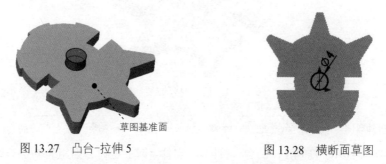

图 13.27   凸台-拉伸 5   图 13.28   横断面草图

Step18. 创建图 13.29 所示的零件特征——切除-拉伸 3。选取图 13.29 所示的平面为草图基准面，绘制图 13.30 所示的横断面草图；在 方向1 区域的下拉列表中选择 给定深度 选项，输入深度值 6.00mm；单击该对话框中的 ✅ 按钮，完成切除-拉伸 3 的创建。

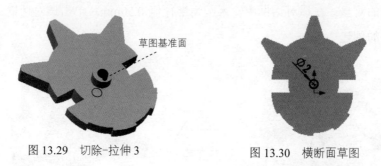

图 13.29   切除-拉伸 3   图 13.30   横断面草图

Step19. 创建图 13.31 所示的零件特征——切除-拉伸 4。选取图 13.31 所示的平面为草图基准面，绘制图 13.32 所示的横断面草图；在 **方向 1** 区域的下拉列表中选择 **给定深度** 选项，输入深度值 0.50mm；单击该对话框中的 ✓ 按钮，完成切除-拉伸 4 的创建。

草图基准面

图 13.31 切除-拉伸 4

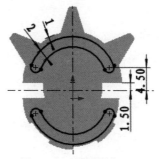

4.50

1.50

图 13.32 横断面草图

Step20. 后面的详细操作过程请参见随书光盘中 video\ch13\reference\文件下的语音视频讲解文件 declivity-r01.exe

实例 **14** 儿童玩具篮

实例概述

本实例讲解了儿童玩具篮的设计过程，在其设计过程中运用了拉伸、切除-拉伸、拔模、抽壳、基准面、筋、阵列（线性）、镜像、圆角等特征命令，注意切除-拉伸的创建及安排圆角顺序等过程中用到的技巧和注意事项。相应的零件模型如图 14.1 所示。

图 14.1 零件模型

Step1. 新建模型文件。选择下拉菜单 文件(F) ➡️ 新建(N)...命令，在系统弹出的"新建 SolidWorks 文件"对话框中选择"零件"模块，单击 确定 按钮，进入建模环境。

Step2. 创建图 14.2 所示的零件基础特征——凸台-拉伸 1。选择下拉菜单 插入(I) ➡️ 凸台/基体(B) ➡️ 拉伸(E)...命令；选取前视基准面为草图基准面，在草绘环境中绘制图 14.3 所示的横断面草图，选择下拉菜单 插入(I) ➡️ 退出草图命令，退出草绘环境，此时系统弹出"凸台-拉伸"对话框；采用系统默认的深度方向，在"凸台-拉伸"对话框 方向1 区域的下拉列表中选择 给定深度 选项，输入深度值 40.0；单击 ✔️ 按钮，完成凸台-拉伸 1 的创建。

图 14.2 凸台-拉伸 1

图 14.3 横断面草图

Step3. 创建图 14.4 所示的零件特征——切除-拉伸 1。选择下拉菜单 插入(I) ➡️ 切除(C) ➡️ 拉伸(E)...命令；选取图 14.5 所示的平面为草图基准面，在草绘环境中绘制图 14.6 所示的横断面草图，选择下拉菜单 插入(I) ➡️ 退出草图命令，完成横断面草图的创建；采用系统默认的切除深度方向，在"切除-拉伸"对话框 方向1 区域的下拉列表

中选择 成形到下一面 选项；单击对话框中的 ✓ 按钮，完成切除-拉伸 1 的创建。

图 14.4 切除-拉伸 1

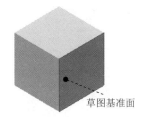

图 14.5 草图基准面

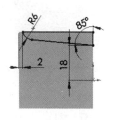

图 14.6 横断面草图

Step4. 创建图 14.7 所示的零件特征——凸台-拉伸 2。选择下拉菜单 插入(I) ➡ 凸台/基体(B) ➡ 🔳 拉伸(E)... 命令；选取图 14.8 所示的实体表面为草图基准面，在草绘环境中绘制图 14.9 所示的横断面草图；单击"凸台-拉伸"对话框中的 ⬈ 按钮，在 方向1 区域的下拉列表中选择 成形到一顶点 选项，然后选取图 14.8 所示的顶点作为拉伸终止点；单击 ✓ 按钮，完成凸台-拉伸 2 的创建。

图 14.7 凸台-拉伸 2

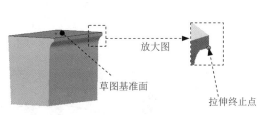

放大图

草图基准面

拉伸终止点

图 14.8 草图基准面

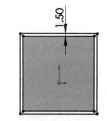

图 14.9 横断面草图

Step5. 创建图 14.10 所示的零件特征——拔模 1。选择下拉菜单 插入(I) ➡ 特征(F) ➡ 📄 拔模(D)... 命令；选取图 14.11 所示的四个模型表面为拔模面；选取图 14.12 所示的底面为中性面；采用系统默认的拔模方向，在"拔模"对话框 拔模角度(G) 区域的 文本框后输入值 3.0；单击 ✓ 按钮，完成拔模 1 的创建。

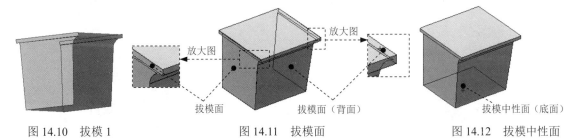

图 14.10 拔模 1

图 14.11 拔模面

图 14.12 拔模中性面

Step6. 创建图 14.13b 所示的"圆角 1"。选择下拉菜单 插入(I) ➡ 特征(F) ➡ 📄 圆角(F)... 命令，系统弹出"圆角"对话框；采用系统默认的圆角类型；选取图 14.13a 所示的边线为要倒圆角的对象；在对话框中输入半径值 3；单击"圆角"对话框中的 ✓ 按钮，完成圆角 1 的创建。

a）倒圆角前　　　　　　　　　　　　　　　　　　　b）倒圆角后

图 14.13　圆角 1

Step7. 创建图 14.14b 所示的"圆角 2"。选取图 14.14a 所示的边线为要倒圆角的对象，圆角半径为 3。

a）倒圆角前　　　　　　　　　　　　　　　　　　　b）倒圆角后

图 14.14　圆角 2

Step8. 创建图 14.15b 所示的"圆角 3"。选取图 14.15a 所示的边线为要倒圆角的对象，圆角半径值为 1.0。

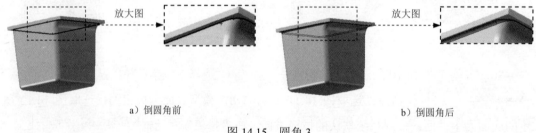

a）倒圆角前　　　　　　　　　　　　　　　　　　　b）倒圆角后

图 14.15　圆角 3

Step9. 创建图 14.16b 所示的"圆角 4"。选取图 14.16a 所示的边线为要倒圆角的对象，圆角半径值为 3。

a）倒圆角前　　　　　　　　　　　　　　　　　　　b）倒圆角后

图 14.16　圆角 4

Step10. 创建图 14.17b 所示的零件特征——抽壳 1。选择下拉菜单 插入(I) ➡ 特征(F) ➡ 📄 抽壳(S)... 命令；选取图 14.17a 所示的模型表面为要移除的面；在"抽壳 1"对话框的 参数(P) 区域输入壁厚值 2.0；单击对话框中的 ✓ 按钮，完成抽壳 1 的创建。

a）抽壳前   b）抽壳后

图 14.17 抽壳 1

Step11. 创建图 14.18 所示的"基准面 1"。选择下拉菜单 插入(I) ➡ 参考几何体(G) ➡ 基准面(P)... 命令，系统弹出"基准面"对话框；选取右视基准面为参考实体，输入偏移距离值 10.0；单击 ✅ 按钮，完成基准面 1 的创建。

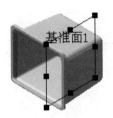

图 14.18 基准面 1

Step12. 创建图 14.19 所示的零件特征——筋 1。选择下拉菜单 插入(I) ➡ 特征(F) ➡ 筋(R)... 命令。定义筋（肋）特征的横断面草图，选取基准面 1 为草图基准面，绘制图 14.20 所示的横断面草图，建立尺寸和几何约束，并修改为目标尺寸；单击拉伸方向下的"平行于草图"按钮 🔾，采用系统默认的生成方向，在"筋"对话框 参数(P) 区域中单击 ☰（两侧）按钮，输入筋厚度值 2.0；单击 ✅ 按钮，完成筋 1 的创建。

图 14.19 筋 1   图 14.20 横断面草图

Step13. 创建图 14.21b 所示的"阵列（线性）1"。选择下拉菜单 插入(I) ➡ 阵列/镜向(E) ➡ 线性阵列(L)... 命令，系统弹出 "线性阵列"对话框；选取筋 1 作为阵列的源特征；选择图 14.21a 所示的边线为方向 1 的参考边线；在 方向1 区域中单击"反向"按钮 ⬈，反转阵列方向，然后在 文本框中输入数值 10.0；在 文本框中输入数值 3；单击对话框中的 ✅ 按钮，完成阵列（线性）1 的创建。

a）阵列前

b）阵列后

图 14.21　阵列（线性）1

Step14. 创建图 14.22b 所示的"圆角 5"。选择下拉菜单 插入(I) ➡ 特征(F) ➡

圆角(F)... 命令，系统弹出"圆角"对话框；采用系统默认的圆角类型；选取图 14.22a 所示的边线为要倒圆角的对象；在对话框中输入圆角半径值 0.5；单击"圆角"对话框中的 ✅ 按钮，完成圆角 5 的创建。

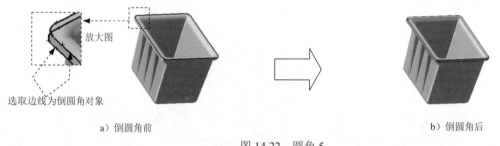

a）倒圆角前

b）倒圆角后

图 14.22　圆角 5

Step15. 创建图 14.23b 所示的"圆角 6"。选取图 14.23a 所示的边线为要倒圆角的对象，圆角半径为 0.5。

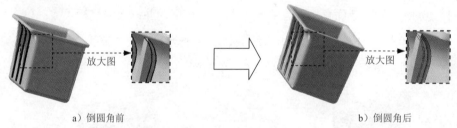

a）倒圆角前

b）倒圆角后

图 14.23　圆角 6

Step16. 创建图 14.24b 所示的"圆角 7"。选取图 14.24a 所示的边线为要倒圆角的对象，圆角半径为 0.5。

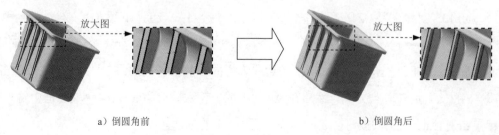

a）倒圆角前

b）倒圆角后

图 14.24　圆角 7

Step17. 创建图 14.25 所示的"基准面 2"。选择下拉菜单 <kbd>插入(I)</kbd> ➡ <kbd>参考几何体(G)</kbd> ➡ <kbd>◇ 基准面(P)...</kbd> 命令，系统弹出"基准面"对话框；选取右视基准面为参考实体，输入偏移距离值 28.0；单击 ✔ 按钮，完成基准面 2 的创建。

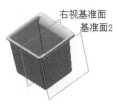

图 14.25　基准面 2

Step18. 创建图 14.26 所示的零件特征——凸台-拉伸 3。选择下拉菜单 <kbd>插入(I)</kbd> ➡ <kbd>凸台/基体(B)</kbd> ➡ <kbd>◎ 拉伸(E)...</kbd> 命令；选取基准面 2 为草图基准面，在草绘环境中绘制图 14.27 所示的横断面草图；单击"凸台-拉伸"对话框中的 <kbd>⚒</kbd> 按钮，在 <kbd>方向1</kbd> 区域的下拉列表中选择 <kbd>成形到下一面</kbd> 选项；单击 ✔ 按钮，完成凸台-拉伸 3 的创建。

图 14.26　凸台-拉伸 3

图 14.27　横断面草图

Step19. 创建图 14.28 所示的零件特征——切除-拉伸 2。选择下拉菜单 <kbd>插入(I)</kbd> ➡ <kbd>切除(C)</kbd> ➡ <kbd>◎ 拉伸(E)...</kbd> 命令。选取基准面 2 为草图基准面，在草绘环境中绘制图 14.29 所示的横断面草图，选择下拉菜单 <kbd>插入(I)</kbd> ➡ <kbd>◢ 退出草图</kbd> 命令，完成横断面草图的创建；采用系统默认的切除深度方向；在"切除-拉伸"对话框 <kbd>方向1</kbd> 区域的下拉列表中选择 <kbd>给定深度</kbd> 选项，输入深度值 3.5；单击对话框中的 ✔ 按钮，完成切除-拉伸 2 的创建。

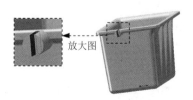

图 14.28　切除-拉伸 2

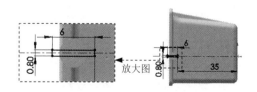

图 14.29　横断面草图

Step20. 创建图 14.30b 所示的"镜像 1"。选择下拉菜单 <kbd>插入(I)</kbd> ➡ <kbd>阵列/镜向(E)</kbd> ➡ <kbd>ᗈ 镜向(M)...</kbd> 命令；选取右视基准面为镜像基准面；在设计树中选取凸台-拉伸 3 和切除-拉伸 2 为要镜像 1 的对象；单击对话框中的 ✔ 按钮，完成镜像 1 的创建。

a）镜像前   b）镜像后

图 14.30　镜像 1

Step21. 创建图 14.31b 所示的"圆角 8"。选择下拉菜单 插入(I) ➡ 特征(F) ➡

⬡ 圆角(F)... 命令，系统弹出"圆角"对话框；采用系统默认的圆角类型；选取图 14.31a 所示的边线为要倒圆角的对象；在对话框中输入圆角半径值 0.5；单击"圆角"对话框中的

✔ 按钮，完成圆角 8 的创建。

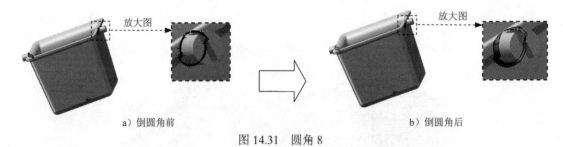

a）倒圆角前   b）倒圆角后

图 14.31　圆角 8

Step22. 至此，零件模型创建完毕。选择下拉菜单 文件(F) ➡ 💾 保存(S) 命令，将 模型命名为 toy_basketry，即可保存零件模型。

实例 **15** 旋 钮

实例概述

本实例创建日常生活中常见的微波炉调温旋钮。设计过程是：首先创建凸台-拉伸特征和基准面，然后通过镜像构建边界曲面，再使用边界曲面切除来塑造实体，最后进行圆角、抽壳得到最终模型。零件实体模型如图 15.1 所示。

图 15.1 零件模型

Step1. 新建一个零件模型文件，进入建模环境。

Step2. 创建图 15.2 所示的零件基础特征——凸台-拉伸 1。选择下拉菜单 插入(I) ➡ 凸台/基体(B) ➡ 拉伸(E)... 命令；选取前视基准面为草图基准面，在草绘环境中绘制图 15.3 所示的草图 1；采用系统默认的深度方向，在"凸台-拉伸"对话框 方向1 区域的下拉列表中选择 给定深度 选项，输入深度值 5.0，在"凸台-拉伸"对话框 ☑ 方向2 区域的下拉列表中选择 给定深度 选项，输入深度值 20.0，在"凸台-拉伸"对话框的 ☑ 方向2 区域中单击"拔模"按钮，在文本框中输入拔模角度值 10.0；单击 ✓ 按钮，完成凸台-拉伸 1 的创建。

图 15.2 凸台-拉伸 1

图 15.3 草图 1

Step3. 创建图 15.4 所示的"基准面 1"。选择下拉菜单 插入(I) ➡ 参考几何体(G) ➡ 基准面(P)... 命令，系统弹出"基准面"对话框；选取上视基准面为参考实体，采用系统默认的偏移方向，在"基准面"对话框中输入偏移距离值 35.0；单击对话框中的 ✓

按钮，完成基准面 1 的创建。

Step4. 创建图 15.5 所示的"基准面 2"。选择下拉菜单 插入(I) ➡ 参考几何体(G)

➡ 基准面(P)... 命令，系统弹出"基准面"对话框，选取上视基准面为参考实体，在偏移文本框中输入值 35.0，选中 ☑反转 复选框，采用与系统默认方向相反的偏移方向。

图 15.4 基准面 1

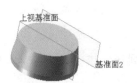

图 15.5 基准面 2

Step5. 创建如图 15.6 所示的草图 2。选择下拉菜单 插入(I) ➡ 草图绘制 命令；选取上视基准面为草图基准面；在草绘环境中绘制图 15.6 所示的草图；选择下拉菜单 插入(I) ➡ 退出草图 命令，退出草图设计环境。

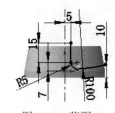

图 15.6 草图 2

Step6. 创建如图 15.7 所示的草图 3。选择下拉菜单 插入(I) ➡ 草图绘制 命令；选取基准面 1 作为草图基准面；在草绘环境中绘制图 15.7 所示的草图；选择下拉菜单 插入(I) ➡ 退出草图 命令，退出草图设计环境。

Step7. 创建如图 15.8 所示的草图 4。选取基准面 2 为草图基准面，在草绘环境中绘制图 15.8 所示的草图。

注意：在绘制草图 4 时，可直接引用草图 3。具体操作方法如下：进入草绘环境后，选中草图 3，然后单击"草图"工具栏中的"转换实体引用"按钮 ，即可完成草图 4 的创建。

图 15.7 草图 3

图 15.8 草图 4

Step8. 创建图 15.9b 所示的"边界-曲面 1"。选择下拉菜单 插入(I) ➡ 曲面(S) ➡

边界曲面(B)... 命令，系统弹出"边界-曲面"对话框；依次选取图 15.9a 所示的草图 3、草图 2 和草图 4 为 方向1 的边界曲线（注意：闭合点的闭合方向要一致）；采用系统默认的相切类型；单击对话框中的 ✓ 按钮，完成边界-曲面 1 的创建。

图 15.9 创建边界-曲面 1

Step9. 创建图 15.10b 所示的"使用曲面切除 1"。选择下拉菜单 插入(I) → 切除(C) → 使用曲面(U) 命令，系统弹出"使用曲面切除"对话框；选择图 15.10a 所示的边界曲面 1 为切除曲面，单击 按钮反转切除方向；单击对话框中的 ✓ 按钮，完成使用曲面切除 1 的创建。

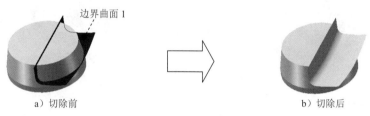

图 15.10 使用曲面切除 1

Step10. 隐藏边界曲面 1。在设计树中右击 边界-曲面1 ，然后在弹出的快捷菜单中选择"隐藏"命令，完成"边界-曲面 1"的隐藏，隐藏结果如图 15.11b 所示。

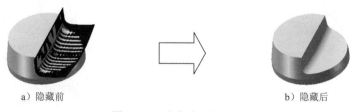

图 15.11 隐藏边界曲面 1

Step11. 创建图 15.12b 所示的"镜像 1"。选择下拉菜单 插入(I) → 阵列/镜向(E) → 镜向(M)... 命令；选取右视基准面为镜像基准面；选取"使用曲面切除 1"为要镜像的对象；单击对话框中的 ✓ 按钮，完成镜像 1 的创建。

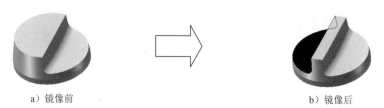

图 15.12 镜像 1

Step12. 创建图 15.13b 所示的"圆角 1"。选择下拉菜单 插入(I) → 特征(F) → 圆角(F)... 命令，系统弹出"圆角"对话框；选取图 15.13a 所示的边线为要倒圆角的对象；在"圆角"对话框中输入圆角半径值 15.0；单击  按钮，完成圆角 1 的创建。

a）倒圆角前　　　　　　　　　　　b）倒圆角后

图 15.13　圆角 1

Step13. 创建图 15.14b 所示的"圆角 2"。选取图 15.14a 所示的边线为要倒圆角的对象，圆角半径为 2.0。

a）倒圆角前　　　　　　　　　　　b）倒圆角后

图 15.14　圆角 2

Step14. 创建图 15.15b 所示的"圆角 3"。选取图 15.15a 所示的边线为要倒圆角的对象，圆角半径为 15.0。

a）倒圆角前　　　　　　　　　　　b）倒圆角后

图 15.15　圆角 3

Step15. 创建图 15.16b 所示的"抽壳 1"。选择下拉菜单 插入(I) → 特征(F) → 抽壳(S)... 命令，系统弹出"抽壳 1"对话框；选取图 15.16a 所示的模型表面为要移除的面；在 后的文本框中输入数值 2.0，选中 壳厚朝外(S) 复选框；单击对话框中的 按钮，完成抽壳 1 的创建。

a）抽壳前　　　　　　　　　　　b）抽壳后

图 15.16　抽壳 1

Step16. 创建图 15.17 所示的零件基础特征——凸台-拉伸 2。选择下拉菜单 插入(I) → 凸台/基体(B) → 拉伸(E)... 命令；选取前视基准面为草图基准面，在草绘环境中绘制图 15.18 所示的横断面草图；在"凸台-拉伸"对话框 **方向1** 区域的下拉列表中选择 **成形到一面** 选项，选择如图 15.19 所示的面为拉伸终止面；在"凸台-拉伸"对话框 ☑ **方向2** 区域的下拉列表中选择 **成形到下一面** 选项；单击 ✔ 按钮，完成凸台-拉伸 2 的创建。

图 15.17　凸台-拉伸 2

图 15.18　横断面草图

图 15.19　拉伸终止面

Step17. 创建图 15.20 所示的零件特征——切除-拉伸 1。选择下拉菜单 **插入(I)** ➡ **切除(C)** ➡ 📷 **拉伸(E)…** 命令；选取图 15.21 所示的模型表面为草图基准面，在草绘环境中绘制图 15.22 所示的横断面草图，选择下拉菜单 **插入(I)** ➡ 🖊 **退出草图** 命令，完成横断面草图的创建；采用系统默认的切除深度方向，在"切除-拉伸"对话框 **方向1** 区域的下拉列表中选择 **给定深度** 选项，输入深度值 5.0；单击对话框中的 ✔ 按钮，完成切除-拉伸 1 的创建。

图 15.20　切除-拉伸 1

图 15.21　草图基准面

图 15.22　横断面草图

Step18. 后面的详细操作过程请参见随书光盘中 video\ch11\reference 文件下的语音视频讲解文件 knob-r01.exe。

实例 **16** 剃须刀盖

实例概述

本实例主要运用了实体建模的基本技巧，包括实体拉伸、切除-拉伸及变圆角等特征命令，其中变圆角特征的创建需要读者多花时间练习才能更好地掌握。该零件模型如图 16.1 所示。

图 16.1　零件模型

Step1. 新建模型文件。选择下拉菜单 文件(F) ➡ 新建(N)... 命令，在系统弹出的"新建 SolidWorks 文件"对话框中选择"零件"模块，单击 确定 按钮，进入建模环境。

Step2. 创建图 16.2 所示的零件基础特征——凸台-拉伸 1。选择下拉菜单 插入(I) ➡ 凸台/基体(B) ➡ 拉伸(E)... 命令；选取上视基准面为草图基准面，在草绘环境中绘制图 16.3 所示的草图 1，选择下拉菜单 插入(I) ➡ 退出草图 命令，退出草绘环境，此时系统弹出"凸台-拉伸"对话框；采用系统默认的深度方向，在"凸台-拉伸"对话框 方向1 区域的下拉列表中选择 给定深度 选项，输入深度值 18.0；单击 ✓ 按钮，完成凸台-拉伸 1 的创建。

图 16.2　凸台-拉伸 1

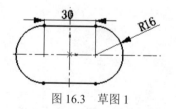

图 16.3　草图 1

Step3. 创建图 16.4 所示的零件特征——凸台-拉伸 2。选择下拉菜单 插入(I) ➡ 凸台/基体(B) ➡ 拉伸(E)... 命令；选取图 16.5 所示的模型表面为草图基准面，在草绘环境中绘制图 16.6 所示的草图 2，选择下拉菜单 插入(I) ➡ 退出草图 命令，退出草绘环境；采用系统默认的深度方向，在"凸台-拉伸"对话框 方向1 区域的下拉列表中选择 给定深度 选项，输入深度值 2.0；单击 ✅ 按钮，完成凸台-拉伸 2 的创建。

图 16.4 凸台-拉伸 2

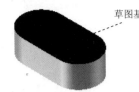
图 16.5 草图基准面

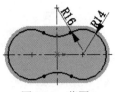
图 16.6 草图 2

Step4. 创建图 16.7b 所示的"圆角 1"。选择下拉菜单 插入(I) ➡ 特征(F) ➡ 🔘 圆角(F)... 命令，系统弹出"圆角"对话框；采用系统默认的圆角类型；选取图 16.7a 所示的边链为要倒圆角的对象；在对话框中输入圆角半径值 2.0；单击"圆角"对话框中的 ✅ 按钮，完成圆角 1 的创建。

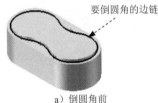
a）倒圆角前

b）倒圆角后
图 16.7 圆角 1

Step5. 创建图 16.8b 所示的"圆角 2"。选择下拉菜单 插入(I) ➡ 特征(F) ➡ 🔘 圆角(F)... 命令；采用系统默认的圆角类型；选取图 16.8a 所示的边链为要倒圆角的对象；在对话框中输入半径值 2.0；单击"圆角"对话框中的 ✅ 按钮，完成圆角 2 的创建。

a）倒圆角前

b）倒圆角后
图 16.8 圆角 2

Step6. 创建图 16.9 所示的"变化圆角 1"。选择下拉菜单 插入(I) ➡ 特征(F) ➡ 🔘 圆角(F)... 命令；选择 ⊙ 变量大小(V) 单选按钮；选取图 16.10 所示的边线为要倒圆角的对象，在边线上会出现亮点。选择如图 16.10 所示的点；选择要定义半径的圆角；在对话框中输入半径值。其中点 1、2 处的半径值为 1.5，点 3、4、5、6 处的半径值为 3，点 7、8 处的半径值为 4；单击"圆角"对话框中的 ✅ 按钮，完成变化圆角 1 的创建。

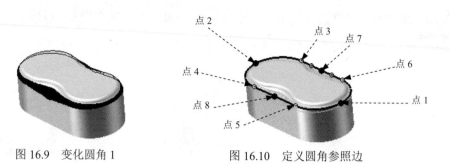

图 16.9　变化圆角 1　　　　　　　　图 16.10　定义圆角参照边

Step7. 创建图 16.11b 所示的零件特征——抽壳 1。选择下拉菜单 插入(I) ➡ 特征(P)
➡ 抽壳(S)... 命令；选取图 16.11a 所示模型表面为要移除的面；在"抽壳 1"对话
框的 参数(P) 区域中输入壁厚值 1，选中 ☑ 壳厚朝外(S) 复选框；单击对话框中的 ✔ 按钮，完
成抽壳 1 的创建。

a）抽壳前　　　　　　　　　　　　　b）抽壳后

图 16.11　抽壳 1

Step8. 创建图 16.12 所示的零件特征——切除-拉伸 1。选择下拉菜单 插入(I) ➡
切除(C) ➡ 拉伸(E)... 命令；选取右视基准面作为草图基准面，在草绘环境中绘制图
16.13 所示的草图 3；采用系统默认的切除深度方向，在"切除-拉伸"对话框的 方向1 和
☑ 方向2 区域的下拉列表中均选择 完全贯穿 选项；单击对话框中的 ✔ 按钮，完成切除-拉伸
1 的创建。

图 16.12　切除-拉伸 1　　　　　　　图 16.13　草图 3

Step9. 创建如图 16.14 所示的草图 4。选取图 16.15 所示的面为草图基准面，绘制草图 4。

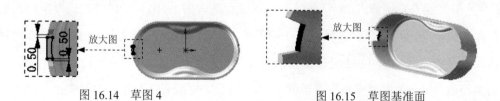

图 16.14　草图 4　　　　　　　　　图 16.15　草图基准面

Step10. 创建如图 16.16 所示的草图 5。选取前视基准面为草图基准面，绘制草图 5。

Step11. 创建图 16.17 所示的特征——扫描 1。选择下拉菜单 插入(I) ➡ 凸台/基体(B)

➡ ⊊ 扫描(S)... 命令，系统弹出"扫描"对话框；选择草图 4 为扫描 1 特征的轮廓；选择草图 5 为扫描 1 特征的路径；单击对话框中的 ✓ 按钮，完成扫描 1 的创建。

图 16.16 草图 5   图 16.17 扫描 1

Step12. 创建如图 16.18 所示的草图 6。选取如图 16.19 所示的模型表面为草图基准面，绘制草图 6。

图 16.18 草图 6   图 16.19 草图基准面

Step13. 创建如图 16.20 所示的草图 7。选取前视基准面为草图基准面，绘制草图 7。

Step14. 创建图 16.21 所示的切除-扫描 1。选择下拉菜单 插入(I) ➡ 切除(C) ▸

➡ ⊑ 扫描(S)... 命令，系统弹出"切除-扫描"对话框；选择草图 6 为扫描特征的轮廓；选择草图 7 为扫描特征的路径；单击对话框中的 ✓ 按钮，完成切除-扫描 1 的创建。

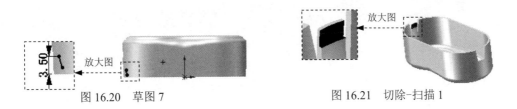

图 16.20 草图 7   图 16.21 切除-扫描 1

Step15. 创建图 16.22b 所示的"镜像 1"。选择下拉菜单 插入(I) ➡ 阵列/镜向(E) ▸

➡ 镜向(M)... 命令；选取右视基准面为镜像基准面；选择扫描 1 与切除-扫描 1 为镜像 1 的对象；单击对话框中的 ✓ 按钮，完成镜像 1 的创建。

a）镜像前   b）镜像后

图 16.22 镜像 1

Step16. 创建零件特征——切除-拉伸 2。选择下拉菜单 插入(I) ➡ 切除(C) ➡

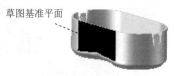命令；选取图 16.23 所示的模型表面为草图基准面，在草绘环境中绘制图 16.24 所示的横断面草图；采用系统默认的切除深度方向，在"切除-拉伸"对话框 **方向1** 区域的下拉列表中选择 **给定深度** 选项，输入深度值为 2.0；单击对话框中的 ✓ 按钮，完成切除-拉伸 2 的创建。

图 16.23　切除-拉伸 2

图 16.24　横断面草图

Step17. 后面的详细操作过程请参见随书光盘中 video\ch12\reference 文件下的语音视频讲解文件 cover-r01.exe。

实例 **17** 玩 具 风 扇

实例概述

本实例介绍了一个玩具风扇的创建过程，关键在于基准面和草图曲线轮廓的构建，扫描特征的创建是本例的一个亮点，读者可留意一下。该零件模型如图 17.1 所示。

图 17.1 零件模型

Step1. 新建一个零件模型文件，进入建模环境。

Step2. 创建图 17.2 所示的零件特征—— 凸台-拉伸 1。选择下拉菜单 插入(I) ➡️ 凸台/基体(B) ➡️ 拉伸(E)...命令（或单击 按钮）；选取上视基准面为草图基准面；在草图绘制环境中绘制图 17.3 所示的横断面草图；采用系统默认的深度方向，在"凸台-拉伸"对话框 方向1 区域的下拉列表中选择 给定深度 选项，输入深度值 4.0；单击 按钮，输入拔模角度 4.0；单击 按钮，完成凸台-拉伸 1 的创建。

图 17.2 凸台-拉伸 1

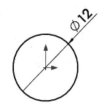

图 17.3 横断面草图

Step3. 创建图 17.4 所示的零件基础特征——旋转 1。选择下拉菜单 插入(I) ➡️ 凸台/基体(B) ➡️ 旋转(R)... 命令。选取右视基准面为草图基准面，进入草绘环境，绘制图 17.5 所示的横断面草图，退出草绘环境；采用图 17.5 所示的旋转轴线；在"旋转"对话框 方向1 区域的下拉列表中选择 给定深度 选项，采用系统默认的旋转方向，在 方向1 区域的 文本框中输入数值 360.0；单击对话框中的 按钮，完成旋转 1 的创建。

图 17.4 旋转 1

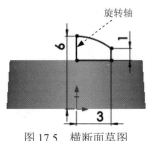

图 17.5 横断面草图

Step4. 创建图 17.6b 所示的"圆角 1"。选择下拉菜单 插入(I) ➜ 特征(F) ➜ 圆角(F)... 命令；选取图 17.6a 所示的边链为要倒圆角的对象；在对话框中输入半径值 0.5；单击"圆角"对话框中的 ✓ 按钮，完成圆角 1 的创建。

a) 倒圆角前　　　　　　　　　　　　　　b) 倒圆角后

图 17.6　圆角 1

Step5. 创建图 17.7b 所示的"圆角 2"。选择下拉菜单 插入(I) ➜ 特征(F) ➜ 圆角(F)... 命令；选取图 17.7a 所示的边链为要倒圆角的对象；在对话框中输入半径值 4.0；单击"圆角"对话框中的 ✓ 按钮，完成圆角 2 的创建。

a) 倒圆角前　　　　　　　　　　　　　　b) 倒圆角后

图 17.7　圆角 2

Step6. 创建图 17.8b 所示的零件特征——抽壳 1。选择下拉菜单 插入(I) ➜ 特征(F) ➜ 抽壳(S)... 命令；选取图 17.8a 所示的模型的上表面为要移除的面；在"抽壳 1"对话框的 参数(P) 区域中输入壁厚值 1.0；单击对话框中的 ✓ 按钮，完成抽壳 1 的创建。

要移除的面

a) 抽壳前　　　　　　　　　　　　　　b) 抽壳后

图 17.8　抽壳 1

Step7. 创建图 17.9 所示的零件特征—— 凸台-拉伸 2。选择下拉菜单 插入(I) ➜ 凸台/基体(B) ➜ 拉伸(E)... 命令（或单击 按钮）；选取上视基准面为草图基准面；在草图绘制环境中绘制图 17.10 所示的横断面草图；采用系统默认的深度方向，在"凸台-拉伸"对话框 方向1 区域的下拉列表中选择 成形到下一面 选项；单击 ✓ 按钮，完成凸台-拉伸 2 的创建。

图 17.9　凸台-拉伸 2

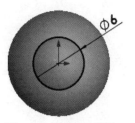

图 17.10　横断面草图

Step8. 创建图 17.11 所示的零件特征——切除-拉伸 1。选择下拉菜单 插入(I) ➡️ 切除(C) ➡️ 📄 拉伸(E)...命令；选取图 17.11 所示的面为草图基准面，在草图绘制环境中绘制图 17.12 所示的横断面草图，选择下拉菜单 插入(I) ➡️ 退出草图命令，完成横断面草图的创建；采用系统默认的深度方向，在 方向1 区域的下拉列表中选择 给定深度 选项，输入深度值 4.0；单击该对话框中的 ✓ 按钮，完成切除-拉伸 1 的创建。

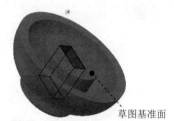

草图基准面

图 17.11　切除-拉伸 1

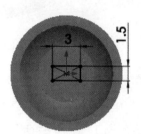

图 17.12　横断面草图

Step9. 创建图 17.13 所示的零件基础特征——旋转 2。选择下拉菜单 插入(I) ➡️ 凸台/基体(B) ➡️ 🔄 旋转(R)...命令，选取前视基准面为草图基准面，进入草绘环境，绘制图 17.14 所示的横断面草图，退出草绘环境；采用图 17.14 所示的旋转轴线；在"旋转"对话框 方向1 区域的下拉列表中选择 给定深度 选项，采用系统默认的旋转方向，在 方向1 区域的 📐 文本框中输入数值 360.0；单击对话框中的 ✓ 按钮，完成旋转 2 的创建。

图 17.13　旋转 2

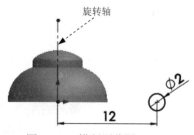

旋转轴

图 17.14　横断面草图

Step10. 绘制草图 6。选择下拉菜单 插入(I) ➡️ 🖊️ 草图绘制命令，选取前视基准面为草图基准面，绘制图 17.15 所示的草图 6。

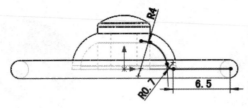

图 17.15　草图 6

Step11. 创建图 17.16 所示的"基准面 1"。选择下拉菜单 插入(I) ➡ 参考几何体(G)
➡ 基准面(P)... 命令；选取图 17.16 所示的点 1 为第一参考，选择直线 1 为第二参
考；单击对话框中的 ✓ 按钮，完成基准面 1 的创建。

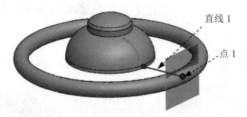

图 17.16　基准面 1

Step12. 绘制草图 7。选择下拉菜单 插入(I) ➡ 草图绘制 命令，选取基准面 1 为
草图基准面，绘制图 17.17 所示的草图 7。

Step13. 创建图 17.18 所示的特征——扫描 1。选择下拉菜单 插入(I) ➡ 凸台/基体(B)
➡ 扫描(S)... 命令；选择草图 7 为扫描 1 特征的轮廓；选择草图 6 为扫描 1 特征的
路径；单击对话框中的 ✓ 按钮，完成扫描 1 的创建。

图 17.17　草图 7　　　　　　　　　图 17.18　扫描 1

Step14. 创建图 17.19 所示的"阵列（圆周）1"。选择下拉菜单 插入(I) ➡ 阵列/镜向(E)
➡ 圆周阵列(C)... 命令（或单击 按钮），系统弹出图 17.20 所示的"阵列（圆周）
1"对话框；单击以激活 要阵列的特征(F) 区域中的文本框，选取"扫描 1"特征作为阵列的源
特征；选择图 17.19 所示的面；在 参数(P) 区域的 按钮后的文本框中输入数值 360；在
参数(P) 区域的 按钮后的文本框中输入数值 3；选中 ☑ 等间距(E) 复选框；单击"阵列（圆
周）1"对话框中的 ✓ 按钮，完成圆周阵列的创建。

Step15. 创建图 17.21 所示的零件基础特征——旋转 3。选择下拉菜单 插入(I) ➡

凸台/基体(B) ➡️ 🔄 旋转(R)... 命令。选取前视基准面为草图基准面，进入草绘环境，绘制图 17.22 所示的横断面草图，退出草绘环境；采用图 17.22 所示的旋转轴线；在"旋转"对话框 **方向1** 区域的下拉列表中选择 **给定深度** 选项，采用系统默认的旋转方向，在 **方向1** 区域的 📐 文本框中输入数值 360.0；单击对话框中的 ✅ 按钮，完成旋转 3 的创建。

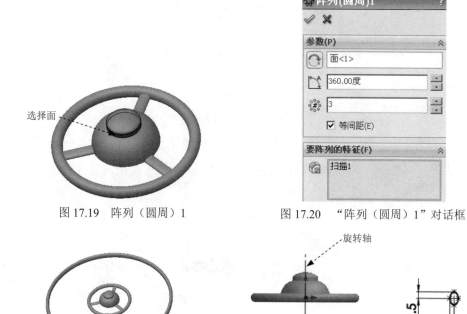

图 17.19　阵列（圆周）1　　　　图 17.20　"阵列（圆周）1"对话框

图 17.21　旋转 3　　　　　　　图 17.22　横断面草图

Step16. 创建图 17.23 所示的"基准轴 1"。选择下拉菜单 插入(I) ➡️ 参考几何体(G) ▶ ➡️ 基准轴(A)... 命令；选取前视基准面和上视基准面为参考实体，单击对话框中的 ✅ 按钮，完成基准轴 1 的创建。

Step17. 创建图 17.24 所示的"基准面 2"。选择下拉菜单 插入(I) ➡️ 参考几何体(G) ▶ ➡️ 基准面(P)... 命令；选取上视基准面和基准轴 1 为参考；然后单击第一参考中的 📐 按钮，输入角度值 15.0；单击对话框中的 ✅ 按钮，完成基准面 2 的创建。

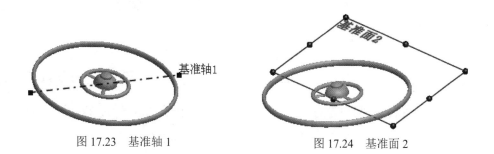

图 17.23　基准轴 1　　　　　　图 17.24　基准面 2

Step18. 绘制草图 9。选择下拉菜单 插入(I) ➡ 草图绘制 命令，选取基准面 2 为草图基准面，绘制图 17.25 所示的草图 9。

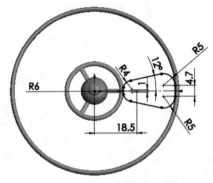

图 17.25　草图 9

Step19. 创建图 17.26 所示的"曲面-基准面 1"。选择下拉菜单 插入(I) ➡ 曲面(S) ➡ 平面区域(P)... 命令；选取草图 9 为交界实体；单击 ✔ 按钮，完成曲面-基准面 1 的创建。

图 17.26　曲面-基准面 1

Step20. 创建如图 17.27 所示的"加厚 1"。选择下拉菜单 插入(I) ➡ 凸台/基体(B) ➡ 加厚(T)... 命令；选择曲面-基准面 1 作为加厚曲面；在 加厚参数(T) 区域中单击 ☰ 按钮，取消选中 □ 合并结果(R) 复选框；在 ←T₁ 后的文本框中输入数值 0.5。

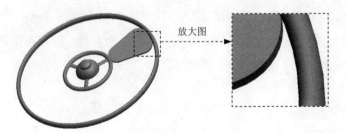

图 17.27　加厚 1

Step21. 创建图 17.28 所示的"圆角 3"。选择下拉菜单 插入(I) ➡ 特征(F) ➡ 圆角(F)... 命令；在"圆角"对话框中单击 ⬡ 选项；依次选取图 17.29 所示的面为要倒圆角的对象；单击"圆角"对话框中的 ✔ 按钮，完成圆角 3 的创建。

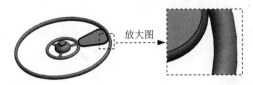

图 17.28　圆角 3

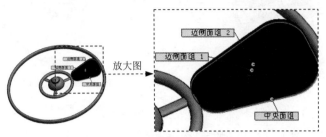

图 17.29　选择圆角的面

Step22. 绘制草图 10。选择下拉菜单 插入(I) ➡ 草图绘制 命令，选取图 17.30 所示的草图基准面，绘制图 17.31 所示的草图 10。

图 17.30　选取草图基准面

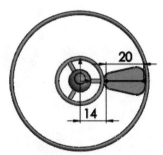

图 17.31　草图 10

Step23. 绘制草图 11。选择下拉菜单 插入(I) ➡ 草图绘制 命令，选取图 17.32 所示的草图基准面，绘制图 17.32 所示的草图 11。

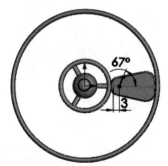

图 17.32　草图 11

Step24. 绘制草图 12。选择下拉菜单 插入(I) ➡ 草图绘制 命令，选取图 17.30 所示的草图基准面，绘制图 17.33 所示的草图 12。

Step25. 绘制草图 13。选择下拉菜单 插入(I) ➡ 草图绘制 命令，选取图 17.30 所示的草图基准面，绘制图 17.34 所示的草图 13。

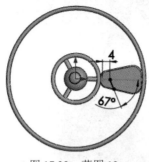 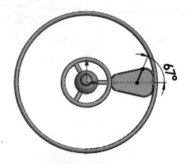

图 17.33　草图 12　　　　　　　　　　图 17.34　草图 13

Step26. 绘制草图 14。选择下拉菜单 插入(I) ➡ 草图绘制 命令，选取图 17.30 所示的草图基准面，绘制图 17.35 所示的草图 14。

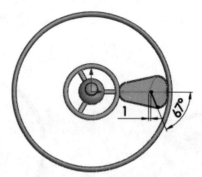

图 17.35　草图 14

Step27. 创建图 17.36 所示的"基准面 3"。选择下拉菜单 插入(I) ➡ 参考几何体(G) ➤ ➡ 基准面(P)... 命令；选取图 17.31 所示的草图 10 的端点和图 17.31 所示的直线为参考；单击对话框中的 ✔ 按钮，完成基准面 3 的创建。

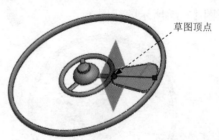

草图顶点

图 17.36　基准面 3

Step28. 绘制草图 15。选择下拉菜单 插入(I) ➡ 草图绘制 命令，选取基准面 3 为草图基准面，绘制图 17.37 所示的草图 15。

Step29. 创建图 17.38 所示的特征——扫描 2。选择下拉菜单 插入(I) ➡ 凸台/基体(B) ➡ 扫描(S)... 命令；选择草图 15 为扫描 2 特征的轮廓；选择草图 10 为扫描 2 特征的路径；单击对话框中的 ✅ 按钮，完成扫描 2 的创建。

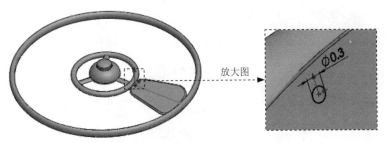

图 17.37　草图 15

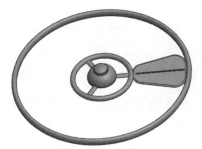

图 17.38　扫描 2

Step30. 创建图 17.39 所示的"基准面 4"。选择下拉菜单 插入(I) ➡ 参考几何体(G) ➡ ◇ 基准面(P)... 命令；选取图 17.32 所示的草图 11 及图 17.39 所示的顶点为参考；单击对话框中的 ✅ 按钮，完成基准面 4 的创建。

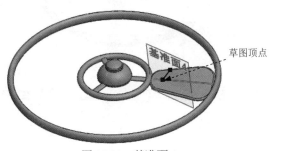

图 17.39　基准面 4

Step31. 绘制草图 16。选择下拉菜单 插入(I) ➡ ⌐ 草图绘制 命令，选取基准面 4 为草图基准面，绘制图 17.40 所示的草图 16。

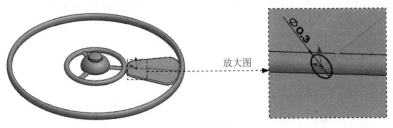

图 17.40　草图 16

Step32. 创建图 17.41 所示的特征——扫描 3。选择下拉菜单 插入(I) ➡ 凸台/基体(B) ➡ Ⓖ 扫描(S)... 命令；选择草图 16 为扫描 3 特征的轮廓；选择草图 11 为扫描 3 特征的路径；单击对话框中的 ✅ 按钮，完成扫描 3 的创建。

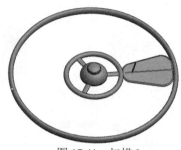

图 17.41　扫描 3

Step33. 创建图 17.42 所示的"基准面 5"。选择下拉菜单 插入(I) ➡ 参考几何体(G) ▶ ➡ 🔷 基准面(P)... 命令；选取图 17.33 所示的草图 12 及图 17.42 所示的顶点为参考；单击对话框中的 ✅ 按钮，完成基准面 5 的创建。

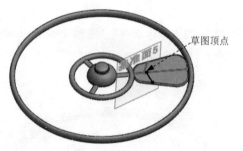

图 17.42　基准面 5

Step34. 绘制草图 17。选择下拉菜单 插入(I) ➡ ✏ 草图绘制 命令，选取基准面 5 为草图基准面，绘制图 17.43 所示的草图 17。

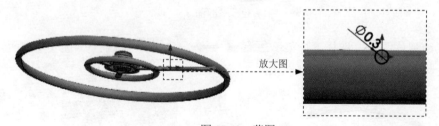

图 17.43　草图 17

Step35. 创建图 17.44 所示的特征——扫描 4。选择下拉菜单 插入(I) ➡ 凸台/基体(B) ➡ Ⓖ 扫描(S)... 命令；选择草图 17 为扫描 4 特征的轮廓；选择草图 12 为扫描 4 特征的路径；单击对话框中的 ✅ 按钮，完成扫描 4 的创建。

Step36. 创建图 17.45 所示的"基准面 6"。选择下拉菜单 插入(I) ➡ 参考几何体(G) ➡ 基准面(P)... 命令；选取图 17.34 所示的草图 13 及图 17.45 所示的顶点为参考；单击对话框中的 ✓ 按钮，完成基准面 6 的创建。

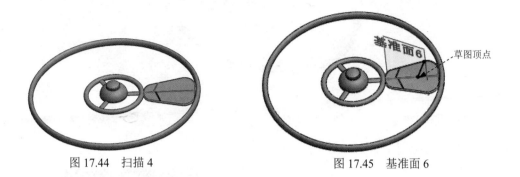

图 17.44 扫描 4　　　　　　　图 17.45 基准面 6

Step37. 绘制草图 18。选择下拉菜单 插入(I) ➡ 草图绘制 命令，选取基准面 6 为草图基准面，绘制图 17.46 所示的草图 18。

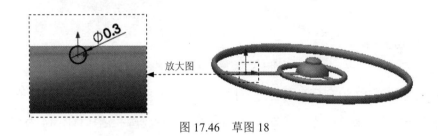

图 17.46 草图 18

Step38. 创建图 17.47 所示的特征——扫描 5。选择下拉菜单 插入(I) ➡ 凸台/基体(B) ➡ 扫描(S)... 命令；选择草图 18 为扫描 5 特征的轮廓；选择草图 13 为扫描 5 特征的路径；单击对话框中的 ✓ 按钮，完成扫描 5 的创建。

图 17.47 扫描 5

Step39. 创建图 17.48 所示的"基准面 7"。选择下拉菜单 插入(I) ➡ 参考几何体(G) ➡ 基准面(P)... 命令；选取图 17.35 所示的草图 14 及图 17.48 所示的顶点为参考；单击对话框的 ✓ 按钮，完成基准面 7 的创建。

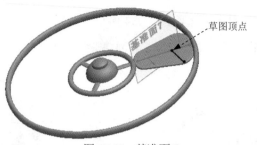

图 17.48　基准面 7

Step40. 绘制草图 19。选择下拉菜单 插入(I) ➡ 草图绘制 命令，选取基准面 6 为草图基准面，绘制图 17.49 所示的草图 19。

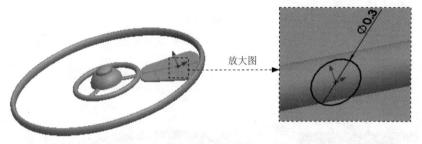

图 17.49　草图 19

Step41. 创建图 17.50 所示的特征——扫描 6。选择下拉菜单 插入(I) ➡ 凸台/基体(B) ➡ 扫描(S)... 命令；选择草图 19 为扫描 6 特征的轮廓；选择草图 14 为扫描 6 特征的路径；单击对话框中的 ✔ 按钮，完成扫描 6 的创建。

图 17.50　扫描 6

Step42. 创建图 17.51 所示的"阵列（圆周）2"。选择下拉菜单 插入(I) ➡ 阵列/镜向(E) ➡ 圆周阵列(C)... 命令（或单击 按钮），系统弹出"阵列（圆周）2"对话框；单击以激活 要阵列的实体(B) 区域中的文本框，选取图 17.52 所示的特征作为阵列的源特征；选择如图 17.51 所示的面以选中相应的阵列轴；在 参数(P) 区域 按钮后的文本框中输入数值 360；在 参数(P) 区域 按钮后的文本框中输入数值 3；选中 ☑ 等间距(E) 复选框；单击"阵列（圆周）2"对话框中的 ✔ 按钮，完成阵列（圆周）2 的创建。

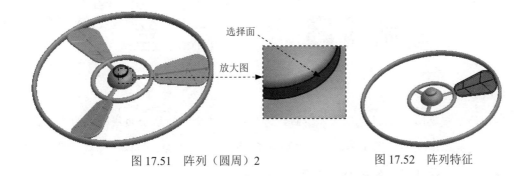

图 17.51 阵列（圆周）2   图 17.52 阵列特征

Step43. 创建组合 1。选择命令 插入(I) ➡ 特征(F) ➡ 组合(B)...，选择图 17.52 所示的特征、阵列（圆周）2、阵列（圆周）1、旋转 3 为组合对象，单击对话框中的 按钮，完成组合 1 的创建。

Step44. 至此，零件模型创建完毕。选择下拉菜单 文件(F) ➡ 保存(S) 命令，命名为 rotate_vane，即可保存零件模型。

实例 **18** 鼠 标 盖

实例概述

本实例的建模思路是先创建几条草绘曲线，然后通过绘制的草绘曲线构建曲面，最后将构建的曲面加厚以及添加圆角等特征，其中用到的有边界-曲面、镜像、剪裁、圆角以及加厚等特征命令。零件模型如图 18.1 所示。

图 18.1　零件模型

Step1. 新建模型文件。选择下拉菜单 文件(F) ➡ 📄 新建 (N)... 命令，在系统弹出的"新建 SolidWorks 文件"对话框中选择"零件"模块，单击 确定 按钮，进入建模环境。

Step2. 创建图 18.2 所示的草图 1。选择下拉菜单 插入(I) ➡ ✏️ 草图绘制 命令，选取上视基准面为草图基准面，绘制图 18.3 所示的草图 1（显示原点）。

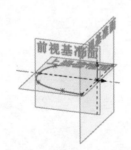

图 18.2　草图 1（建模环境）

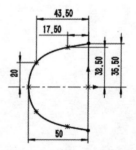

图 18.3　草图 1（草图环境）

Step3. 创建图 18.4 所示的"基准面 1"。选择下拉菜单 插入(I) ➡ 参考几何体(G) ➡ ◇ 基准面 (P)... 命令。选取前视基准面和图 18.5 所示的草图端点为参考实体，单击 ✅ 按钮，完成基准面 1 的创建。

Step4. 创建图 18.6 所示的草图 2。选择下拉菜单 插入(I) ➡ ✏️ 草图绘制 命令，选取基准面 1 为草图基准面，绘制图 18.7 所示的草图 2（显示原点）。

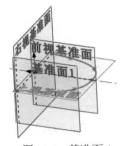

图 18.4 基准面 1

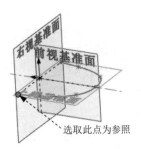

选取此点为参照

图 18.5 定义参照点

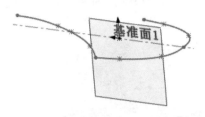

图 18.6 草图 2（建模环境）

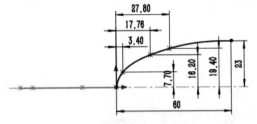

图 18.7 草图 2（草图环境）

Step5. 创建图 18.8 所示的草图 3。选择下拉菜单 插入(I) ➡️ 📝 草图绘制 命令，选取前视基准面为草图基准面，绘制图 18.9 所示的草图 3（显示原点）。

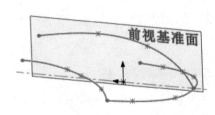

图 18.8 草图 3（建模环境）

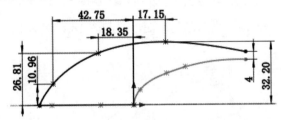

图 18.9 草图 3（草图环境）

Step6. 创建图 18.10 所示的"基准面 2"。选择下拉菜单 插入(I) ➡️ 参考几何体(G) ➡️ 🗇 基准面(P)... 命令。选取前视基准面和图 18.11 所示的草图端点为参考实体，单击 ✅ 按钮，完成基准面 2 的创建。

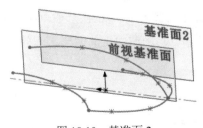

图 18.10 基准面 2

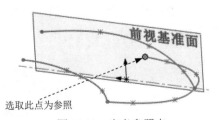

选取此点为参照

图 18.11 定义参照点

Step7. 创建图 18.12 所示的草图 4。选择下拉菜单 插入(I) ➡️ 📝 草图绘制 命令，选取基准面 2 为草图基准面，绘制图 18.13 所示的草图 4（显示原点）。

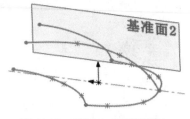

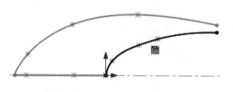

图 18.12　草图 4（建模环境）　　　　　　图 18.13　草图 4（草图环境）

Step8. 创建图 18.14 所示的"基准面 3"。选择下拉菜单 插入(I) ➡ 参考几何体(G) ➡ 基准面(P)... 命令，选取右视基准面和图 18.15 所示的草图端点为参考实体，单击 ✅ 按钮，完成基准面 3 的创建。

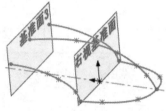

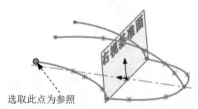

选取此点为参照

图 18.14　基准面 3　　　　　　　图 18.15　定义参照点

Step9. 创建图 18.16 所示的草图 5。选择下拉菜单 插入(I) ➡ 草图绘制 命令，选取基准面 3 为草图基准面，绘制图 18.17 所示的草图 5（显示原点）。

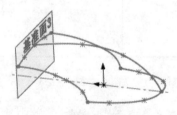

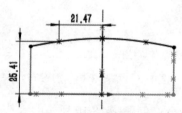

图 18.16　草图 5（建模环境）　　　　　　图 18.17　草图 5（草图环境）

Step10. 创建图 18.18 所示的"边界-曲面 1"。选择下拉菜单 插入(I) ➡ 曲面(S) ➡ 边界曲面(B)... 命令，系统弹出"边界-曲面"对话框。依次选取草图 2、草图 3 和草图 4 为 方向1 的边界曲线（注意：闭合点的闭合方向要一致）；依次选取草图 1 和草图 5 为 方向2 的边界曲线；单击对话框中的 ✅ 按钮，完成边界-曲面 1 的创建。

图 18.18　创建边界-曲面 1

Step11. 创建图 18.19 所示的草图 6。选择下拉菜单 [插入(I)] ➡ [草图绘制] 命令，选取基准面 1 为草图基准面，绘制图 18.20 所示的草图 6（显示原点）。

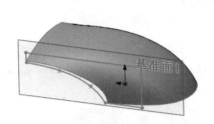

图 18.19　草图 6（建模环境）

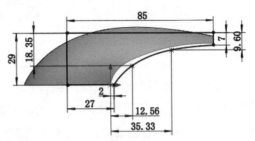

图 18.20　草图 6（草图环境）

Step12. 创建图 18.21 所示的"曲面-基准面 1"。选择下拉菜单 [插入(I)] ➡ [曲面(S)] ➡ [平面区域(P)]...命令，系统弹出"平面"对话框。选取草图 6 为边界实体，单击 ✔ 按钮，完成曲面-基准面 1 的创建。

Step13. 创建图 18.22 所示的"镜像 1"。选择下拉菜单 [插入(I)] ➡ [阵列/镜向(E)] ➡ [镜向(M)]...命令。选取前视基准面作为镜像基准面，选取曲面-基准面 1 作为镜像的实体对象。单击 ✔ 按钮，完成镜像 1 的创建。

图 18.21　创建曲面-基准面 1

图 18.22　创建镜像 1

Step14. 创建如图 18.23 所示的"曲面-剪裁 1"。选择下拉菜单 [插入(I)] ➡ [曲面(S)] ➡ [剪裁曲面(T)]...命令，系统弹出"曲面剪裁"对话框。在 [剪裁类型(T)] 区域选择 ⊙ [相互(M)] 单选按钮，选取曲面-基准面1、镜像1 以及边界-曲面1 作为剪裁曲面，选取如图 18.24 所示的曲面作为保留部分；其他参数采用系统默认的设置。单击 ✔ 按钮，完成曲面-剪裁 1 的创建。

图 18.23　创建曲面-剪裁 1

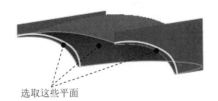

选取这些平面

图 18.24　保留曲面

Step15. 创建如图 18.25 所示的"加厚 1"。选择下拉菜单 [插入(I)] ➡ [凸台/基体(B)] ➡ [加厚(T)]... 命令；选择整个曲面作为加厚曲面；在 [加厚参数(T)] 区域中单击 ▤ 按钮，在 后的文本框中输入数值 1.5。单击 ✔ 按钮，完成开放曲面的加厚。

图 18.25　加厚 1

Step16. 创建图 18.26 所示的零件特征——切除-拉伸 1。选择下拉菜单 插入(I) ➡
切除(C) ➡ 拉伸(E)...命令。选取上视基准面作为草图基准面，绘制图 18.27 所示的
横断面草图。在"切除-拉伸"对话框 方向1 区域的下拉列表中选择 完全贯穿 选项。

图 18.26　切除-拉伸 1

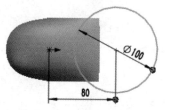

图 18.27　横断面草图

Step17. 创建图 18.28 所示的零件特征——切除-拉伸 2。选择下拉菜单 插入(I) ➡
切除(C) ➡ 拉伸(E)...命令。选取前视基准面作为草图基准面，绘制图 18.29 所示的
横断面草图。在"切除-拉伸"对话框 方向1 区域和 方向2 区域的下拉列表中选择 完全贯穿 选
项。

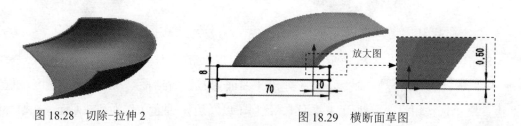

图 18.28　切除-拉伸 2

图 18.29　横断面草图

Step18. 后面的详细操作过程请参见随书光盘中 video\ch18\reference 文件下的语音视
频讲解文件 MOUSE_SURFACE-r01.exe。

实例概述

本实例主要介绍了扫描曲面和边界曲面的应用技巧。先用扫描命令构建模型的一个曲面，然后通过镜像命令产生另一侧曲面，模型的前后曲面则为边界曲面。练习时，注意扫描曲面与边界曲面是如何相切过渡的。零件模型如图 19.1 所示。

图 19.1　零件模型

Step1. 新建模型文件。选择下拉菜单 文件(F) ➡ 新建(N)... 命令，在系统弹出的"新建 SolidWorks 文件"对话框中选择"零件"模块，单击 确定 按钮，进入建模环境。

Step2. 创建图 19.2 所示的"基准面 1"。选择下拉菜单 插入(I) ➡ 参考几何体(G) ➡ 基准面(P)... 命令。选取前视基准面为参考实体，输入偏移距离值 40.0，单击 ✓ 按钮，完成基准面 1 的创建。

Step3. 创建草图 3。选择下拉菜单 插入(I) ➡ 草图绘制 命令，选取基准面 1 为草图基准面，绘制图 19.3 所示的草图。

Step4. 创建草图 4。选择下拉菜单 插入(I) ➡ 草图绘制 命令，选取基准面 1 为草图基准面，绘制图 19.4 所示的草图。

Step5. 创建草图 5。选择下拉菜单 插入(I) ➡ 草图绘制 命令，选取基准面 1 为草图基准面，绘制图 19.5 所示的草图。

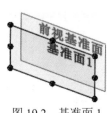

图 19.2　基准面 1

图 19.3　草图 1

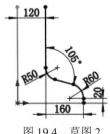

图 19.4　草图 2

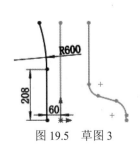

图 19.5　草图 3

Step6. 创建图 19.6 所示的"基准面 2"。选择下拉菜单 插入(I) ➡ 参考几何体(G) ➡ 基准面(P)... 命令。选取上视基准面及图 19.3 所示草图 1 的顶点为参考实体，单击 ✓ 按钮，完成基准面 2 的创建。

Step7. 创建图 19.7 所示的"草图 4"。选择下拉菜单 插入(I) ➡ 草图绘制 命令，选取基准面 2 为草图基准面，绘制图 19.8 所示的草图。

图 19.6 基准面 2

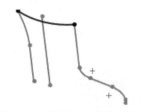

图 19.7 草图 4（建模环境）

图 19.8 草图 4（草绘环境）

Step8. 创建图 19.9 所示的"曲面-扫描 1"。选择下拉菜单 插入(I) ➡ 曲面(S) ➡ 扫描曲面(S)... 命令，系统弹出"扫描"对话框，分别选取图 19.10 所示的扫描轮廓、扫描路径及两条引导线。

图 19.9 曲面-扫描 1

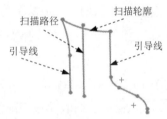

图 19.10 选择轨迹

Step9. 创建图 19.11 所示的"镜像 1"。选择下拉菜单 插入(I) ➡ 阵列/镜向(E) ➡ 镜向(M)... 命令。选取前视基准面作为镜像基准面，选取曲面-扫描 1 作为镜像 1 的对象。

a）镜像前　　　　　　　　　　　　　　b）镜像后

图 19.11 镜像 1

Step10. 创建草图 5。选择下拉菜单 插入(I) ➡ 草图绘制 命令，选取基准面 2 为草图基准面，绘制图 19.12 所示的草图。

Step11. 创建草图 6。选择下拉菜单 插入(I) ➡ 草图绘制 命令，选取上视基准面为草图基准面，绘制图 19.13 所示的草图。

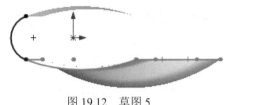

图 19.12　草图 5

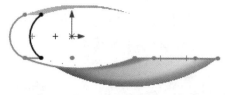

图 19.13　草图 6

Step12. 创建草图 7。选择下拉菜单 插入(I) ➞ 草图绘制 命令，选取基准面 2 为草图基准面，绘制图 19.14 所示的草图。

Step13. 创建草图 8。选择下拉菜单 插入(I) ➞ 草图绘制 命令，选取上视基准面为草图基准面，绘制图 19.15 所示的草图。

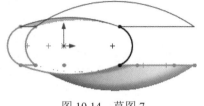

图 19.14　草图 7

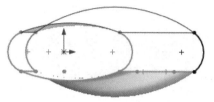

图 19.15　草图 8

Step14. 创建如图 19.16 所示的"边界-曲面 1"。选择下拉菜单 插入(I) ➞ 曲面(S) ➞ 边界曲面(B)... 命令，选取草图 5 和草图 6 作为 方向1 的边界曲线，选取图 19.17 所示的曲面边线作为 方向2 的边界曲线并分别添加与面相切的约束关系。

图 19.16　边界-曲面 1

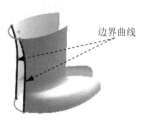

边界曲线

图 19.17　选择轨迹

Step15. 创建如图 19.18 所示的"边界-曲面 2"。选择下拉菜单 插入(I) ➞ 曲面(S) ➞ 边界曲面(B)... 命令，选取草图 7 和草图 8 作为 方向1 的边界曲线，选取图 19.19 所示的曲面边线作为 方向2 的边界曲线并分别添加与面相切的约束关系。

Step16. 创建"曲面-缝合 1"。选择下拉菜单 插入(I) ➞ 曲面(S) ➞ 缝合曲面(K)... 命令，系统弹出"缝合曲面"对话框；在设计树中选取曲面-扫描 1、镜像 1、边界-曲面 1 和边界-曲面 2 作为缝合对象。

Step17. 创建图 19.20 所示的"加厚 1"。选择下拉菜单 插入(I) ➞ 凸台/基体(B) ➞ 加厚(T)... 命令；选择整个曲面作为加厚曲面；在 加厚参数(T) 区域中单击 按钮，在  后的文本框中输入数值 3.0。

Step18. 保存零件模型。选择下拉菜单 文件(F) ➡ 📁 保存(S) 命令，将零件模型命名为 instance_boot，保存模型。

边界曲线

图 19.18　边界-曲面 2　　　　图 19.19　选择轨迹　　　　　图 19.20　加厚 1

实例 **20** 打火机壳

实例概述

本实例介绍了一个打火机外壳的创建过程，其中用到的命令比较简单，关键在于草图中曲线轮廓的构建，曲线的质量决定了曲面是否光滑，读者也可留意一下。该零件模型如图 20.1 所示。

图 20.1 零件模型

Step1. 新建一个零件模型文件，进入建模环境。

Step2. 创建图 20.2 所示的草图 1。选择下拉菜单 插入(I) ➡ 草图绘制 命令，选取前视基准面为草图基准面，在草绘环境中绘制图 20.2 所示的草图 1。

Step3. 创建图 20.3 所示的草图 2。选择下拉菜单 插入(I) ➡ 草图绘制 命令，选取上视基准面为草图基准面，绘制草图 2。

Step4. 创建图 20.4 所示的草图 3（在草绘环境下镜像草图 2）。选择下拉菜单 插入(I) ➡ 草图绘制 命令，选择上视基准面为草图基准面，绘制草图 3。

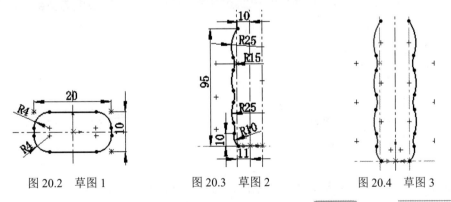

图 20.2 草图 1　　　　图 20.3 草图 2　　　　图 20.4 草图 3

Step5. 创建图 20.5a 所示的"基准面 1"。选择下拉菜单 插入(I) ➡ 参考几何体(G) ➡ 基准面(P)... 命令，系统弹出"基准面"对话框；选取前视基准面和图 20.5b 所示的端点为参考实体；定义偏移参数；单击对话框中的 ✔ 按钮，完成基准面 1 的创建。

a）基准面 1   b）参考实体

图 20.5　基准面 1

Step6. 绘制草图 4。选择下拉菜单 [插入(I)] ➡ [草图绘制] 命令，选取基准面 1 为草图基准面，绘制图 20.6 所示的草图 4。

Step7. 创建图 20.7 所示的"放样 1"。选择下拉菜单 [插入(I)] ➡ [凸台/基体(B)] ➡ [放样(L)]...命令，系统弹出"放样"对话框；选取草图 4 和草图 1 为放样 1 的轮廓；选取草图 3 和草图 2 为放样引导线，然后在"放样"对话框 [引导线(G)] 区域的 [引导线感应类型(V):] 下拉列表中选择 [到下一引线] 选项；单击对话框中的 ✅ 按钮，完成放样 1 的创建。

图 20.6　草图 4   图 20.7　放样 1

Step8. 创建图 20.8 所示的零件特征——切除-拉伸 1。选择下拉菜单 [插入(I)] ➡ [切除(C)] ➡ [拉伸(E)]...命令；选取图 20.8 所示的模型表面为草图基准面，在草绘环境中绘制图 20.9 所示的横断面草图，选择下拉菜单 [插入(I)] ➡ [退出草图] 命令，完成横断面草图的创建；在"切除-拉伸"对话框 [方向1] 区域中的下拉列表中选择 [给定深度] 选项，在 $\sqrt{D1}$ 后的文本框中输入数值 1.0；单击对话框中的 ✅ 按钮，完成切除-拉伸 1 的创建。

图 20.8　切除-拉伸 1   图 20.9　横断面草图

Step9. 创建图 20.10b 所示的"圆角 1"。选择下拉菜单 [插入(I)] ➡ [特征(F)] ➡ [圆角(F)]...命令，系统弹出"圆角"对话框；采用系统默认的圆角类型；选取图 20.10a 所示的边线为要倒圆角的对象；在对话框中输入半径值 0.5；单击"圆角"对话框中的 ✅ 按钮，完成圆角 1 的创建。

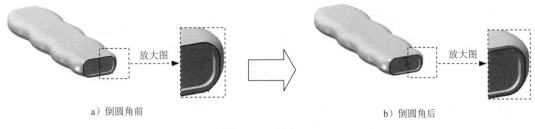

a）倒圆角前   b）倒圆角后

图 20.10   圆角 1

Step10. 创建图 20.11b 所示的"圆角 2"。选取图 20.11a 所示的边线为要倒圆角的对象，圆角半径为 0.1。

Step11. 创建图 20.12 所示的零件特征——切除-拉伸 2。选择下拉菜单 插入(I) ➡ 切除(C) ➡ 拉伸(E)...命令；选取上视基准面为草图基准面，在草绘环境中绘制图 20.13 所示的横断面草图，选择下拉菜单 插入(I) ➡ 退出草图命令，完成横断面草图的创建；采用系统默认的切除深度方向，在"切除-拉伸"对话框 方向1 和 方向2 区域的下拉列表中均选择 完全贯穿 选项；单击对话框中的 ✔ 按钮，完成切除-拉伸 2 的创建。

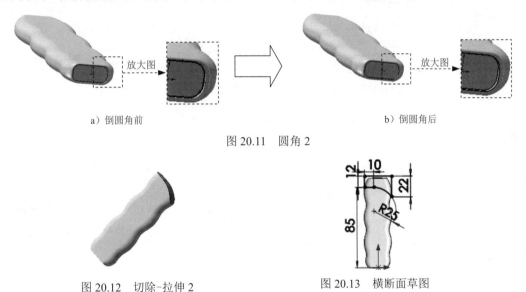

a）倒圆角前   b）倒圆角后

图 20.11   圆角 2

图 20.12   切除-拉伸 2   图 20.13   横断面草图

Step12. 创建图 20.14 所示的零件特征——切除-拉伸 3。选择下拉菜单 插入(I) ➡ 切除(C) ➡ 拉伸(E)...命令；选取图 20.14 所示的表平面为草图基准面，在草绘环境中绘制图 20.15 所示的横断面草图（草图中的圆弧部分是用"转换实体引用"命令来绘制的），选择下拉菜单 插入(I) ➡ 退出草图命令，完成横断面草图的创建；采用系统默认的切除深度方向；在"切除-拉伸"对话框 方向1 区域的下拉列表中选择 给定深度 选项，在 ↗D1 后的文本框中输入数值 80.0；单击对话框中的 ✔ 按钮，完成切除-拉伸 3 创建。

图 20.14　切除-拉伸 3

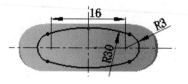

图 20.15　横断面草图

Step13. 创建图 20.16 所示的零件特征——切除-拉伸 4。选择下拉菜单 插入(I) ➡ 切除(C) ➡ 拉伸(E)... 命令；选取前视基准面为草图基准面，在草绘环境中绘制图 20.17 所示的横断面草图，选择下拉菜单 插入(I) ➡ 退出草图 命令，完成横断面草图的创建；采用系统默认的切除深度方向，在"切除-拉伸"对话框 方向1 区域的下拉列表中选择 完全贯穿 选项；单击对话框中的 ✓ 按钮，完成切除-拉伸 4 的创建。

图 20.16　切除-拉伸 4

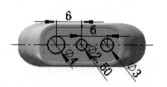

图 20.17　横断面草图

Step14. 创建图 20.18b 所示的"圆角 3"。选择下拉菜单 插入(I) ➡ 特征(F) ➡ 圆角(F)... 命令，系统弹出"圆角"对话框；采用系统默认的圆角类型；选取图 20.18a 所示的三个圆弧为要倒圆角的对象；在对话框中输入半径值 0.2；单击"圆角"对话框中的 ✓ 按钮，完成圆角 3 的创建。

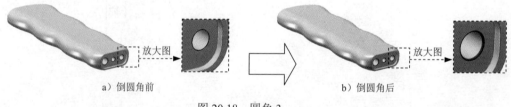

a) 倒圆角前　　　　　　　　　　　　b) 倒圆角后

图 20.18　圆角 3

Step15. 创建图 20.19 所示的零件特征——切除-拉伸 5。选择下拉菜单 插入(I) ➡ 切除(C) ➡ 拉伸(E)... 命令；选取右视基准面为草图基准面，在草绘环境中绘制图 20.20 所示的横断面草图，选择下拉菜单 插入(I) ➡ 退出草图 命令，完成横断面草图的创建；采用系统默认的切除深度方向，在"切除-拉伸"对话框 方向1 区域的下拉列表中选择 完全贯穿 选项；单击对话框中的 ✓ 按钮，完成切除-拉伸 5 的创建。

Step16. 创建图 20.21b 所示的"圆角 4"。选择下拉菜单 插入(I) ➡ 特征(F) ➡ 圆角(F)... 命令，系统弹出"圆角"对话框；采用系统默认的圆角类型；选取图 20.21a

所示的四条边线为要倒圆角的对象；在对话框中输入半径值 0.5；单击"圆角"对话框中的 按钮，完成圆角 4 的创建。

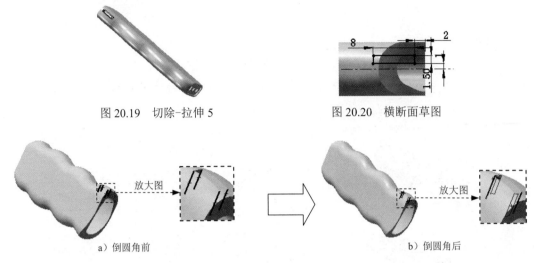

图 20.19 切除-拉伸 5　　　　图 20.20 横断面草图

a）倒圆角前　　　　b）倒圆角后

图 20.21 圆角 4

Step17. 创建图 20.22b 所示的"圆角 5"。选取图 20.22a 所示的边链为要倒圆角的对象，圆角半径为 0.2。

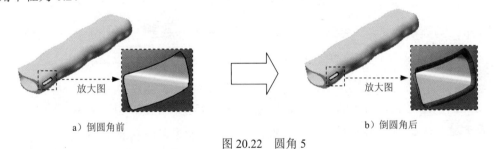

a）倒圆角前　　　　b）倒圆角后

图 20.22 圆角 5

Step18. 创建图 20.23b 所示的"镜像 1"。选择下拉菜单 插入(I) ➡ 阵列/镜向(E) ➡ 镜向(M)... 命令；选取上视基准面为镜像基准面；选择圆角 5、圆角 4 和切除-拉伸 5 作为镜像 1 的对象；单击对话框中的 按钮，完成镜像 1 的创建。

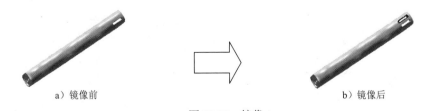

a）镜像前　　　　b）镜像后

图 20.23 镜像 1

Step19. 后面的详细操作过程请参见随书光盘中 video\ch20\reference 文件下的语音视频讲解文件 lighter-r01.exe。

实例 **21** 在曲面上创建实体文字

实例概述

本实例主要是帮助读者更深刻地理解拉伸、切除-拉伸、圆角、抽壳、筋、阵列及包覆等命令，其中包覆命令是本实例的重点内容。本实例详细讲解了在曲面上创建实体文字的过程。零件模型及设计树如图 21.1 所示。

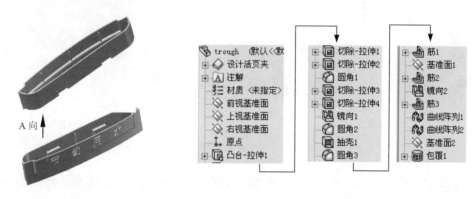

从 A 向查看　　图 21.1　零件模型和设计树

Step1. 新建模型文件。选择下拉菜单 文件(F) ➡ 新建(N)... 命令，在系统弹出的"新建 SolidWorks 文件"对话框中选择"零件"模块，单击 确定 按钮，进入建模环境。

Step2. 创建图 21.2 所示的零件基础特征——凸台-拉伸 1。选择下拉菜单 插入(I) ➡ 凸台/基体(B) ➡ 拉伸(E)... 命令；选取前视基准面为草图基准面，在草绘环境中绘制图 21.3 所示的横断面草图，选择下拉菜单 插入(I) ➡ 退出草图 命令，退出草绘环境，此时系统弹出"凸台-拉伸"对话框；采用系统默认的深度方向，在 方向1 区域的下拉列表中选择 给定深度 选项，在 D1 文本框中输入深度值 40.0；单击 ✔ 按钮，完成凸台-拉伸 1 的创建。

图 21.2　凸台-拉伸 1

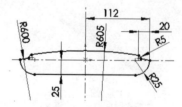

图 21.3　横断面草图

Step3. 创建图 21.4 所示的零件特征——切除-拉伸 1。选择下拉菜单 插入(I) ➡ 切除(C) ➡ 拉伸(E)... 命令；选取图 21.4 所示的模型表面为草图基准面，在草绘环境中绘制图 21.5 所示的横断面草图，选择下拉菜单 插入(I) ➡️ 退出草图命令，完成横断面草图的创建；采用系统默认的切除深度方向；在"切除-拉伸"对话框 方向1 区域的下拉列表中选择 给定深度 选项，输入深度值 15.0；单击对话框中的 ✓ 按钮，完成切除-拉伸 1 的创建。

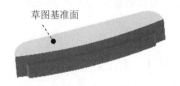

图 21.4 切除-拉伸 1

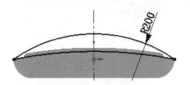

图 21.5 横断面草图

Step4. 创建图 21.6 所示的零件特征——切除-拉伸 2。选择下拉菜单 插入(I) ➡️ 切除(C) ➡️ 拉伸(E)... 命令；选取图 21.7 所示的模型表面为草图基准面，在草绘环境中绘制图 21.8 所示的横断面草图，选择下拉菜单 插入(I) ➡️ 退出草图命令，完成横断面草图的创建；采用系统默认的切除深度方向；在"切除-拉伸"对话框 方向1 区域的下拉列表中选择 给定深度 选项，输入深度值 3.0；单击对话框中的 ✓ 按钮，完成切除-拉伸 2 的创建。

图 21.6 切除-拉伸 2

图 21.7 草图基准面

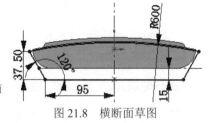

图 21.8 横断面草图

Step5. 创建图 21.9b 所示的"圆角 1"。选择下拉菜单 插入(I) ➡️ 特征(F) ➡️ 圆角(F)... 命令，系统弹出"圆角"对话框；采用系统默认的圆角类型；选取图 21.9a 所示的边线为要倒圆角的对象；在对话框中输入半径值 3.0；单击"圆角"对话框中的 ✓ 按钮，完成圆角 1 的创建。

a）倒圆角前

b）倒圆角后

图 21.9 圆角 1

Step6. 创建图 21.10 所示的零件特征——切除-拉伸 3。选择下拉菜单 插入(I) ➡️ 切除(C) ➡️ 拉伸(E)... 命令。选取图 21.10 所示的模型表面为草图基准面，在草绘环境中绘制图 21.11 所示的横断面草图，选择下拉菜单 插入(I) ➡️ 退出草图命令，完成横断面草图的创建；采用系统默认的切除深度方向；在"切除-拉伸"对话框 方向1 区域的

下拉列表中选择 给定深度 选项，输入深度值 17.0；单击对话框中的 ✔ 按钮，完成切除-拉伸 3 的创建。

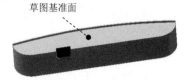

图 21.10　切除-拉伸 3

图 21.11　横断面草图

Step7. 创建图 21.12 所示的零件特征——切除-拉伸 4。选择下拉菜单 插入(I) ➡ 切除(C) ➡ 📄 拉伸(E)... 命令；选取图 21.13 所示的模型表面为草图基准面，在草绘环境中绘制图 21.14 所示的横断面草图，选择下拉菜单 插入(I) ➡ 📄 退出草图 命令，完成横断面草图的创建；采用系统默认的切除深度方向；在"切除-拉伸"对话框 方向1 区域的下拉列表中选择 给定深度 选项，输入深度值 5.0；单击对话框中的 ✔ 按钮，完成切除-拉伸 4 的创建。

图 21.12　切除-拉伸 4

图 21.13　草图基准面

图 21.14　横断面草图

Step8. 创建图 21.15b 所示的"镜像 1"。选择下拉菜单 插入(I) ➡ 阵列/镜向(E) ➡ 🔳 镜向(M)... 命令，系统弹出"镜像"对话框；选取右视基准面为镜像基准面；在设计树中选择切除-拉伸 3 和切除-拉伸 4 为镜像 1 的对象；单击对话框中的 ✔ 按钮，完成镜像 1 的创建。

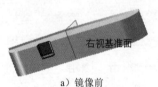

a) 镜像前

b) 镜像后

图 21.15　镜像 1

Step9. 创建图 21.16b 所示的"圆角 2"。选择下拉菜单 插入(I) ➡ 特征(F) ➡ 🔶 圆角(F)... 命令，系统弹出"圆角"对话框；采用系统默认的圆角类型；选取图 21.16a 所示的边线为要倒圆角的对象；在对话框中输入圆角半径值 3.0；单击"圆角"对话框中的 ✔ 按钮，完成圆角 2 的创建。

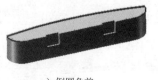

a) 倒圆角前

b) 倒圆角后

图 21.16　圆角 2

Step10. 创建图21.17b所示的零件特征——抽壳1。选择下拉菜单 插入(I) ➡ 特征(F) ➡ 抽壳(S)... 命令；选取图21.17a所示的模型表面为要移除的面；在"抽壳1"对话框的 参数(P) 区域中输入壁厚值2.0；单击对话框中的 ✅ 按钮，完成抽壳1的创建。

a）抽壳前

b）抽壳后

图 21.17 抽壳 1

Step11. 创建图21.18b所示的"圆角3"。选择下拉菜单 插入(I) ➡ 特征(F) ➡ 圆角(F)... 命令，系统弹出"圆角"对话框；采用系统默认的圆角类型；选取图 21.18a 所示的边线为要倒圆角的对象；在对话框中输入圆角半径值3.0；单击"圆角"对话框中的 ✅ 按钮，完成圆角3的创建。

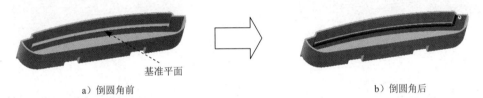

a）倒圆角前

b）倒圆角后

图 21.18 圆角 3

Step12. 创建图21.19所示的零件特征——筋1。选择下拉菜单 插入(I) ➡ 特征(F) ➡ 筋(R)... 命令；选取右视基准面作为草图基准面，绘制图21.20所示的横断面草图；在"拉伸方向"区域单击"平行于草图"按钮 ，然后在"筋"对话框的 参数(P) 区域单击 （两侧）按钮，输入筋厚度值1.0；单击 ✅ 按钮，完成筋1的创建。

Step13. 创建图21.21所示的"基准面1"。选择下拉菜单 插入(I) ➡ 参考几何体(G) ➡ 基准面(P)... 命令，系统弹出"基准面"对话框；选取上视基准面为参考实体，选中"基准面"对话框中的 ✅反转 复选框，输入偏移距离值6.0；单击 ✅ 按钮，完成基准面1的创建。

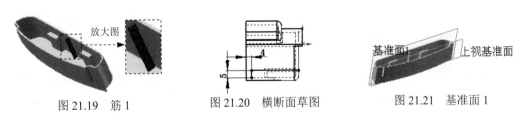

图 21.19 筋 1   图 21.20 横断面草图   图 21.21 基准面 1

Step14. 创建图21.22所示的零件特征——筋2。选择下拉菜单 插入(I) ➡ 特征(F) ➡ 筋(R)...；选取基准面1为草图基准面，绘制图21.23所示的横断面草图；在"拉伸方向"区域单击"平行于草图"按钮 ![icon]，然后在"筋"对话框的 **参数(P)** 区域单击 ![icon]（两侧）按钮，输入筋厚度值 1.0，选中 ☑ **反转材料方向(F)** 复选框；单击 ![icon] 按钮，完成筋 2 的创建。

图 21.22　筋 2 　　　　　　　　　　　图 21.23　横断面草图

Step15. 创建图 21.24b 所示的"镜像 2"。选择下拉菜单 **插入(I)** ➡ **阵列/镜向(E)** ➡ ![icon] **镜向(M)...** 命令，系统弹出"镜像"对话框；选取右视基准面为镜像基准面；在设计树中选择 Step14 中创建的筋 2 为镜像 2 的对象；单击对话框中的 ![icon] 按钮，完成镜像 2 的创建。

a）镜像前 　　　　　　　　　　　　　　b）镜像后

图 21.24　镜像 2

Step16. 创建图 21.25 所示的零件特征——筋 3。选择下拉菜单 **插入(I)** ➡ **特征(F)** ➡ ![icon] **筋(R)...** 命令；选取右视基准面为草图基准面，绘制图 21.26 所示的横断面草图；在"拉伸方向"区域单击"平行于草图"按钮 ![icon]，然后在"筋"对话框的 **参数(P)** 区域中单击 ![icon]（两侧）按钮，输入筋厚度值 1.0，选中 ☑ **反转材料方向(F)** 复选框；单击 ![icon] 按钮，完成筋 3 的创建。

图 21.25　筋 3 　　　　　　　　　　　图 21.26　横断面草图

Step17. 创建图 21.27 所示的零件特征——曲线阵列 1。选择下拉菜单 **插入(I)** ➡ **阵列/镜向(E)** ➡ ![icon] **曲线驱动的阵列(R)...** 命令，系统弹出"曲线驱动阵列"对话框；单击 **要阵列的特征(F)** 区域中的文本框，选取筋 3 作为阵列的源特征；选择图 21.27 所示的边线为方向 1 的参考边线，在 **方向1** 区域的 ![icon] 文本框中输入数值 60.0，在 ![icon] 文本框中输入数值 2；单击对话框中的 ![icon] 按钮，完成曲线阵列 1 的创建。

Step18. 创建图 21.28 所示的零件特征——曲线阵列 2。选择下拉菜单 **插入(I)** ➡ **阵列/镜向(E)** ➡ ![icon] **曲线驱动的阵列(R)...** 命令，系统弹出"曲线驱动阵列"对话框；单击区域中的文本框，选取筋 3 作为阵列的源特征；选择图 21.28 所示的边线为方向 1 的参考边线，在 方向1 区域中单击 按钮，并在 文本框中输入数值 60.0，在 文本框中输入数值 2；单击对话框中的 按钮，完成曲线阵列 2 的创建。

图 21.27　曲线阵列 1

Step19. 创建图 21.29 所示的"基准面 2"。选择下拉菜单 插入(I) ➡ 参考几何体(G) ➡ 基准面(P)... 命令，系统弹出"基准面"对话框；选取上视基准面为参考实体，在"基准面"对话框中输入偏移距离值 20.0；单击 按钮，完成基准面 2 的创建。

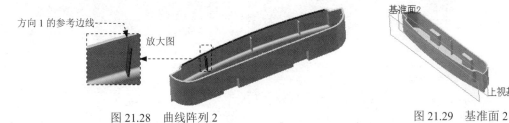

图 21.28　曲线阵列 2　　　　　　　　　图 21.29　基准面 2

Step20. 创建图 21.30 所示的零件特征——包覆 1。选择下拉菜单 插入(I) ➡ 特征(F) ➡ 包覆(W)... 命令；选取基准面 2 为草图基准面，在草绘环境中绘制图 21.31 所示的横断面草图。选择下拉菜单 插入(I) ➡ 退出草图 命令，系统弹出"包覆 1"对话框；采用系统默认的深度方向，在 包覆参数(W) 区域中选择 浮雕(M) 单选按钮，选取拉伸 1 特征的圆柱面作为包覆草图的面，在 后的文本框中输入厚度数值 2.0；单击 按钮，完成包覆 1 的创建。

说明：绘制此草图时，选择下拉菜单 工具(T) ➡ 草图绘制实体(K) ➡ 文本(T)... 命令，系统弹出"草图文字"对话框，在 文字(T) 区域的文本框中输入"节约用水"，设置文字的字体为新宋体，高度为 10.00mm，宽度因子设置为 100%，间距设置为 350%。

图 21.30　包覆 1

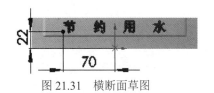

图 21.31　横断面草图

Step21. 至此，零件模型创建完毕。选择下拉菜单 文件(F) ➡ 保存(S) 命令，将模型命名为 trough，即可保存零件模型。

实例 **22** 支 架

实例概述

本实例介绍了一个支架的创建过程，读者可以掌握实体的拉伸、抽壳、旋转、镜像和倒圆角等特征的应用。该零件模型及设计树如图 22.1 所示。

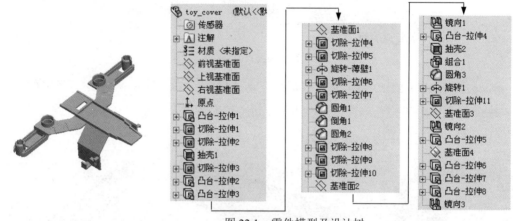

图 22.1 零件模型及设计树

Step1. 新建一个零件模型文件，进入建模环境。

Step2. 创建图 22.2 所示的零件特征——凸台-拉伸 1。选择下拉菜单 插入(I) ➡ 凸台/基体(B) ➡ 拉伸(E)... 命令（或单击 按钮）；选取上视基准面为草图基准面；在草图绘制环境中绘制图 22.3 所示的横断面草图；采用系统默认的深度方向，在"凸台-拉伸"对话框 方向1 区域的下拉列表中选择 给定深度 选项，输入深度值 3.0；单击 按钮，完成凸台-拉伸 1 的创建。

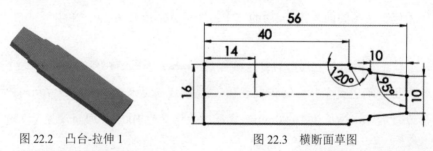

图 22.2 凸台-拉伸 1　　　　　图 22.3 横断面草图

Step3. 创建图 22.4 所示的零件特征——切除-拉伸 1。选择下拉菜单 插入(I) ➡ 切除(C) ➡ 拉伸(E)... 命令；选取前视基准面为草图基准面，在草图绘制环境中绘制图 22.5 所示的横断面草图，在 方向1 区域的下拉列表中选择 两侧对称 选项，输入深度值 20.0；单击该对话框中的 按钮，完成切除-拉伸 1 的创建。

Step4. 创建图 22.6 所示的零件特征——切除-拉伸 2。选择下拉菜单 插入(I) ➡

切除(C) ▸ → 🔲 拉伸(E)...命令；选取前视基准面为草图基准面，在草图绘制环境中绘制图 22.7 所示的横断面草图，在 方向1 区域的下拉列表中选择 两侧对称 选项，输入深度值 20.0；单击该对话框中的 ✅ 按钮，完成切除-拉伸 2 的创建。

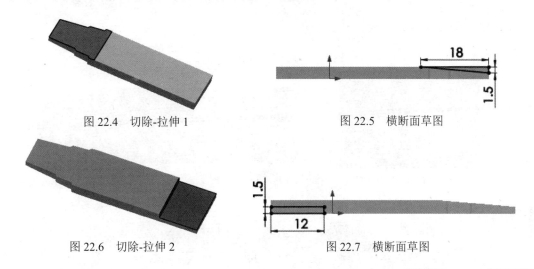

图 22.4　切除-拉伸 1　　　　　　　　　图 22.5　横断面草图

图 22.6　切除-拉伸 2　　　　　　　　　图 22.7　横断面草图

Step5. 创建图 22.8b 所示的零件特征——抽壳 1。选择下拉菜单 插入(I) → 特征(F) ▸
→ 🔲 抽壳(S)...命令；选取图 22.8a 所示的模型的表面为要移除的面；在"抽壳 1"对话框的 参数(P) 区域中输入壁厚值 1.0；单击对话框中的 ✅ 按钮，完成抽壳 1 的创建。

选取这 4 个面为移除面

a）抽壳前　　　　　　　　　　　　　　　　　b）抽壳后

图 22.8　抽壳 1

Step6. 创建图 22.9 所示的零件特征——切除-拉伸 3。选择下拉菜单 插入(I) →
切除(C) ▸ → 🔲 拉伸(E)...命令；选取上视基准面为草图基准面，在草图绘制环境中绘制图 22.10 所示的横断面草图，在 方向1 区域的下拉列表中选择 完全贯穿 选项，单击 ↗ 按钮；单击该对话框中的 ✅ 按钮，完成切除-拉伸 3 的创建。

Step7. 创建图 22.11 所示的零件特征—— 凸台-拉伸 2。选择下拉菜单 插入(I) →
凸台/基体(B) → 🔲 拉伸(E)...命令（或单击 🔲 按钮）；选取图 22.11 所示的面为草图基准面；在草图绘制环境中绘制图 22.12 所示的横断面草图；在"凸台-拉伸"对话框 方向1 区域的下拉列表中选择 给定深度 选项，单击 ↗ 按钮，输入深度值 1.0；单击 ✅ 按钮，完成凸台-拉伸 2 的创建。

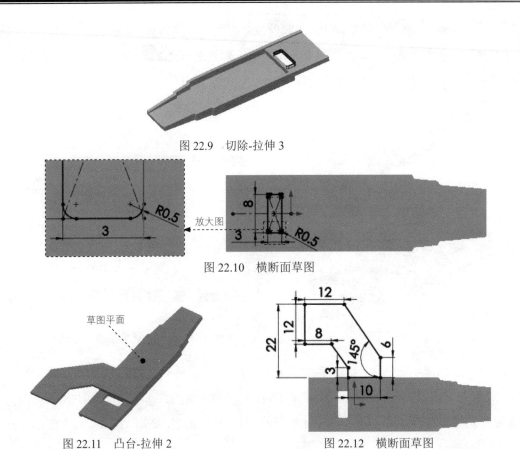

图 22.9　切除-拉伸 3

图 22.10　横断面草图

图 22.11　凸台-拉伸 2

图 22.12　横断面草图

　　Step8. 创建图 22.13 所示的零件特征—— 凸台-拉伸 3。选择下拉菜单 插入(I) ➡️ 凸台/基体(B) ➡️ 🔲 拉伸(E)... 命令（或单击🔲按钮）；选取图 22.14 所示的面为草图基准面；在草图绘制环境中绘制图 22.15 所示的横断面草图；在"凸台-拉伸"对话框 方向1 区域的下拉列表中选择 给定深度 选项，单击🔧按钮，输入深度值 10.0；单击 ✔️ 按钮，完成凸台-拉伸 3 的创建。

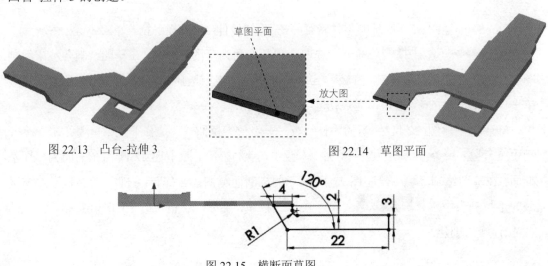

图 22.13　凸台-拉伸 3

图 22.14　草图平面

图 22.15　横断面草图

Step9. 创建图 22.16 所示的基准面 1。选择下拉菜单 插入(I) ➡ 参考几何体(G) ➡ 基准面(E)... 命令；选取图 22.16 所示的平面 1 和平面 2 为参考；单击对话框中的 ✔ 按钮，完成基准面 1 的创建。

Step10. 创建图 22.17 所示的零件特征——切除-拉伸 4。选择下拉菜单 插入(I) ➡ 切除(C) ➡ 拉伸(E)... 命令；选取基准面 1 为草图基准面，在草图绘制环境中绘制图 22.18 所示的横断面草图，在 方向1 区域的下拉列表中选择 两侧对称 选项，输入深度值 8.0；单击该对话框中的 ✔ 按钮，完成切除-拉伸 4 的创建。

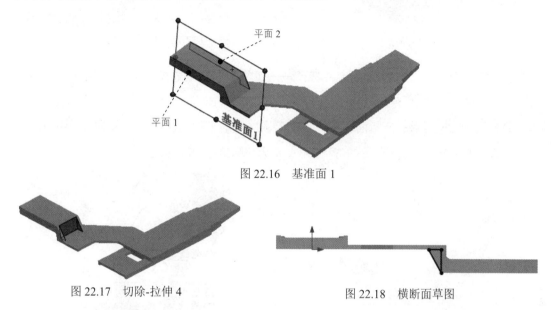

图 22.16　基准面 1

图 22.17　切除-拉伸 4

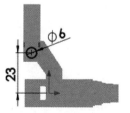

图 22.18　横断面草图

Step11. 创建图 22.19 所示的零件特征——切除-拉伸 5。选择下拉菜单 插入(I) ➡ 切除(C) ➡ 拉伸(E)... 命令；选取图 22.19 所示的平面为草图基准面，在草图绘制环境中绘制图 22.20 所示的横断面草图，在 方向1 区域的下拉列表中选择 给定深度 选项，输入深度值 8.0；单击该对话框中的 ✔ 按钮，完成切除-拉伸 5 的创建。

图 22.19　切除-拉伸 5

图 22.20　横断面草图

Step12. 创建图 22.21 所示的零件特征——旋转-薄壁 1。选择下拉菜单 插入(I) ➡ 凸台/基体(B) ➡ 旋转(R)... 命令；选取基准面 1 作为草图基准面，绘制图 22.22 所示的横断面草图；选取图 22.21 所示的基准轴 1 为旋转轴；在 方向1 区域的下拉列表中选

择 给定深度 选项，采用系统默认的旋转方向，在 文本框中输入数值 360.0；在"旋转-薄壁 1"窗口中选中 ☑ 薄壁特征(T) 复选框。在 ☑ 薄壁特征(T) 区域的下拉列表中选择 单向 选项，采用系统默认的厚度方向，在后面的文本框中输入厚度值 0.5；单击窗口中的 按钮，完成旋转-薄壁 1 的创建。

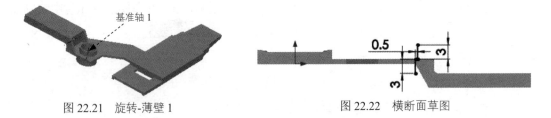

图 22.21　旋转-薄壁 1　　　　　　　　图 22.22　横断面草图

Step13. 创建图 22.23 所示的零件特征——切除-拉伸 6。选择下拉菜单 插入(I) ➡ 切除(C) ➡ 拉伸(E)... 命令；选取图 22.23 所示的平面为草图基准面，在草图绘制环境中绘制图 22.24 所示的横断面草图，在 方向1 区域的下拉列表中选择 给定深度 选项，输入深度值 0.3；单击该对话框中的 按钮，完成切除-拉伸 6 的创建。

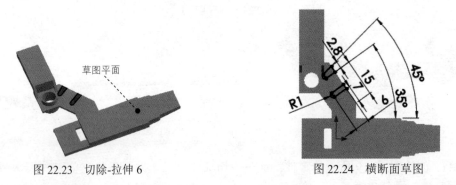

图 22.23　切除-拉伸 6　　　　　　　　图 22.24　横断面草图

Step14. 创建图 22.25 所示的零件特征——切除-拉伸 7。选择下拉菜单 插入(I) ➡ 切除(C) ➡ 拉伸(E)... 命令；选择图 22.24 所示的草图，在 从(F) 区域的下拉列表中选择 等距，输入深度值 0.7，单击 按钮；在 方向1 区域的下拉列表中选择 给定深度 选项，输入深度值 0.3；单击该对话框中的 按钮，完成切除-拉伸 7 的创建。

图 22.25　切除-拉伸 7

Step15. 创建图 22.26 所示的圆角 1。选择下拉菜单 插入(I) ➡ 特征(F) ➡

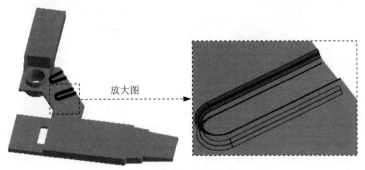 圆角 (F)...命令；在圆角类型区域单击 选项；选取图 22.27 所示的边线为要圆角的对象；在对话框中输入半径值 0.15；单击"圆角"对话框中的 按钮，完成圆角 1 的创建。

图 22.26 圆角 1

图 22.27 选择圆角对象

Step16. 创建图 22.28b 所示的倒角 1。选择下拉菜单 插入(I) ➡ 特征(F) ➡

倒角 (C)...命令，选取图 22.28a 所示的边线为要倒的对象；在"倒角"对话框 后的文本框中输入数值 0.2，在 后的文本框中输入数值 45.0；单击 按钮，完成倒角 1 的创建。

倒角对象

放大图

放大图

a) 倒角前

b) 倒角后

图 22.28 倒角 1

Step17. 创建图 22.29b 所示的圆角 2。选择下拉菜单 插入(I) ➡ 特征(F) ➡

圆角 (F)...命令；选取图 22.29a 所示的边线为要圆角的对象；在对话框中输入半径值 4.0；单击"圆角"对话框中的 按钮，完成圆角 2 的创建。

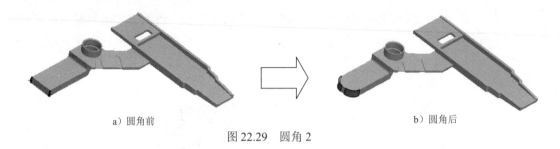

a）圆角前　　　　　　　　　　　　　　　　　b）圆角后

图 22.29　圆角 2

Step18. 创建图 22.30 所示的零件特征——切除-拉伸 8。选择下拉菜单 插入(I) ➤ 切除(C) ➤ 拉伸(E)... 命令；选取图 22.31 所示的平面为草图基准面，在草图绘制环境中绘制图 22.32 所示的横断面草图，在 方向1 区域的下拉列表中选择 给定深度 选项，输入深度值 2.0；在 方向2 区域的下拉列表中选择 完全贯穿 选项；单击该对话框中的 ✓ 按钮，完成切除-拉伸 8 的创建。

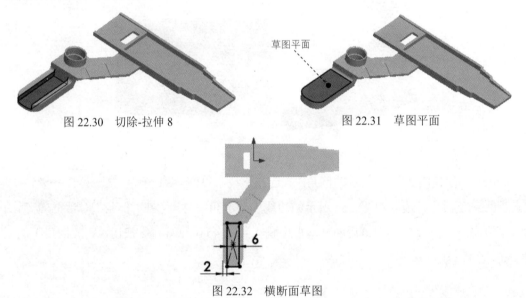

图 22.30　切除-拉伸 8　　　　　　　　　　草图平面　图 22.31　草图平面

图 22.32　横断面草图

Step19. 创建图 22.33 所示的零件特征——切除-拉伸 9。选择下拉菜单 插入(I) ➤ 切除(C) ➤ 拉伸(E)... 命令；选取图 22.34 所示的平面为草图基准面，在草图绘制环境中绘制图 22.35 所示的横断面草图，在 方向1 区域的下拉列表中选择 给定深度 选项，输入深度值 2.0；单击该对话框中的 ✓ 按钮，完成切除-拉伸 9 的创建。

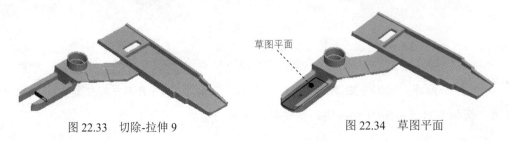

图 22.33　切除-拉伸 9　　　　　　　草图平面　图 22.34　草图平面

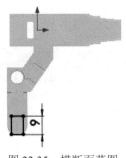

图 22.35 横断面草图

Step20. 创建图 22.36 所示的零件特征——切除-拉伸 10。选择下拉菜单 插入(I) ➡

切除(C) ➡ 📄 拉伸(E)... 命令；选取图 22.37 所示的平面为草图基准面，在草图绘制环境中绘制图 22.38 所示的横断面草图，在 方向1 区域的下拉列表中选择 给定深度 选项，输入深度值 2.5；在 方向2 区域的下拉列表中选择 完全贯穿 选项；单击该对话框中的 ✔ 按钮，完成切除-拉伸 10 的创建。

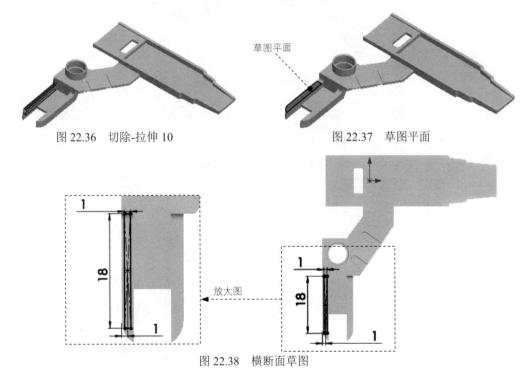

图 22.36 切除-拉伸 10

图 22.37 草图平面

放大图

图 22.38 横断面草图

Step21. 创建图 22.39 所示的基准面 2。选择下拉菜单 插入(I) ➡ 参考几何体(G) ➡ ◇ 基准面(P)... 命令；选取图 22.39 所示的平面 1 和平面 2 为参考；单击对话框中的 ✔ 按钮，完成基准面 2 的创建。

Step22. 创建图 22.40 所示的镜像 1。选择下拉菜单 插入(I) ➡ 阵列/镜向(E) ➡ 镜向(M)... 命令；在设计树中选择"切除-拉伸 10"作为镜像的对象；在设计树中选取基准面 2 为镜像基准面；单击"镜向"对话框中的 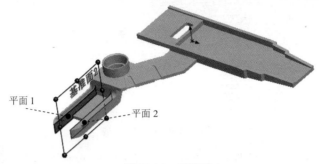 按钮，完成镜像 1 的创建。

图 22.39　基准面 2

图 22.40　镜像 1

Step23. 创建图 22.41 所示的零件特征—— 凸台-拉伸 4。选择下拉菜单 插入(I) ➡️ 凸台/基体(B) ➡️ 拉伸(E)... 命令（或单击 按钮）；选取图 22.41 所示的面为草图基准面；在草图绘制环境中绘制图 22.42 所示的横断面草图；在"凸台-拉伸"对话框 方向1 区域的下拉列表中选择 给定深度 选项，单击 按钮，输入深度值 8.0，取消选中 □ 合并结果(R) 复选框；单击 按钮，完成凸台-拉伸 4 的创建。

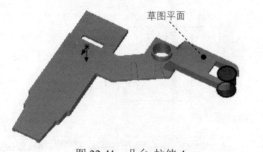

图 22.41　凸台-拉伸 4

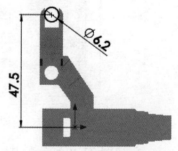

图 22.42　横断面草图

Step24. 创建图 22.43b 所示的零件特征——抽壳 2。选择下拉菜单 插入(I) ➡️ 特征(F) ➡️ 抽壳(S)... 命令；选取图 22.43a 所示的模型的上表面为要移除的面；在 "抽壳 1"对话框的 参数(P) 区域中输入壁厚值 1.0；单击对话框中的 按钮，完成抽壳 2 的创建。

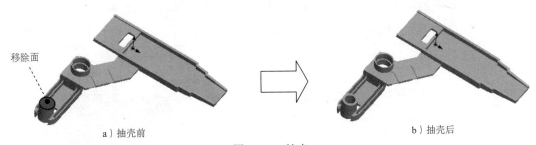

a）抽壳前　　　　　　　　　　　　　　b）抽壳后

图 22.43　抽壳 2

Step25. 创建组合 1。选择命令 插入(I) ➡ 特征(F) ➡ 组合(B)... ，选择抽壳 2 和镜像 1 为组合对象，单击对话框中的 ✔ 按钮，完成组合 1 的创建。

Step26. 创建图 22.44b 所示的圆角 3。选择下拉菜单 插入(I) ➡ 特征(F) ➡ 圆角(F)... 命令；选取图 22.44a 所示的边线为要圆角的对象；在对话框中输入半径值 1.0；单击"圆角"对话框中的 ✔ 按钮，完成圆角 3 的创建。

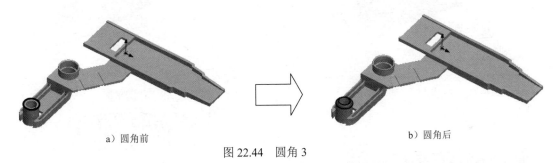

a）圆角前　　　　　　　　　　　　　　b）圆角后

图 22.44　圆角 3

Step27. 创建图 22.45 所示的零件基础特征——旋转 1。选择下拉菜单 插入(I) ➡ 凸台/基体(B) ➡ 旋转(R)... 命令。选取基准面 2 为草图基准面，进入草绘环境，绘制图 22.46 所示的横断面草图，退出草绘环境；采用图 22.45 所示的线作为旋转轴线；在"旋转"对话框 方向1 区域的下拉列表框中选择 给定深度 选项，采用系统默认的旋转方向，在 方向1 区域的 ↥A1 文本框中输入数值 10.0；在 方向2 区域的下拉列表中选择 给定深度 选项，在 ↥A1 文本框中输入数值 10.0；单击对话框中的 ✔ 按钮，完成旋转 1 的创建。

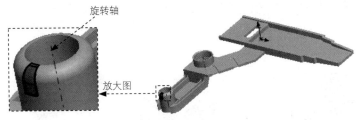

图 22.45　旋转 1

Step28. 创建图 22.47 所示的零件特征——切除-拉伸 11。选择下拉菜单 插入(I) ➡ 切除(C) ➡ 拉伸(E)... 命令；选取图 22.48 所示的平面为草图基准面，在草图绘制环境中绘制图 22.49 所示的横断面草图，在 **方向 1** 区域的下拉列表中选择 **完全贯穿** 选项，单击 按钮；单击该对话框中的 按钮，完成切除-拉伸 11 的创建。

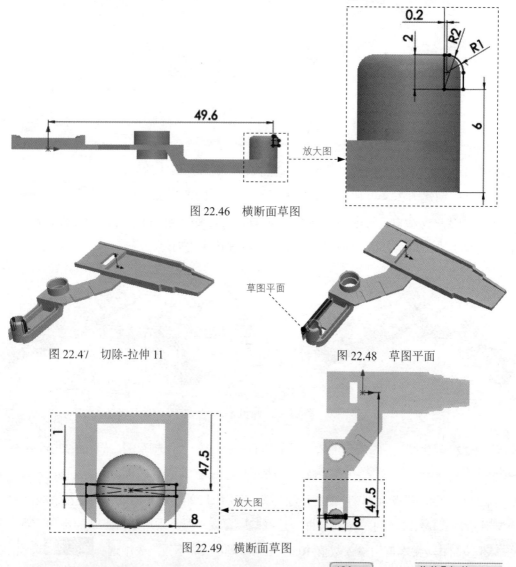

图 22.46　横断面草图

图 22.47　切除-拉伸 11

图 22.48　草图平面

图 22.49　横断面草图

Step29. 创建图 22.50 所示的基准面 3。选择下拉菜单 **插入(I)** ➡ **参考几何体(G)** ➡ **基准面(P)...** 命令；选取图 22.50 所示的平面 1 和平面 2 为参考；单击对话框中的 按钮，完成基准面 3 的创建。

图 22.50　基准面 3

Step30. 创建图 22.51 所示的镜像 2。选择下拉菜单 插入(I) ➡ 阵列/镜向(E) ➡ 镜向(M)... 命令；在设计树中选择"旋转 1"作为镜像的对象；在设计树中选取基准面 3 为镜像基准面；单击"镜向"对话框中的 ✓ 按钮，完成镜像 2 的创建。

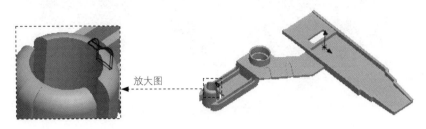

放大图

图 22.51 镜像 2

Step31. 创建图 22.52 所示的零件特征—— 凸台-拉伸 5。选择下拉菜单 插入(I) ➡ 凸台/基体(B) ➡ 拉伸(E)... 命令（或单击 按钮）；选取图 22.53 所示的面为草图基准面；在草图绘制环境中绘制图 22.54 所示的横断面草图；采用系统默认的深度方向，在"凸台-拉伸"对话框 方向1 区域的下拉列表中选择 给定深度 选项，输入深度值 18.0；单击 ✓ 按钮，完成凸台-拉伸 5 的创建。

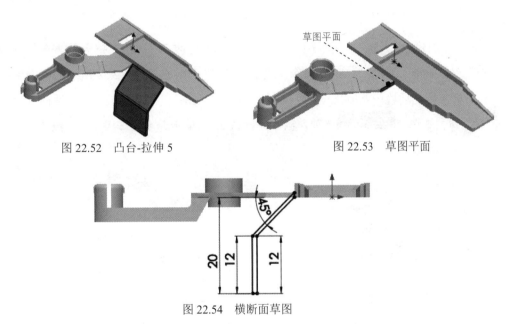

草图平面

图 22.52 凸台-拉伸 5   图 22.53 草图平面

图 22.54 横断面草图

Step32. 创建图 22.55 所示的基准面 4。选择下拉菜单 插入(I) ➡ 参考几何体(G) ➡ 基准面(E)... 命令；选取图 22.55 所示的平面 1 和平面 2 为参考；单击对话框中的 ✓ 按钮，完成基准面 4 的创建。

Step33. 创建图 22.56 所示的零件特征—— 凸台-拉伸 6。选择下拉菜单 插入(I) ➡ 凸台/基体(B) ➡ 拉伸(E)... 命令（或单击 按钮）；选取基准面 4 为草图基准面；在草图绘制环境中绘制图 22.57 所示的横断面草图；采用系统默认的深度方向，在"凸台-

拉伸"对话框 方向1 区域的下拉列表中选择 两侧对称 选项，输入深度值4.0；单击 ✓ 按钮，完成凸台-拉伸6的创建。

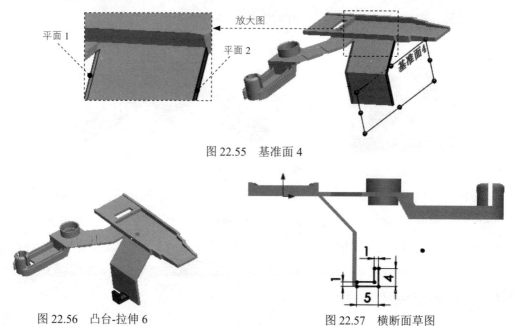

图 22.55　基准面 4

图 22.56　凸台-拉伸 6　　　　　　　图 22.57　横断面草图

Step34. 创建图 22.58 所示的零件特征——凸台-拉伸 7。选择下拉菜单 插入(I) ➡ 凸台/基体(B) ➡ 🗔 拉伸(E)...命令（或单击 🗔 按钮）；选取图 22.58 所示的面为草图基准面；在草图绘制环境中绘制图 22.59 所示的横断面草图；在"凸台-拉伸"对话框 方向1 区域的下拉列表中选择 给定深度 选项，输入深度值 2.0，单击 🔧 按钮；单击 ✓ 按钮，完成凸台-拉伸 7 的创建。

图 22.58　凸台-拉伸 7　　　　　　　图 22.59　横断面草图

Step35. 创建图 22.60 所示的零件特征——凸台-拉伸 8。选择下拉菜单 插入(I) ➡ 凸台/基体(B) ➡ 🗔 拉伸(E)...命令（或单击 🗔 按钮）；选取基准面 4 为草图基准面；在草图绘制环境中绘制图 22.61 所示的横断面草图；在"凸台-拉伸"对话框 方向1 区域的下拉列表中选择 给定深度 选项，输入深度值 2.0；单击 ✓ 按钮，完成凸台-拉伸 8 的创建。

Step36. 创建图 22.62 所示的镜像 3。选择下拉菜单 插入(I) ➡ 阵列/镜向(E) ➡ 📷 镜向(M)...命令；在设计树中选取前视基准面为镜像基准面；在 要镜向的实体(B) 对话框里选中创建的实体；单击"镜向"对话框中的 ✔ 按钮，完成镜像 3 的创建。

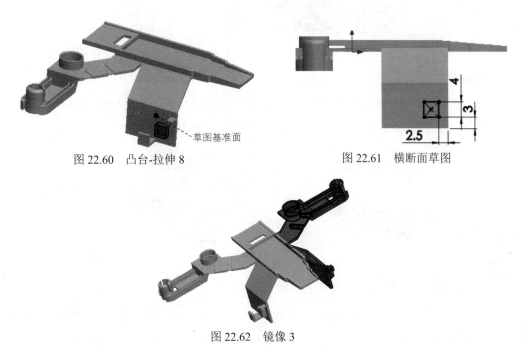

图 22.60　凸台-拉伸 8　　　　　　　　　图 22.61　横断面草图

图 22.62　镜像 3

Step37. 至此，零件模型创建完毕。选择下拉菜单 文件(F) ➡ 📄 保存 (S) 命令，命名为 toy_cover，即可保存零件模型。

实例 **23** 泵 体

实例概述

本实例中使用的特征命令比较简单，主要运用了拉伸、旋转及孔向导等特征命令。在建模时主要注意基准面的选择和孔的定位。该零件模型如图 23.1 所示。

图 23.1 零件模型

Step1. 新建一个零件模型文件，进入建模环境。

Step2. 创建图 23.2 所示的零件基础特征——凸台-拉伸 1。选择下拉菜单 插入(I) ➡ 凸台/基体(B) ➡ 拉伸(E)... 命令；选取前视基准面为草图基准面，在草绘环境中绘制图 23.3 所示的横断面草图；采用系统默认的深度方向，在"凸台-拉伸"对话框 方向1 区域的下拉列表中选择 给定深度 选项，输入深度 105.0；单击 ✓ 按钮，完成凸台-拉伸 1 的创建。

图 23.2 凸台-拉伸 1 图 23.3 横断面草图

Step3. 创建图 23.4 所示的零件特征——切除-拉伸 1。选择下拉菜单 插入(I) ➡ 切除(C) ➡ 拉伸(E)... 命令；选取图 23.5 所示的模型表面为草图基准面，在草绘环境中绘制图 23.6 所示的横断面草图；采用系统默认的切除深度方向，在"切除-拉伸"对话框 方向1 区域的下拉列表中选择 给定深度 选项，输入深度值 90.0；单击对话框中的 ✓ 按钮，完成切除-拉伸 1 的创建。

 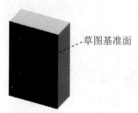 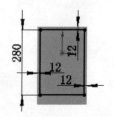

图 23.4 切除-拉伸 1 图 23.5 草图基准面 图 23.6 横断面草图

Step4. 创建图 23.7 所示的零件特征——切除-拉伸 2。选择下拉菜单 插入(I) ➡

切除(C) ➡ 拉伸(E)... 命令。选取右视基准面为草图基准面。在草绘环境中绘制图

23.8 所示的横断面草图。采用系统默认的切除深度方向。在"切除-拉伸"对话框 方向1

和 ☑ 方向2 区域的下拉列表中均选择 完全贯穿 选项。单击对话框中的 ✔ 按钮，完成切除-拉

伸 2 的创建。

图 23.7 切除-拉伸 2

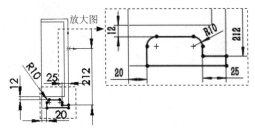

图 23.8 横断面草图

Step5. 创建图 23.9 所示的零件基础特征——凸台-拉伸 2。选择下拉菜单 插入(I) ➡

凸台/基体(B) ➡ 拉伸(E)... 命令。选取图 23.10 所示的模型表面为草图基准面。在草

绘环境中绘制图 23.11 所示的横断面草图。采用系统默认的深度方向。在"凸台-拉伸"对

话框 方向1 区域的下拉列表中选择 给定深度 选项，输入深度值 30.0，并单击 ⚹ 按钮。单击 ✔

按钮，完成凸台-拉伸 2 的创建。

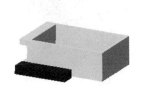

图 23.9 凸台-拉伸 2

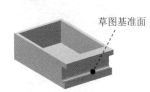

图 23.10 草图基准面

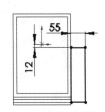

图 23.11 横断面草图

Step6. 创建图 23.12b 所示的"镜像 1"。选择下拉菜单 插入(I) ➡ 阵列/镜向(E)

➡ 镜向(M)... 命令；选取右视基准面为镜像基准面；选择凸台-拉伸 2 为镜像 1 的对

象；单击对话框中的 ✔ 按钮，完成镜像 1 的创建。

a）镜像前

b）镜像后

图 23.12 镜像 1

Step7. 创建图 23.13 所示的零件基础特征——凸台-拉伸 3。选择下拉菜单 插入(I)

➡ 凸台/基体(B) ➡ 拉伸(E)... 命令。选取如图 23.14 所示的模型表面为草图基准

面。在草绘环境中绘制图 23.15 所示的横断面草图。采用系统默认的深度方向。在"凸台-拉伸"对话框 **方向1** 区域的下拉列表中选择 **给定深度** 选项，输入深度值 18.00；在 **☑方向2** 区域的下拉列表中选择 **给定深度** 选项，输入深度值 55.00。单击 **✓** 按钮，完成凸台-拉伸 3 的创建。

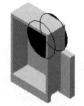
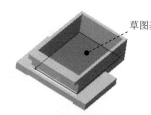

图 23.13　凸台-拉伸 3　　　　图 23.14　草图基准面　　　　图 23.15　横断面草图

Step8. 创建图 23.16 所示的零件特征——切除-拉伸 3。选择下拉菜单 **插入(I)** ➡ **切除(C)** ➡ **拉伸(E)...** 命令。选取如图 23.17 所示的模型表面为草图基准面，在草绘环境中绘制图 23.18 所示的横断面草图。采用系统默认的切除深度方向。在"切除-拉伸"对话框 **方向1** 区域的下拉列表中选择 **完全贯穿** 选项。单击对话框中的 **✓** 按钮，完成切除-拉伸 3 的创建。

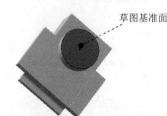

图 23.16　切除-拉伸 3　　　　图 23.17　草图基准面　　　　图 23.18　横断面草图

Step9. 创建图 23.19 所示的零件基础特征——旋转 1。选择下拉菜单 **插入(I)** ➡ **凸台/基体(B)** ➡ **旋转(R)...** 命令；选取如图 23.20 所示的模型表面为草图基准面，在草绘环境中绘制图 23.21 所示的横断面草图；采用草图中绘制的中心线作为旋转轴线；在"旋转"对话框 **方向1** 区域的下拉列表中选择 **给定深度** 选项，采用系统默认的旋转方向，在 **方向1** 区域的 文本框中输入数值 360.0；单击对话框中的 **✓** 按钮，完成旋转 1 的创建。

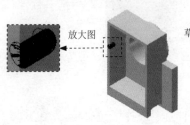
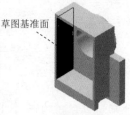
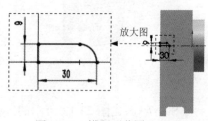

图 23.19　旋转 1　　　　图 23.20　草图基准面　　　　图 23.21　横断面草图

Step10. 创建图 23.22 所示的"阵列(线性)1"。选择下拉菜单 插入(I) ➡ 阵列/镜向(E) ▸ ➡ 线性阵列(L)... 命令，系统弹出 "线性阵列"对话框；选取旋转 1 为阵列的源特征；选择图 23.23 所示的模型边线为方向 1 的参考边线，阵列方向为默认，在 方向1 区域的 文本框中输入数值 105.0，在 文本框中输入数值 2；单击对话框中的 按钮，完成阵列（线性）1 的创建。

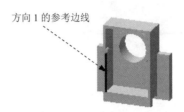

方向 1 的参考边线

图 23.22 阵列（线性）1   图 23.23 选择参考边线

Step11. 创建图 23.24b 所示的 "镜像 2"。选择下拉菜单 插入(I) ➡ 阵列/镜向(E) ▸ ➡ 镜向(M)... 命令。选取右视基准面为镜像基准面。选择旋转 1 和阵列（线性）1 为镜像 2 的对象。单击对话框中的 按钮，完成镜像 2 的创建。

a）镜像前   b）镜像后

图 23.24 镜像 2

Step12. 创建图 23.25 所示的零件基础特征——凸台-拉伸 4。选择下拉菜单 插入(I) ➡ 凸台/基体(B) ➡ 拉伸(E)... 命令。选取图 23.26 所示的模型表面为草图基准面。在草绘环境中绘制图 23.27 所示的横断面草图。在"凸台-拉伸"对话框的 方向1 区域中单击 按钮，采用系统默认方向的反方向为拉伸深度方向，在 方向1 区域的下拉列表中选择 给定深度 选项，输入深度值 15.0，单击 按钮，完成凸台-拉伸 4 的创建。

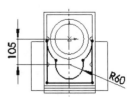

草图基准面

105   R60

图 23.25 凸台-拉伸 4   图 23.26 草图基准面   图 23.27 横断面草图

Step13. 创建图 23.28 所示的零件特征——切除-拉伸 4。选择下拉菜单 插入(I) ➡ 切除(C) ➡ 拉伸(E)... 命令。选取图 23.29 所示的模型表面为草图基准面，在草绘环境中绘制图 23.30 所示的横断面草图（可使用"转换实体引用"命令绘制）。采用系统默认的切除深度方向。在"切除-拉伸 4"对话框的下拉列表中选择 给定深度 选项，输入深度值 7.0，单击对话框中的 ✅ 按钮，完成切除-拉伸 4 的创建。

图 23.28 切除-拉伸 4

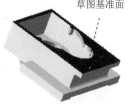
图 23.29 草图基准面

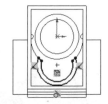
图 23.30 横断面草图

Step14. 创建图 23.31 所示的零件基础特征——旋转 2。选择下拉菜单 插入(I) ➡ 凸台/基体(B) ➡ 旋转(R)... 命令。选取如图 23.32 所示的平面为草图基准面。在草绘环境中绘制图 23.33 所示的横断面草图。采用草图中绘制的中心线作为旋转轴线。在"旋转"对话框 方向1 区域的下拉列表中选择 给定深度 选项，采用系统默认的旋转方向。在 方向1 区域的 文本框中输入数值 360.0。单击对话框中的 ✅ 按钮，完成旋转 2 的创建。

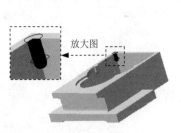
图 23.31 旋转 2

图 23.32 草图基准面

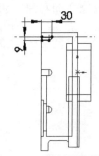
图 23.33 横断面草图

Step15. 创建图 23.34b 所示的"镜像 3"。选择下拉菜单 插入(I) ➡ 阵列/镜向(E) ➡ 镜向(M)... 命令。选取右视基准面为镜像基准面。选择旋转 2 为镜像 3 的参照实体，单击对话框中的 ✅ 按钮，完成镜像 3 的创建。

a）镜像前

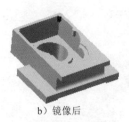
b）镜像后

图 23.34 镜像 3

Step16. 创建图 23.35 所示的零件基础特征——旋转 3。选择下拉菜单 插入(I) ➡ 凸台/基体(B) ➡ 旋转(R)... 命令。选取右视基准面为草图基准面。在草绘环境中绘制图 23.36 所示的横断面草图（应用"转换实体引用"命令绘制草图）。采用草图中绘制的中心线作为旋转轴线。在"旋转"对话框 方向1 区域的下拉列表中选择 给定深度 选项，采用系统默认的旋转方向。在 方向1 区域的 文本框中输入数值 360.0。单击对话框中的 ✓ 按钮，完成旋转 3 的创建。

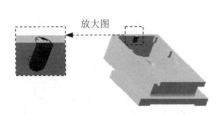

图 23.35 旋转 3

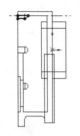

图 23.36 横断面草图

Step17. 创建图 23.37 所示的零件特征——异形孔向导 1。选择下拉菜单 插入(I) ➡ 特征(F) ➡ 孔(H) ➡ 📷 向导(W)... 命令；在"孔规格"对话框中选择 位置 选项卡，选取图 23.38 所示的模型表面为孔的放置面，在单击处将出现孔的预览，在模型表面选定五个旋转体的表面圆心位置作为孔的放置位置；在"孔位置"对话框中选择 类型 选项卡，选择孔"类型"为 （螺纹孔），标准为 Gb ，类型为 底部螺纹孔 ，大小为 M8 ，采用系统默认的深度方向，然后在 终止条件(C) 下拉列表中选择 给定深度 选项，在 后的文本框中输入值 15.0，在"螺纹线"下拉列表中选择 给定深度 (2 * DIA) 选项，在 后的文本框中输入值 12.0；单击对话框中的 ✓ 按钮，完成异形孔向导 1 的创建。

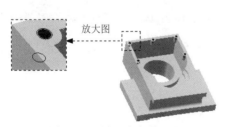

图 23.37 异形孔向导 1

图 23.38 孔的放置面

Step18. 创建图 23.39 所示的草绘图形——草图 14。选择如图 23.40 所示的草图基准面，绘制如图 23.39 所示的草图（草图为两个点，分别为两个旋转体的表面圆心）。

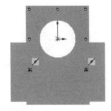

图 23.39 草图 14

图 23.40 草图基准面

Step19. 创建图 23.41 所示的零件特征——异形孔向导 2。选择下拉菜单 插入(I) ➡ 特征(F) ➡ 孔(H) ➡ 向导(W)... 命令；选择草图 14 中的点和图 23.42 所示的三个点为孔的放置位置；选择孔"类型"为 （螺纹孔），标准为 Gb ，类型为 底部螺纹孔 ，大小为 M8 ，采用系统默认的深度方向，然后在 终止条件(C) 下拉列表中选择 给定深度 选项，在 后的文本框中输入值 15.0，在"螺纹线"下拉列表中选择 给定深度 (2*DIA) 选项，在 后的文本框中输入值 12.0；单击对话框中的 按钮，完成异形孔 2 向导的创建。

图 23.41 异形孔 2 向导

图 23.42 创建尺寸

Step20. 创建图 23.43 所示的"基准面 1"。选择下拉菜单 插入(I) ➡ 参考几何体(G) ➡ 基准面(P)... 命令。选择右视基准面为参照实体，采用系统默认的偏移方向，输入偏移距离值 140.0。单击对话框中的 按钮，完成基准面 1 的创建。

图 23.43 基准面 1

Step21. 创建图 23.44 所示的零件特征——切除-旋转 1。选择下拉菜单 插入(I) ➡ 切除(C) ➡ 旋转(R)... 命令；选取基准面 1 为草图基准面，进入草绘环境，绘制图 23.45 所示的横断面草图（包括旋转中心线），选择下拉菜单 插入(I) ➡ 退出草图 命令，退出草绘环境，系统弹出"切除-旋转"对话框；采用草图中绘制的中心线为旋转轴线；在"切除-旋转"对话框 方向1 区域的下拉列表中选择 给定深度 选项，采用系统默认的旋转方向，在 方向1 区域的 文本框中输入数值 360.0；单击对话框中的 按钮，完成切除-旋转 1 的创建。

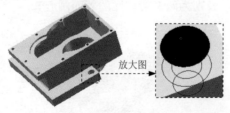

图 23.44 切除-旋转 1

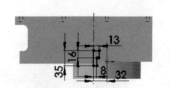

图 23.45 横断面草图

Step22. 创建图 23.46 所示的"阵列（线性)2"。选择下拉菜单 插入(I) ➡️ 阵列/镜向(E)

➡️ 线性阵列(L)... 命令，系统弹出 "线性阵列"对话框；选取切除-旋转1为阵列的源特征；选择图 23.47 所示的模型边线为方向 1 的参考边线，阵列方向为默认方向，在 方向1 区域中单击 按钮，并在 文本框中输入数值 150.0，在 文本框中输入数值 2；单击对话框中的 按钮，完成阵列（线性）2 的创建。

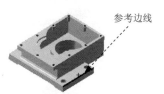
参考边线

图 23.46 阵列（线性）2   图 23.47 定义参考边线

Step23. 创建图 23.48b 所示的"镜像 4"。选择下拉菜单 插入(I) ➡️ 阵列/镜向(E)

➡️ 镜向(M)... 命令，选取右视基准面为镜像基准面，选择切除-旋转1及阵列（线性）2 作为镜像 4 的对象，单击对话框中的 按钮，完成镜像 4 的创建。

a）镜像前   b）镜像后

图 23.48 镜像 4

Step24. 创建图 23.49 所示的零件特征——异形孔向导 3。选择下拉菜单 插入(I) ➡️

特征(F) ➡️ 孔(H) ➡️ 向导(W)... 命令；在"孔规格"对话框中选择 位置 选项卡，选取图 23.50 所示的模型表面为孔的放置面，在单击处将出现孔的预览，在"草图"工具栏中单击 按钮，建立如图 23.51 所示的尺寸约束；在"孔位置"对话框中选择 类型 选项卡，选择孔"类型"为 （螺纹孔），标准为 GB，类型为 螺纹孔，大小为 M10，采用系统默认的深度方向，然后在 终止条件(C) 下拉列表中选择 给定深度 选项，在 后的文本框中输入值 18.0，在"螺纹线"下拉列表中选择 给定深度 (2 *DIA) 选项，在 后的文本框中输入值 17.0。

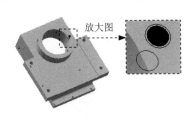
放大图

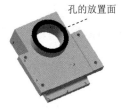
孔的放置面

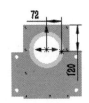
72
120

图 23.49 异形孔向导 3   图 23.50 定义孔的放置面   图 23.51 创建尺寸

Step25. 创建图 23.52b 所示的"阵列（圆周）1"。选择下拉菜单 插入(I) ➡

阵列/镜向(E) ➡ 圆周阵列(C)…命令，系统弹出"圆周阵列"对话框；选择异形向导

孔 3 特征为阵列的源特征；选择下拉菜单 视图(V) ➡ 临时轴(X)命令，显示临时轴，

选取切除-拉伸 3 的临时轴为阵列轴，在 参数(P) 区域中的 按钮后的文本框中输入数值90，

在 按钮后的文本框中输入数值4；单击对话框中的 按钮，完成阵列（圆周）1的创建。

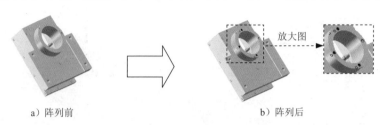

a）阵列前　　　　　　　　　　b）阵列后

图 23.52　阵列（圆周）1

Step26. 创建图 23.53 所示的零件特征——切除-拉伸 5。选择下拉菜单 插入(I) ➡

切除(C) ➡ 拉伸(E)…命令。选取图 23.54 所示的模型表面为草图基准面，在草绘环

境中绘制图 23.55 所示的横断面草图。采用系统默认的切除深度方向。在"切除-拉伸 5"

对话框 方向1 区域的下拉列表中选择 完全贯穿 选项，单击"拔模"按钮 ，在文本框中输入

拔模角 2.0，选中 向外拔模(O) 复选框，单击对话框中的 按钮，完成切除-拉伸 5的创建。

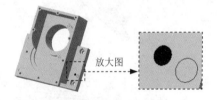　　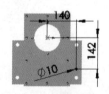

图 23.53　切除-拉伸 5　　　图 23.54　草图基准面　　　图 23.55　横断面草图

Step27. 创建图 23.56b 所示的"镜像 5"。选择下拉菜单 插入(I) ➡ 阵列/镜向(E)

➡ 镜向(M)…命令，选取右视基准面为镜像基准面，选择切除-拉伸 5 为镜像 5 的参

照对象，单击对话框中的 按钮，完成镜像 5 的创建。

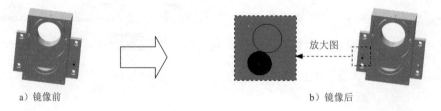

a）镜像前　　　　　　　　　　　　b）镜像后

图 23.56　镜像 5

Step28. 后面的详细操作过程请参见随书光盘中 video\ch23\reference 文件下的语音视

频讲解文件 pump_box-r01.exe。

实例 **24** 电风扇底座

实例概述

本实例讲解了电风扇底座的设计过程，该设计过程主要应用了拉伸、使用曲面切除、圆角、扫描和镜像命令。其中变倒角的创建较为复杂，需要读者仔细体会。零件模型及设计树如图 24.1 所示。

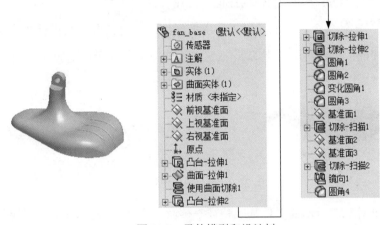

图 24.1 零件模型和设计树

Step1. 新建模型文件。选择下拉菜单 文件(F) ➡ 新建(N)... 命令，在系统弹出的"新建 SolidWorks 文件"对话框中选择"零件"模块，单击 确定 按钮，进入建模环境。

Step2. 创建图 24.2 所示的零件基础特征——凸台-拉伸 1。选择下拉菜单 插入(I) ➡ 凸台/基体(B) ➡ 拉伸(E)... 命令。选取上视基准面作为草图基准面，绘制图 24.3 所示的横断面草图；在"凸台-拉伸"对话框 方向1 区域的下拉列表中选择 给定深度 选项，输入深度值 50.0。

图 24.2 凸台-拉伸 1

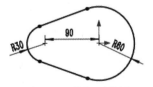

图 24.3 横断面草图

Step3. 创建如图 24.4 所示的"曲面-拉伸 1"。选择下拉菜单 插入(I) ➡ 曲面(S) ➡ 拉伸曲面(E)... 命令；选取前视基准面作为草图平面，绘制如图 24.5 所示的横断面草图。采用系统默认的深度方向；在 方向1 区域的下拉列表中选择 两侧对称 选项，在 后的文本框中输入值 150.0。

图 24.4　曲面-拉伸 1

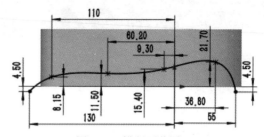

图 24.5　横断面草图

Step4. 添加图 24.6b 所示的"使用曲面切除 1"。选择下拉菜单 插入(I) ➡ 切除(C) ➡ 使用曲面(W) 命令，系统弹出"使用曲面切除"对话框；在设计树中选择拉伸-曲面 1 作为切除曲面；单击对话框中的 ✔ 按钮，完成使用曲面切除 1 的创建。

　　a）切除前　　　　　　　　　　　　　　　b）切除后

图 24.6　使用曲面切除 1

Step5. 创建图 24.7 所示的零件基础特征——凸台-拉伸 2。选择下拉菜单 插入(I) ➡ 凸台/基体(B) ➡ 拉伸(E)...命令。选取前视基准面作为草图基准面，绘制图 24.8 所示的横断面草图；在"凸台-拉伸"对话框 方向1 区域的下拉列表中选择 两侧对称 选项，输入深度值 25.0。

图 24.7　凸台-拉伸 2

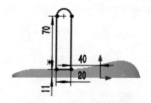

图 24.8　横断面草图

Step6. 创建图 24.9 所示的零件特征——切除-拉伸 1。选择下拉菜单 插入(I) ➡ 切除(C) ➡ 拉伸(E)...命令。选取前视基准面作为草图基准面，绘制图 24.10 所示的横断面草图。在"切除-拉伸"对话框 方向1 区域的下拉列表中选择 完全贯穿 选项，并单击 ⤢ 按钮。

图 24.9　切除-拉伸 1

图 24.10　横断面草图

Step7. 创建图 24.11 所示的零件特征——切除-拉伸 2。选择下拉菜单 插入(I) ▶

切除(C) ▶ 拉伸(E)... 命令。选取前视基准面作为草图基准面，绘制图 24.12 所示的

横断面草图。在"切除-拉伸"对话框 方向1 区域的下拉列表中选择 完全贯穿 选项。

图 24.11 切除-拉伸 2

图 24.12 横断面草图

Step8. 创建如图 24.13b 所示的"圆角 1"（完整圆角）。选择下拉菜单 插入(I) ▶

特征(F) ▶ 圆角(U)... 命令。在"圆角"对话框的 圆角类型(Y) 区域中单击 选项。

选择如图 24.13a 所示的面 1 作为边侧面组 1。在"圆角"对话框的 圆角参数(P) 区域单击激活

"中央面组"文本框，然后选择如图 24.13a 所示的面 2 作为中央面组。单击激活"边侧面

组 2"文本框，然后选择如图 24.13a 所示的面 3 作为边侧面组 2。

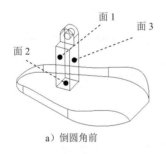

a）倒圆角前

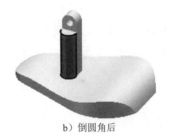

b）倒圆角后

图 24.13 圆角 1

Step9. 创建图 24.14b 所示的"圆角 2"。选择图 24.14a 所示的边线为倒圆角对象，圆

角半径值为 5.0。

a）倒圆角前

b）倒圆角后

图 24.14 圆角 2

Step10. 创建图 24.15 所示的"变化圆角 1"。选择下拉菜单 插入(I) ▶ 特征(F) ▶

圆角(F)... 命令。在"圆角"对话框中 手工 选项卡的 圆角类型(Y) 区域中单击 选项。

设置图 24.16 所示的半径值。

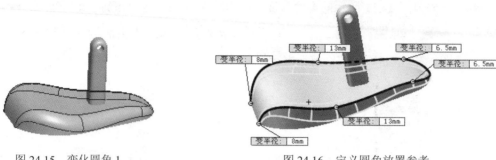

图 24.15　变化圆角 1　　　　　　　图 24.16　定义圆角放置参考

Step11. 创建图 24.17b 所示的"圆角 3"。选择图 24.17a 所示的边线为倒圆角对象，圆角半径值为 35.0。

此边线为倒圆角对象

a）倒圆角前　　　　　　　　　　　　　　　　　　b）倒圆角后

图 24.17　圆角 3

Step12. 创建图 24.18 所示的草图 6。选择下拉菜单 插入(I) ➙ 草图绘制 命令。选取前视基准面为草图基准面。绘制图 24.18 所示的草图 6。

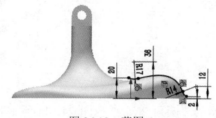

图 24.18　草图 6

Step13. 创建图 24.19 所示的"基准面 1"。选择下拉菜单 插入(I) ➙ 参考几何体(G) ➙ 基准面(P)... 命令。选取草图 6 以及图 24.19 所示的点，单击 ✔ 按钮，完成基准面 1 的创建。

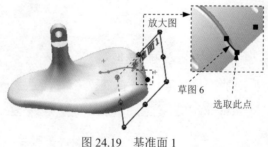

放大图

草图 6

选取此点

图 24.19　基准面 1

Step14. 创建图 24.20 所示的草图 7。选择下拉菜单 插入(I) ➙ 草图绘制 命令。选取基准面 1 为草图基准面，绘制图 24.20 所示的草图 7。

Step15. 创建图 24.21 所示的零件特征——切除-扫描 1。选择下拉菜单 [插入(I)] ➡ [切除(C)] ➡ [扫描(S)]... 命令。选取草图 7 为轮廓线。选取草图 6 为路径。

图 24.20　草图 7

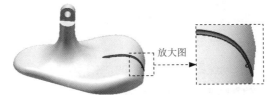

图 24.21　切除-扫描 1

Step16. 创建图 24.22 所示的"基准面 2"。选择下拉菜单 [插入(I)] ➡ [参考几何体(G)] ➡ [基准面(P)]... 命令。选取前视基准面为参考实体，采用系统默认的偏移方向，输入偏移距离值 20.0。单击 ✔ 按钮，完成基准面 2 的创建。

a）创建前　　　　　　　　　　　　　　b）创建后

图 24.22　基准面 2

Step17. 创建图 24.23 所示的草图 8。选择下拉菜单 [插入(I)] ➡ [草图绘制] 命令。选取基准面 2 为草图基准面。绘制图 24.23 所示的草图 8（显示原点）。

Step18. 创建图 24.24 所示的"基准面 3"。选择下拉菜单 [插入(I)] ➡ [参考几何体(G)] ➡ [基准面(P)]... 命令。选取草图 8 及图 24.24 所示的点，单击 ✔ 按钮，完成基准面 3 的创建。

图 24.23　草图 8

图 24.24　基准面 3

Step19. 创建图 24.25 所示的草图 9。选择下拉菜单 [插入(I)] ➡ [草图绘制] 命令。选取基准面 3 为草图基准面。绘制图 24.25 所示的草图 9。

Step20. 创建图 24.26 所示的零件特征——切除-扫描 2。选择下拉菜单 [插入(I)] ➡ [切除(C)] ➡ [扫描(S)]... 命令。选取草图 9 为轮廓线，选取草图 8 为路径。

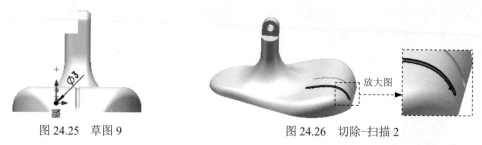

图 24.25　草图 9　　　　　　　　　　　　　　图 24.26　切除-扫描 2

Step21. 创建图 24.27 所示的"镜像 1"。选择下拉菜单 插入(I) ➡ 阵列/镜向(E) ➡ 镜向(M)...命令。选取前视基准面作为镜像基准面，选取切除-扫描 2 作为镜像 1 的对象。

a) 镜像前　　　　　　　　　　　　　　　　　b) 镜像后

图 24.27　镜像 1

Step22. 创建图 24.28b 所示的"圆角 4"。选择图 24.28a 所示的边线为倒圆角对象，圆角半径值为 2.0。

此边线为倒圆角对象

a) 倒圆角前　　　　　　　　　　　　　　　　b) 倒圆角后

图 24.28　圆角 4

Step23. 保存模型。选择下拉菜单 文件(F) ➡ 保存(S)命令，将模型命名为 fan_base，保存模型。

实例 **25** 充 电 器

实例概述

本实例主要运用了拉伸曲面、缝合、剪裁、镜像、抽壳和实体化等特征命令，在进行实体化特征操作时，注意实体化的曲面必须是封闭的，否则会导致无法实体化。零件模型如图 25.1 所示。

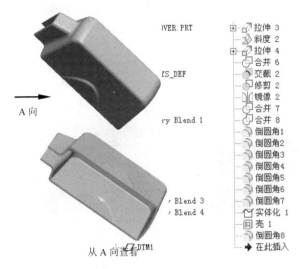

图 25.1 零件模型

Step1. 新建模型文件。选择下拉菜单 文件(F) ➡ 新建(N)... 命令，在系统弹出的"新建 SolidWorks 文件"对话框中选择"零件"模块，单击 确定 按钮，进入建模环境。

Step2. 创建图 25.2 所示的"曲面-拉伸 1"。选择下拉菜单 插入(I) ➡ 曲面(S) ➡ 拉伸曲面(E)... 命令；选取上视基准面为草图平面，绘制图 25.3 所示的横断面草图。采用系统默认的深度方向；在 方向1 区域的下拉列表中选择 给定深度 选项，在 D1 后的文本框中输入值 35.0，单击 按钮并在其后的文本框中输入值 5。

图 25.2 曲面-拉伸 1

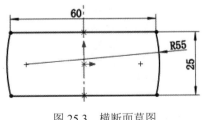

图 25.3 横断面草图

Step3. 创建图 25.4 所示的"曲面-拉伸 2"。选择下拉菜单 插入(I) ➡ 曲面(S) ➡ 拉伸曲面(E)... 命令；选取前视基准面为草图平面，绘制图 25.5 所示的横断面草图。

采用系统默认的深度方向；在 方向1 区域的下拉列表中选择 两侧对称 选项，在 $\langle$D1 后的文本框中输入值 10.0。

图 25.4 曲面-拉伸 2

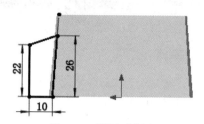

图 25.5 横断面草图

Step4. 创建图 25.6 所示的"曲面-基准面 1"。选择下拉菜单 插入(I) ➡ 曲面(S) ➡ 平面区域(P)... 命令，系统弹出"平面"对话框。选取如图 25.7 所示的边线为边界实体，单击 ✔ 按钮，完成曲面-基准面 1 的创建。

Step5. 创建图 25.8 所示的"曲面-基准面 2"。详细过程参照 Step4。

图 25.6 创建曲面-基准面 1

图 25.7 定义边界实体

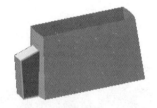

图 25.8 创建曲面-基准面 2

Step6. 创建"曲面-缝合 1"。选择下拉菜单 插入(I) ➡ 曲面(S) ➡ 缝合曲面(K)... 命令，系统弹出"缝合曲面"对话框；在设计树中选取曲面-拉伸 2、曲面-基准面 1 和曲面-基准面 2 作为缝合对象。

Step7. 创建图 25.9 所示的"曲面-剪裁 1"。选择下拉菜单 插入(I) ➡ 曲面(S) ➡ 剪裁曲面(T)... 命令，系统弹出"曲面剪裁"对话框。在 剪裁类型(T) 区域选择 ⊙ 相互(M) 单选按钮，在设计树中选取曲面-拉伸 1 和曲面-缝合 1 作为剪裁曲面，选取图 25.10 所示的曲面作为保留部分；其他参数采用系统默认的设置。单击 ✔ 按钮，完成曲面-剪裁 1 的创建。

图 25.9 创建曲面-剪裁 1

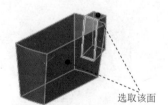

选取该面

图 25.10 保留曲面

Step8. 创建图 25.11 所示的"曲面-基准面 3"。详细过程参照 Step4。

Step9. 创建图 25.12 所示的"曲面-基准面 4"。详细过程参照 Step4。

图 25.11 创建曲面-基准面 3

图 25.12 创建曲面-基准面 4

Step10. 创建图 25.13 所示的"曲面-缝合 2"。选择下拉菜单 插入(I) ➡️ 曲面(S)

➡️ 缝合曲面(K)... 命令，系统弹出"缝合曲面"对话框；在设计树中选取如图 25.14 所示的曲面为缝合对象。

图 25.13 创建曲面-缝合 2

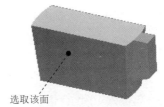

选取该面

图 25.14 定义缝合曲面

Step11. 创建图 25.15 所示的"基准面 1"。选择下拉菜单 插入(I) ➡️ 参考几何体(G)

➡️ 基准面(P)... 命令。选取前视基准面和图 25.16 所示的边线为参考实体，单击 ✔ 按钮，完成基准面 1 的创建。

图 25.15 基准面 1

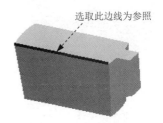

选取此边线为参照

图 25.16 定义参照边

Step12. 创建如图 25.17 所示的"曲面-拉伸 3"。选择下拉菜单 插入(I) ➡️ 曲面(S)

➡️ 拉伸曲面(E)... 命令；选取基准面 1 为草图平面，绘制如图 25.18 所示的横断面草图。采用系统默认的深度方向；在 方向1 区域的下拉列表中选择 给定深度 选项，在 后的文本框中输入值 40.0，单击 按钮并在其后的文本框中输入值 30。

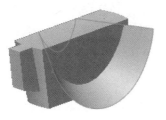

图 25.17 曲面-拉伸 3

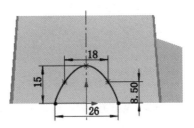

图 25.18 横断面草图

Step13. 创建图 25.19 所示的"曲面-拉伸 4"。选择下拉菜单 插入(I) → 曲面(S) → 拉伸曲面(E)… 命令；选取上视基准面为草图平面，绘制如图 25.20 所示的横断面草图。采用系统默认的深度方向；在 方向1 区域的下拉列表中选择 给定深度 选项，在 ⟨🗘 后的文本框中输入值 22.0。

图 25.19 曲面-拉伸 4

图 25.20 横断面草图

Step14. 创建图 25.21 所示的"曲面-剪裁 2"。选择下拉菜单 插入(I) → 曲面(S) → 剪裁曲面(T)… 命令，系统弹出"曲面剪裁"对话框。在 剪裁类型(T) 区域选择 ⊙ 相互(M) 单选按钮，在设计树中选取曲面-拉伸 3 和曲面-拉伸 4 作为剪裁曲面，选取图 25.22 所示的曲面作为保留部分；其他参数采用系统默认的设置。单击 ✅ 按钮，完成曲面-剪裁 2 的创建。

图 25.21 创建曲面-剪裁 2

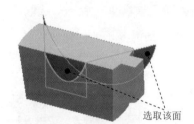

图 25.22 保留曲面

Step15. 创建图 25.23 所示的"曲面-剪裁 3"。选择下拉菜单 插入(I) → 曲面(S) → 剪裁曲面(T)… 命令，系统弹出"曲面剪裁"对话框。在 剪裁类型(T) 区域选择 ⊙ 相互(M) 单选按钮，在设计树中选取曲面-缝合 2 和曲面-剪裁 2 作为剪裁曲面，选取图 25.24 所示的曲面作为保留部分；其他参数采用系统默认的设置。单击 ✅ 按钮，完成曲面-剪裁 3 的创建。

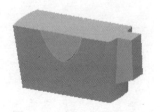

图 25.23 创建曲面-剪裁 3

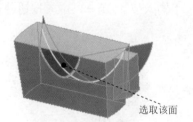

图 25.24 保留曲面

Step16. 创建图 25.25 所示的"镜像 1"。选择下拉菜单 插入(I) → 阵列/镜向(E)

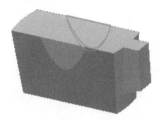 镜向(M)...命令。选取前视基准面作为镜像基准面,选取曲面-剪裁 3 作为镜像 1 的对象。单击 ✔ 按钮,完成镜像 1 的创建。

图 25.25 镜像 1

Step17. 创建图 25.26 所示的"曲面-剪裁 4"。选择下拉菜单 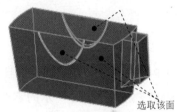 插入(I) ➡ 曲面(S) ➡ 剪裁曲面(T)...命令,系统弹出"曲面剪裁"对话框。在 剪裁类型(T) 区域选择 ⊙ 相互(M) 单选按钮,在设计树中选取曲面-缝合 2、镜像 1、曲面-剪裁 3 作为剪裁曲面,选取如图 25.27 所示的曲面组(外表面)作为保留部分;其他参数采用系统默认的设置。单击 ✔ 按钮,完成曲面-剪裁 4 的创建。

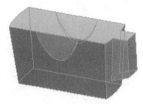

图 25.26 创建曲面-剪裁 4

选取该面

图 25.27 保留曲面

Step18. 后面的详细操作过程请参见随书光盘中 video\ch25\reference 文件下的语音视频讲解文件 charger_cover-r01.exe。

实例 **26** 减速箱底座

实例概述

本实例是一个减速箱底座模型，主要运用了拉伸、切除-拉伸、圆角以及异形孔向导等特征命令，注意体会其中"异型孔向导"特征中孔位置的创建方法和技巧。该零件模型如图 26.1 所示。

图 26.1　零件模型

Step1. 新建一个零件模型文件，进入建模环境。

Step2. 创建图 26.2 所示的零件基础特征——凸台-拉伸 1。选择下拉菜单 插入(I) ➤ 凸台/基体(B) ➤ 拉伸(E)... 命令；选取前视基准面为草图基准面，在草绘环境中绘制图 26.3 所示的横断面草图；采用系统默认的深度方向，在"凸台-拉伸"对话框 方向1 区域的下拉列表中选择 两侧对称 选项，输入深度值 320.0；单击 ✓ 按钮，完成凸台-拉伸 1 的创建。

图 26.2　凸台-拉伸 1

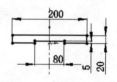

图 26.3　横断面草图

Step3. 创建图 26.4 所示的零件特征——凸台-拉伸 2。选择下拉菜单 插入(I) ➤ 凸台/基体(B) ➤ 拉伸(E)... 命令；选取右视基准面为草图基准面，在草绘环境中绘制图 26.5 所示的横断面草图；采用系统默认的深度方向，在"凸台-拉伸"对话框 方向1 区域的下拉列表中选择 两侧对称 选项，输入深度值 120.0；单击 ✓ 按钮，完成凸台-拉伸 2 的创建。

图 26.4　凸台-拉伸 2

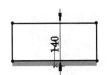

图 26.5　横断面草图

Step4. 创建图 26.6 所示的零件基础特征——凸台-拉伸 3。选择下拉菜单 插入(I) ➡

凸台/基体(B) ➡ 拉伸(E)... 命令；选取图 26.7 所示的模型表面为草图基准面，在草绘环境中绘制图 26.8 所示的横断面草图；采用系统默认的拉伸深度方向，在"凸台-拉伸"对话框 方向1 区域的下拉列表中选择 给定深度 选项，输入深度值 15.0；单击 ✓ 按钮，完成凸台-拉伸 3 的创建。

图 26.6　凸台-拉伸 3

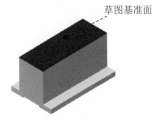

图 26.7　草图基准面

图 26.8　横断面草图

Step5. 创建图 26.9 所示的零件基础特征——旋转 1。选择下拉菜单 插入(I) ➡

凸台/基体(B) ➡ 旋转(R)... 命令；选取右视基准面为草图基准面，在草绘环境中绘制图 26.10 所示的横断面草图；采用草图中绘制的竖直中心线为旋转轴线；在"旋转"对话框 方向1 区域的下拉列表中选择 给定深度 选项，采用系统默认的旋转方向，在 方向1 区域的 文本框中输入数值 360.0；单击对话框中的 ✓ 按钮，完成旋转 1 的创建。

图 26.9　旋转 1

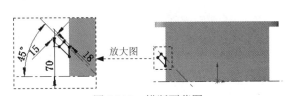

图 26.10　横断面草图

Step6. 创建图 26.11 所示的零件特征——切除-拉伸 1。选择下拉菜单 插入(I) ➡

切除(C) ➡ 拉伸(E)... 命令；选取右视基准面为草图基准面，在草绘环境中绘制图 26.12 所示的横断面草图；在"切除-拉伸"对话框 方向1 区域的下拉列表中选择 两侧对称 选项，输入深度值 100.0；单击对话框中的 ✓ 按钮，完成切除-拉伸 1 的创建。

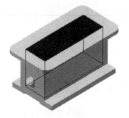

图 26.11　切除-拉伸 1

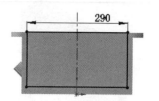

图 26.12　横断面草图

Step7. 创建图 26.13 所示的零件特征——切除-拉伸 2。选择下拉菜单 插入(I) ➡ 切除(C) ➡ 拉伸(E)... 命令；选取右视基准面作为草图基准面，在草绘环境中绘制图 26.14 所示的横断面草图；采用系统默认的切除深度方向，在"切除-拉伸"对话框 方向1 区域的下拉列表中选择 完全贯穿 选项，在 方向2 区域的下拉列表中选择 完全贯穿 选项；单击对话框中的 ✅ 按钮，完成切除-拉伸 2 的创建。

图 26.13　切除-拉伸 2

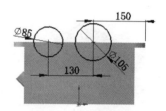

图 26.14　横断面草图

Step8. 创建图 26.15 所示的零件特征——凸台-拉伸 4。选择下拉菜单 插入(I) ➡ 凸台/基体(B) ➡ 拉伸(E)... 命令。选取图 26.16 所示的模型表面为草图基准面，在草绘环境中绘制图 26.17 所示的横断面草图，单击"凸台-拉伸"对话框中的 ↗ 按钮，反转深度方向，在 方向1 区域的下拉列表中选择 成形到下一面 选项，单击 ✅ 按钮，完成凸台-拉伸 4 的创建。

图 26.15　凸台-拉伸 4

草图基准面

图 26.16　草图基准面

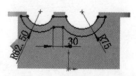

图 26.17　横断面草图

Step9. 创建图 26.18b 所示的"镜像 1"。选择下拉菜单 插入(I) ➡ 阵列/镜向(E) ➡ 镜向(M)... 命令；选择凸台-拉伸 4 作为镜像 1 的对象，在设计树中选取右视基准面为镜像基准面；单击对话框中的 ✅ 按钮，完成镜像 1 的创建。

Step10. 创建图 26.19 所示的"基准面 1"。选择下拉菜单 插入(I) ➡ 参考几何体(G) ➡ 基准面(P)... 命令，系统弹出"基准面"对话框；选取上视基准面为参考实体，采用系统默认的偏移方向，在"基准面"对话框中输入偏移距离值 120.0；单击对话框中的按钮，完成基准面 1 的创建。

a）镜像前

b）镜像后

图 26.18　镜像 1

图 26.19　基准面 1

Step11. 创建图 26.20 所示的零件特征——凸台-拉伸 5。选择下拉菜单 插入(I) ➡ 凸台/基体(B) ➡ 拉伸(E)... 命令。选取基准面 1 为草图基准面，在草绘环境中绘制图 26.21 所示的横断面草图，采用系统默认的深度方向，在"凸台-拉伸"对话框 方向1 区域的下拉列表中选择 成形到下一面 选项，单击 按钮，完成凸台-拉伸 5 的创建。

图 26.20　凸台-拉伸 5

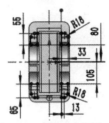
图 26.21　横断面草图

Step12. 创建图 26.22 所示的零件特征——切除-拉伸 3。 选择下拉菜单 插入(I) ➡ 切除(C) ➡ 拉伸(E)... 命令，选取图 26.22 所示的草图基准面，在草绘环境中绘制图 26.23 所示的横断面草图（有四个圆的圆心与上一步创建的拉伸特征中的圆弧同心），采用系统默认的切除深度方向，在"切除-拉伸"对话框 方向1 区域的下拉列表中选择 给定深度 选项，输入深度值 60.0，单击对话框中的 按钮，完成切除-拉伸 3 创建。

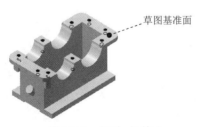
图 26.22　切除-拉伸 3

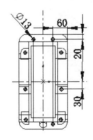
图 26.23　横断面草图

Step13. 创建图 26.24 所示的零件特征——凸台-拉伸 6。选择下拉菜单 插入(I) ➡ 凸台/基体(B) ➡ 拉伸(E)... 命令。选取右视基准面为草图基准面，在草绘环境中绘制图 26.25 所示的横断面草图，采用系统默认的深度方向，在"凸台-拉伸"对话框 方向1 区域的下拉列表中选择 两侧对称 选项，输入深度值 10.0，单击 按钮，完成凸台-拉伸 6 的创建。

图 26.24　凸台-拉伸 6

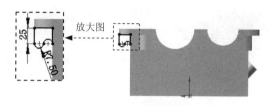

图 26.25　横断面草图

Step14. 创建图 26.26b 所示的"镜像 2"。选择下拉菜单 插入(I) ➡ 阵列/镜向(E) ➡ 镜向(M)... 命令；选择凸台-拉伸 6 作为镜像 2 的对象，在设计树中选取前视基准面为镜像基准面；单击对话框中的 ✓ 按钮，完成镜像 2 的创建。

a）镜像前　　　　　　　　　　　　　b）镜像后

图 26.26　镜像 2

Step15. 创建图 26.27 所示的零件特征——凸台-拉伸 7。选择下拉菜单 插入(I) ➡ 凸台/基体(B) ➡ 拉伸(E)... 命令。选取图 26.28 所示的模型表面为草图基准面，在草绘环境中绘制图 26.29 所示的横断面草图，采用系统默认的拉伸深度方向，在"凸台-拉伸"对话框 方向1 区域的下拉列表中选择 给定深度 选项，输入深度值 5.0，单击 ✓ 按钮，完成凸台-拉伸 7 的创建。

图 26.27　凸台-拉伸 7

图 26.28　草图基准面

图 26.29　横断面草图

Step16. 创建图 26.30 所示的零件特征——异形孔向导 1。选择下拉菜单 插入(I) ➡ 特征(F) ➡ 孔(H) ➡ 向导(W)... 命令；在"孔规格"对话框中选择 位置 选项卡，选取图 26.31 所示的模型表面为孔的放置面，在"草图"工具栏中选择 ✓ 按钮，选择图 26.32 所示的点（拉伸 7 的表面圆心）为孔的放置点；在"孔位置"对话框中选择 类型 选项卡，选择孔"类型"为 （螺纹孔），标准为 GB，类型为 螺纹孔，大小为 M16x1.5，采用系统默认的深度方向，然后在 **终止条件(C)** 下拉列表中选择 给定深度 选项，在 后的文本框中输入值 38.00，在 "螺纹线" 下拉列表中选择 给定深度 (2 * DIA) 选项，在 后的文本框中输入值 35.00；单击对话框中的 按钮，完成异形孔向导 1 的创建。

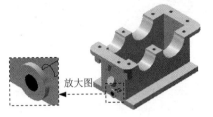

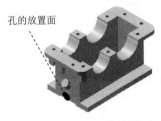

孔的放置面

放大图

图 26.30　异形孔向导 1　　　图 26.31　定义孔的放置面　　　图 26.32　创建约束

Step17. 创建图 26.33 所示的零件特征——异形孔向导 2。选择下拉菜单 **插入(I)** ➡ **特征(F)** ➡ **孔(H)** ➡ 向导(W)... 命令；在 "孔规格" 对话框中选择 位置 选项卡，选取图 26.34 所示的模型表面为孔的放置面，在 "草图" 工具栏中单击 按钮，选择图 26.35 所示的点（旋转 1 的表面圆心）为孔的放置点；在 "孔位置" 对话框中选择 类型 选项卡，选择孔 "类型" 为 （柱形沉头孔），标准为 GB，类型为 Hex head bolts GB/T5782- ，大小为 M12，配合为 正常，采用系统默认的深度方向，然后在 终止条件(C) 下拉列表中选择 给定深度 选项，在 后的文本框中输入值 60.00；单击对话框中的 按钮，完成异形孔向导 2 的创建。

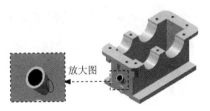

孔的放置面

放大图

图 26.33　异形孔向导 2　　　图 26.34　定义孔的放置面　　　图 26.35　创建约束

Step18. 创建图 26.36 所示的零件特征——异形孔向导 3。选择下拉菜单 **插入(I)** ➡ **特征(F)** ➡ **孔(H)** ➡ 向导(W)... 命令；在 "孔规格" 对话框中选择 位置 选项卡，选取图 26.37 所示的模型表面为孔的放置面，在 "草图" 工具栏中单击 按钮，选择图 26.38 所示的点为孔的放置点；在 "孔位置" 对话框中选择 类型 选项卡，选择孔 "类型" 为 （螺纹孔），标准为 GB，类型为 螺纹孔，大小为 M8x1.0，采用系统默认的深度方向，然后在 终止条件(C) 下拉列表中选择 给定深度 选项，在 后的文本框中输入值 20.00，在 "螺纹线" 下拉列表中选择 给定深度 (2 * DIA) 选项，在 后的文本框中输入值 16.00；单击对话框中的 按钮，完成异形孔向导 3 的创建。

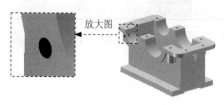

图 26.36　异形孔向导 3

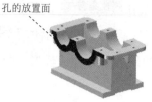

图 26.37　定义孔的放置面

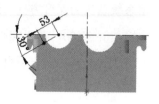

图 26.38　创建约束

Step19. 创建图 26.39b 所示的"阵列（圆周）1"。选择下拉菜单 插入(I) ➡️ 阵列/镜向(E) ➡️ 🧩 圆周阵列(C)...命令，系统弹出"圆周阵列"对话框；选择异形孔向导 3 特征作为阵列的源特征；选择下拉菜单 视图(V) ➡️ 🔩 临时轴(X)命令，选择如图 26.39a 所示的临时轴为阵列基准轴，在 参数(P) 区域中 📐 按钮后的文本框中输入数值 60，在 🔲 按钮后的文本框中输入数值 3；单击对话框中的 ✅ 按钮，完成阵列（圆周）1 的创建。

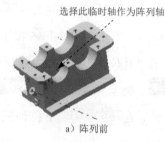

选择此临时轴作为阵列轴

a）阵列前

b）阵列后

图 26.39　阵列（圆周）1

Step20. 创建图 26.40 所示的零件特征——异形孔向导 4。选择下拉菜单 插入(I) ➡️ 特征(F) ➡️ 孔(H) ➡️ 🔩 向导(W)...命令；在"孔规格"对话框中选择 🔲 位置 选项卡，选取图 26.41 所示的模型表面为孔的放置面，在"草图"工具栏中单击 ✏️ 按钮，选择图 26.42 所示的点为孔的放置点；在"孔位置"对话框中选择 🔲 类型 选项卡，选择孔"类型"为 🔲 （螺纹孔），标准为 GB ，类型为 螺纹孔 ，大小为 M8x1.0 ，采用系统默认的深度方向，然后在 终止条件(C)下拉列表中选择 给定深度 选项，在 🔲 后的文本框中输入值 20.00，在"螺纹线"下拉列表中选择 给定深度 (2 * DIA) 选项，在 🔲 后的文本框中输入值 16.00；单击对话框中的 ✅ 按钮，完成异形孔向导 4 的创建。

图 26.40　异形孔向导 4

孔的放置面

图 26.41　定义孔的放置面

图 26.42　创建约束

Step21. 创建图 26.43b 所示的"阵列（圆周）2"。选择下拉菜单 插入(I) ➡️ 阵列/镜向(E) ➡️ 🧩 圆周阵列(C)...命令，系统弹出"圆周阵列"对话框；选择异形孔向导 4 特征为阵列的源特征；选择下拉菜单 视图(V) ➡ 临时轴(X) 命令，选择图 26.43a 所示的临时轴为阵列基准轴。在 参数(P) 区域中 按钮后的文本框中输入数值 60，在 按钮后的文本框中输入数值 3；单击对话框中的 按钮，完成阵列（圆周）2 的创建。

a）阵列前   b）阵列后

图 26.43 阵列（圆周）2

Step22. 创建图 26.44b 所示的"镜像 3"。选择下拉菜单 插入(I) ➡ 阵列/镜向(E) ➡ 镜向(M)... 命令；选择异形孔向导 3、异形孔向导 4、阵列（圆周）2 和阵列（圆周）1 作为镜像 3 的对象，在设计树中选取右视基准面为镜像基准面；单击对话框中的 按钮，完成镜像 3 的创建。

a）镜像前   b）镜像后

图 26.44 镜像 3

Step23. 创建图 26.45 所示的零件特征——切除-拉伸 4。选择下拉菜单 插入(I) ➡ 切除(C) ➡ 拉伸(E)... 命令，选取图 26.46 所示的面为草图基准面，在草绘环境中绘制图 26.47 所示的横断面草图，采用系统默认的切除深度方向，在"切除-拉伸"对话框 方向1 区域的下拉列表中选择 给定深度 选项，输入深度值 60.0，单击对话框中的 按钮，完成切除-拉伸 4 的创建。

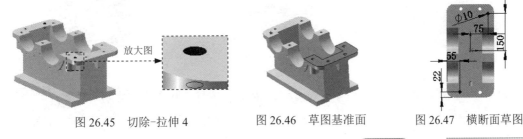

图 26.45 切除-拉伸 4   图 26.46 草图基准面   图 26.47 横断面草图

Step24. 创建图 26.48 所示的"基准面 2"。选择下拉菜单 插入(I) ➡ 参考几何体(G) ➡ 基准面(P)... 命令，系统弹出"基准面"对话框；选取右视基准面为参考实体，采用系统默认的偏移方向，在"基准面"对话框中输入偏移距离值 90.0；单击对话框中的按钮，完成基准面2的创建。

Step25. 创建图26.49所示的零件特征——筋1。选择下拉菜单 插入(I) ➡ 特征(F) ➡ 筋(R)... 命令；选取基准面2为草图基准面，绘制截面的几何图形（即图26.50所示的直线）；在"筋"对话框的 参数(P) 区域中单击 ☰（两侧）按钮，输入筋厚度值5.0，采用系统默认的拉伸方向；单击 ✔ 按钮，完成筋1的创建。

图26.48 基准面2

图26.49 筋1

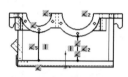
图26.50 横断面草图

Step26. 创建图26.51b所示的"镜像4"。选择下拉菜单 插入(I) ➡ 阵列/镜向(E) ➡ 镜向(M)... 命令；选择筋1作为镜像4的参照实体，在设计树中选取右视基准面为镜像基准面；单击对话框中的 ✔ 按钮，完成镜像4的创建。

Step27. 创建图26.52所示的零件特征——拔模1。选择下拉菜单 插入(I) ➡ 特征(F) ➡ 拔模(D)... 命令；选取图26.53所示的拔模面；选取图26.54所示的中性面；采用系统默认的拔模方向，在"拔模"对话框 拔模角度(G) 区域的 ↘ 文本框中输入值5.0；单击 ✔ 按钮，完成拔模1的创建。

a）镜像前

图26.51 镜像4

b）镜像后

图26.52 拔模1

图26.53 拔模面1

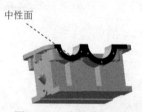
图26.54 中性面1

Step28. 创建图26.55所示的零件特征——拔模2。选择下拉菜单 插入(I) ➡ 特征(F) ➡ 拔模(D)... 命令；选取图26.56所示的拔模面；选取图26.57所示的中性面；采用系统默认的拔模方向，在"拔模"对话框 拔模角度(G) 区域的 ↘ 文本框中输入值5.0；单击 ✔ 按钮，完成拔模2的创建。

Step29. 创建图26.58所示的零件特征——异形孔向导5。选择下拉菜单 插入(I) ➡

特征(F) ➡ 孔(H) ➡ 向导(W)... 命令；在"孔规格"对话框中选择 位置 选项卡，选取图 26.59 所示的模型表面为孔的放置面。在"草图"工具栏中单击 按钮，选择图 26.60 所示的点为孔的放置点；在"孔位置"对话框中选择 类型 选项卡，选择孔"类型"为 (螺纹孔)，标准为 GB ，类型为 螺纹孔 ，大小为 M8x1.0 ，采用系统默认的深度方向，然后在 终止条件(C) 下拉列表中选择 给定深度 选项，在 后的文本框中输入值 20.00，在"螺纹线"下拉列表中选择 给定深度 (2 *DIA) 选项，在 后的文本框中输入值 16.00；单击对话框中的 按钮，完成异形孔向导 5 的创建。

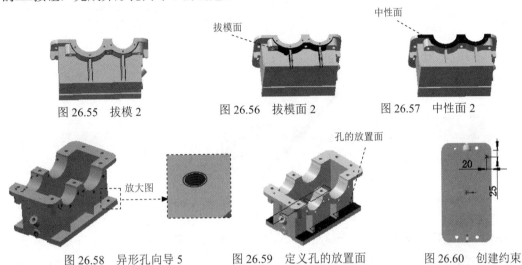

图 26.55 拔模 2　　　　　图 26.56 拔模面 2　　　　　图 26.57 中性面 2

图 26.58 异形孔向导 5　　　图 26.59 定义孔的放置面　　　图 26.60 创建约束

Step30. 创建图 26.61b 所示的"阵列（线性）1"。选择下拉菜单 插入(I) ➡ 阵列/镜向(E) ➡ 线性阵列(L)... 命令，系统弹出"线性阵列"对话框；单击 要阵列的特征(F) 区域中的文本框，选取图 26.58 所示的异形孔向导 5 作为阵列的源特征；选取图 26.61a 所示的边线 1 为方向 1 的参考边线，在 方向1 区域的 文本框中输入数值 135.0，在 文本框中输入数值 3；选取图 26.61a 所示的边线 2 为方向 2 的参考边线，在 方向2 区域的 文本框中输入数值 160.0，在 文本框中输入数值 2；单击对话框中的 按钮，完成阵列（线性）1 的创建。

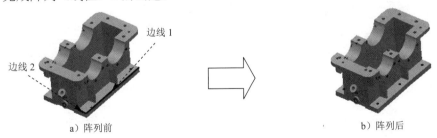

a）阵列前　　　　　　　　　　　　　　b）阵列后

图 26.61　阵列（线性）1

Step31. 后面的详细操作过程请参见随书光盘中 video\ch26\reference 文件下的语音视频讲解文件 reducer_box-r01.exe。

实例 **27**　遥控器上盖

实例概述

　　本实例主要讲述遥控器上盖的设计过程，其中主要运用了曲面拉伸、等距、投影曲线、边界曲面、扫描等命令。该模型是一个很典型的曲面设计实例，其中曲面的等距、投影、边界曲面和修剪是曲面创建的核心，在应用加厚曲面、拉伸和倒圆角等细节设计后，即可达到图 27.1 所示的效果。这种曲面设计的方法很值得读者学习。零件模型如图 27.1 所示。

图 27.1　零件模型

　　Step1. 新建模型文件。选择下拉菜单 文件(F) ➡ 新建(N)... 命令，在系统弹出的"新建 SolidWorks 文件"对话框中选择"零件"模块，单击 确定 按钮，进入建模环境。

　　Step2. 创建图 27.2 所示的"曲面-拉伸 1"。选择下拉菜单 插入(I) ➡ 曲面(S) ➡ 拉伸曲面(E)... 命令；选取右视基准面作为草图平面，绘制图 27.3 所示的横断面草图。采用系统默认的深度方向；在 方向1 区域的下拉列表中选择 给定深度 选项，在 后的文本框中输入值 50.0；在"凸台-拉伸"对话框选中 ☑ 方向2 区域，然后在 ☑ 方向2 区域的下拉列表中选择 给定深度 选项，输入深度值 120.0。

图 27.2　曲面-拉伸 1

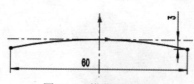

图 27.3　横断面草图

　　Step3. 创建图 27.4 所示的"曲面-等距 1"。选择下拉菜单 插入(I) ➡ 曲面(S) ➡ 等距曲面(O)... 命令；在 后的文本框中输入值 1.0。

　　Step4. 创建图 27.5 所示的草图 2。选择下拉菜单 插入(I) ➡ 草图绘制 命令。选取上视基准面为草图基准面，绘制图 27.6 所示的草图 2（显示原点）。

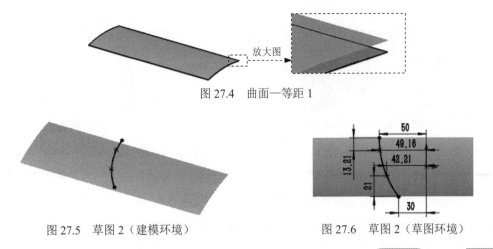

图 27.4 曲面—等距 1

图 27.5 草图 2（建模环境）

图 27.6 草图 2（草图环境）

Step5. 创建图 27.7 所示的投影曲线 1。选择下拉菜单 插入(I) ➡️ 曲线(U) ➡️ 投影曲线(P)... 命令；在 选择(S) 区域的 投影类型: 下选中 ⊙ 面上草图(K) 单选按钮。选择草图 2 作为要投影的草图,选取曲面-拉伸 1 作为投影面,并选中 ☑ 反转投影(R) 复选框。

图 27.7 投影曲线 1

Step6. 创建图 27.8 所示的草图 3。选择下拉菜单 插入(I) ➡️ 草图绘制 命令。选取上视基准面为草图基准面,绘制图 27.9 所示的草图 3（显示原点）。

图 27.8 草图 3（建模环境）

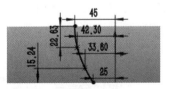

图 27.9 草图 3（草图环境）

Step7. 创建图 27.10 所示的投影曲线 2。选择下拉菜单 插入(I) ➡️ 曲线(U) ➡️ 投影曲线(P)... 命令；在 选择(S) 区域的 投影类型: 下选中 ⊙ 面上草图(K) 单选按钮。选择草图 3 作为要投影的草图,选取曲面-等距 1 作为投影面,并选中 ☑ 反转投影(R) 复选框。

Step8. 创建图 27.11 所示的"边界-曲面 1"。选择下拉菜单 插入(I) ➡️ 曲面(S) ➡️ 边界曲面(B)... 命令,依次选取投影曲线 1 和投影曲线 2 作为 方向1 的边界曲线。

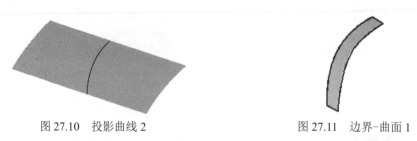

图 27.10　投影曲线 2　　　　　　　　　　　　图 27.11　边界-曲面 1

Step9. 创建图 27.12 所示的"曲面-剪裁 1"。选择下拉菜单 插入(I) ➡ 曲面(S) ➡ 剪裁曲面(T)... 命令，系统弹出"曲面剪裁"对话框。在 剪裁类型(T) 区域选中 相互(M) 单选按钮，然后选取曲面-拉伸 1、曲面-等距 1 和边界-曲面 1 作为剪裁工具，选取如图 27.12a 所示的曲面作为保留部分；其他参数采用系统默认的设置。

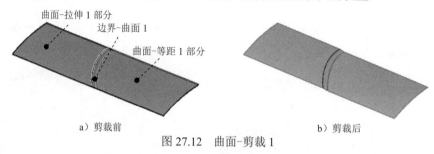

图 27.12　曲面-剪裁 1

Step10. 创建图 27.13b 所示的"圆角 1"。选择图 27.13a 所示的边线为倒圆角对象，圆角半径值为 20.0。

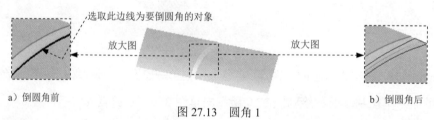

图 27.13　圆角 1

Step11. 创建图 27.14b 所示的"圆角 2"。选择图 27.14a 所示的边线为倒圆角对象，圆角半径值为 10.0。

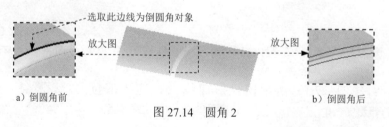

图 27.14　圆角 2

Step12. 创建图 27.15 所示的"基准面 1"。选择下拉菜单 插入(I) ➡ 参考几何体(G) ➡ 基准面(P)... 命令，系统弹出"基准面"对话框，选取上视基准面为参考实体，在 后的文本框中输入值 20.00，并选中 反转 复选框，单击对话框中的 按钮，完成基准面 1 的创建。

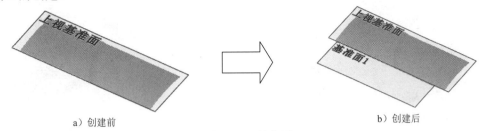

a）创建前　　　　　　　　　　b）创建后

图 27.15　基准面 1

Step13. 创建如图 27.16 所示的"曲面-拉伸 2"。选择下拉菜单 插入(I) ➡ 曲面(S) ➡ 拉伸曲面(E)... 命令；选取基准面 1 作为草图平面，绘制如图 27.17 所示的横断面草图。采用系统默认的深度方向；在 方向1 区域的下拉列表中选择 给定深度 选项，在 后的文本框中输入值 50.0。

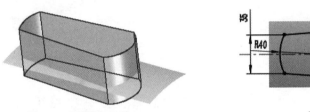

图 27.16　曲面-拉伸 2

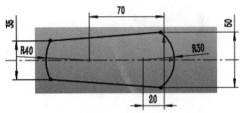

图 27.17　横断面草图

Step14. 创建如图 27.18 所示的"曲面-剪裁 2"。选择下拉菜单 插入(I) ➡ 曲面(S) ➡ 剪裁曲面(T)... 命令，系统弹出"曲面剪裁"对话框。在 剪裁类型(T) 区域选中 相互(M) 单选按钮，然后选取圆角 2 和曲面-拉伸 2 作为剪裁工具，选取如图 27.18a 所示的曲面作为保留部分；其他参数采用系统默认的设置。

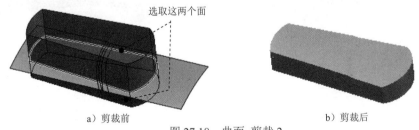

选取这两个面

a）剪裁前　　　　　　　　　　b）剪裁后

图 27.18　曲面-剪裁 2

Step15. 创建图 27.19 所示的"圆角 3"。选择图 27.19a 所示的边线为倒圆角对象，圆角半径值为 5.0。

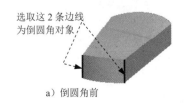

选取这 2 条边线为倒圆角对象

a）倒圆角前

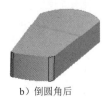

b）倒圆角后

图 27.19　圆角 3

Step16. 创建图 27.20 所示的"圆角 4"。选择图 27.20a 所示的边线为倒圆角对象，圆角半径值为 15.0。

选取这 2 条边线
为倒圆角对象

a）倒圆角前　　　　　　　　　　　　　　　b）倒圆角后

图 27.20　圆角 4

Step17. 创建图 27.21b 所示的"圆角 5"。选择图 27.21a 所示的边链为倒圆角对象，圆角半径值为 2.0。

选取此边链为倒圆角对象

a）倒圆角前　　　　　　　　　　　　　　　b）倒圆角后

图 27.21　圆角 5

Step18. 创建图 27.22 所示的"曲面-拉伸 3"。选择下拉菜单 插入(I) ➡ 曲面(S) ➡ 拉伸曲面(E)... 命令；选取基准面 1 作为草图平面，绘制如图 27.23 所示的横断面草图。采用系统默认的深度方向；在 方向1 区域的下拉列表中选择 给定深度 选项，在 后的文本框中输入值 30.0。

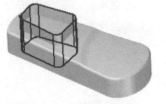

图 27.22　曲面-拉伸 3

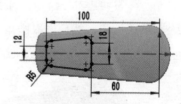

图 27.23　横断面草图

Step19. 创建图 27.24 所示的"曲面-拉伸 4"。选择下拉菜单 插入(I) ➡ 曲面(S) ➡ 拉伸曲面(E)... 命令；选取右视基准面作为草图平面，绘制如图 27.25 所示的横断面草图。采用系统默认的深度方向；在 方向1 区域的下拉列表中选择 给定深度 选项，在 后的文本框中输入值 110.0，并单击 按钮。

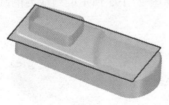

图 27.24　曲面-拉伸 4

图 27.25　横断面草图

Step20. 创建图 27.26b 所示的"曲面-剪裁 3"。选择下拉菜单 插入(I) ➡ 曲面(S)

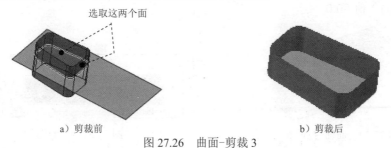

命令，系统弹出"曲面剪裁"对话框。在 剪裁类型(T) 区域选中 ⊙ 相互(M) 单选按钮，然后选取曲面-拉伸 3 和曲面-拉伸 4 作为剪裁工具，选取如图 27.26a 所示的曲面作为保留部分；其他参数采用系统默认的设置。

选取这两个面

a）剪裁前　　　　　　　　　　　b）剪裁后

图 27.26　曲面-剪裁 3

Step21. 创建图 27.27b 所示的"曲面-剪裁 4"（隐藏曲面-剪裁 2）。选择下拉菜单 插入(I) ➡ 曲面(S) ➡ 剪裁曲面(T)... 命令，系统弹出"曲面剪裁"对话框。在 剪裁类型(T) 区域选中 ⊙ 相互(M) 单选按钮，然后选取曲面-剪裁 3 和圆角 5 作为剪裁工具，选取如图 27.27a 所示的曲面作为保留部分；其他参数采用系统默认的设置。

选取这两个面

a）剪裁前　　　　　　　　　　　b）剪裁后

图 27.27　曲面-剪裁 4

Step22. 创建图 27.28b 所示的"圆角 6"。选择图 27.28a 所示的边线为倒圆角对象，圆角半径值为 0.5。

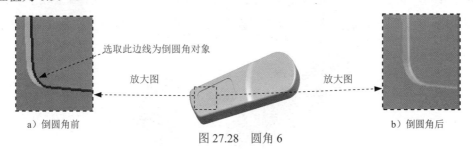

选取此边线为倒圆角对象

放大图　　　　　　　　　　放大图

a）倒圆角前　　　　　　　　　　　b）倒圆角后

图 27.28　圆角 6

Step23. 创建图 27.29b 所示的"圆角 7"。选择图 27.29a 所示的边线为倒圆角对象，圆角半径值为 0.5。

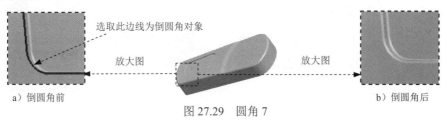

选取此边线为倒圆角对象

放大图　　　　　　　　　　放大图

a）倒圆角前　　　　　　　　　　　b）倒圆角后

图 27.29　圆角 7

Step24. 创建图 27.30 所示的"曲面-拉伸 5"。选择下拉菜单 插入(I) ➡ 曲面(S) ➡ 拉伸曲面(E)... 命令；选取前视基准面作为草图平面，绘制如图 27.31 所示的横断面草图。采用系统默认的深度方向；在 方向1 区域的下拉列表中选择 两侧对称 选项，在 Di 后的文本框中输入值 80.0。

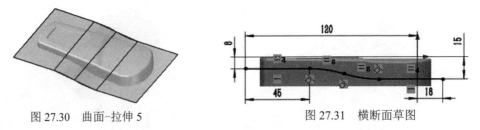

图 27.30 曲面-拉伸 5　　　　　　　　图 27.31 横断面草图

Step25. 创建图 27.32b 所示的"曲面-剪裁 5"。选择下拉菜单 插入(I) ➡ 曲面(S) ➡ 剪裁曲面(T)... 命令，系统弹出"曲面剪裁"对话框。在 剪裁类型(T) 区域选中 相互(M) 单选按钮，然后选取曲面-拉伸 5 和圆角 7 作为剪裁工具，选取如图 27.32a 所示的曲面作为保留部分；其他参数采用系统默认的设置。

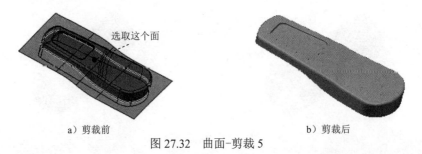

选取这个面

a）剪裁前　　　　　　　　　　　　　　b）剪裁后

图 27.32 曲面-剪裁 5

Step26. 创建如图 27.33 所示的"加厚 1"。选择下拉菜单 插入(I) ➡ 凸台/基体(B) ➡ 加厚(T)... 命令；选择整个曲面作为加厚曲面；在 加厚参数(T) 区域中单击 按钮（向内加厚），在 T1 后的文本框中输入数值 2.0。

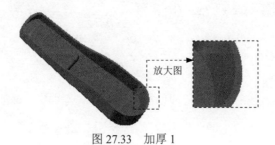

放大图

图 27.33 加厚 1

Step27. 创建图 27.34 所示的零件特征——切除-拉伸 1。选择下拉菜单 插入(I) ➡ 切除(C) ➡ 拉伸(E)... 命令。选取上视基准面作为草图基准面，绘制图 27.35 所示的横断面草图。在"切除-拉伸"对话框 方向1 区域的下拉列表中选择 完全贯穿 选项。

图 27.34 切除-拉伸 1

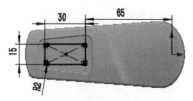

图 27.35 横断面草图

Step28. 创建图 27.36 所示的零件特征——切除-拉伸 2。选择下拉菜单 插入(I) ➡️ 切除(C) ➡️ 🔲 拉伸(E)... 命令。选取上视基准面作为草图基准面，绘制图 27.37 所示的横断面草图。在"切除-拉伸"对话框 方向1 区域的下拉列表中选择 完全贯穿 选项。

图 27.36 切除-拉伸 2

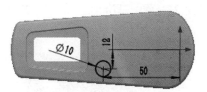

图 27.37 横断面草图

Step29. 创建图 27.38 所示的零件特征——切除-拉伸 3。选择下拉菜单 插入(I) ➡️ 切除(C) ➡️ 🔲 拉伸(E)... 命令。选取上视基准面作为草图基准面，绘制图 27.39 所示的横断面草图。在"切除-拉伸"对话框 方向1 区域的下拉列表中选择 完全贯穿 选项。

图 27.38 切除-拉伸 3

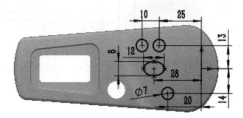

图 27.39 横断面草图

Step30. 创建图 27.40 所示的零件特征——切除-拉伸 4。选择下拉菜单 插入(I) ➡️ 切除(C) ➡️ 🔲 拉伸(E)... 命令。选取上视基准面作为草图基准面，绘制图 27.41 所示的横断面草图。在"切除-拉伸"对话框 方向1 区域的下拉列表中选择 完全贯穿 选项。

图 27.40 切除-拉伸 4

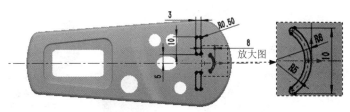

图 27.41 横断面草图

Step31. 创建图27.42所示的"基准面2"。选择下拉菜单 插入(I) ➡ 参考几何体(G) ➡ ◇ 基准面(P)... 命令。选取图27.43所示的模型边线以及点为参考实体，采用系统默认的偏移方向。单击 ✓ 按钮，完成基准面2的创建。

选取此线
选取此点

图27.42　基准面2　　　　　　　　　　图27.43　选取参考实体

Step32. 创建图27.44所示的草图3。选择下拉菜单 插入(I) ➡ ✍ 草图绘制 命令。选取基准面2为草图基准面，绘制图27.45所示的草图3（显示原点）。

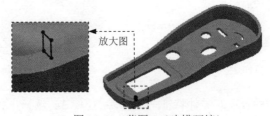

放大图

图27.44　草图3（建模环境）

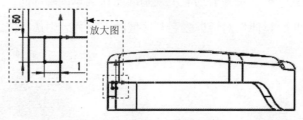

放大图

图27.45　草图3（草图环境）

Step33. 创建图27.46所示的组合曲线1。选择下拉菜单 插入(I) ➡ 曲线(U) ➡ ⌒ 组合曲线(C)... 命令，系统弹出"组合曲线"对话框；依次选取图27.46所示的曲线为组合对象；单击 ✓ 按钮，完成组合曲线1的创建。

Step34. 创建图27.47所示的零件特征——扫描1。选择下拉菜单 插入(I) ➡ 凸台/基体(B) ➡ 🗋 扫描(S)... 命令。选取草图3为轮廓线，选取组合曲线1为路径。

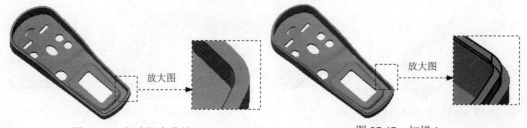

放大图　　　　　　　　放大图

图27.46　创建组合曲线1　　　　　图27.47　扫描1

Step35. 创建图 27.48b 所示的"圆角 8"。选择图 27.48a 所示的边线为倒圆角对象，圆角半径值为 0.2。

a）倒圆角前　　　　　　　　　　图 27.48　圆角 8　　　　　　　　　　b）倒圆角后

Step36. 保存模型。选择下拉菜单 文件(F) ➡ 保存(S) 命令，将模型命名为 REMOTE_CONTROL，保存模型。

实例 **28**　饮水机开关

实例概述

本实例零件为一个饮水机开关，主要运用拉伸、镜像、扫描、切除-旋转、切除-拉伸等特征命令，难点在于扫描轨迹的创建。零件模型如图 28.1 所示。

图 28.1　零件模型

Step1. 新建模型文件。选择下拉菜单 文件(F) ➡ 新建(N)... 命令，在系统弹出的"新建 SolidWorks 文件"对话框中选择"零件"模块，单击 确定 按钮，进入建模环境。

Step2. 创建图 28.2 所示的零件基础特征——凸台-拉伸 1。选择下拉菜单 插入(I) ➡ 凸台/基体(B) ➡ 拉伸(E)... 命令；选取前视基准面为草图基准面，在草绘环境中绘制图 28.3 所示的草图 1，选择下拉菜单 插入(I) ➡ 退出草图 命令，系统弹出"凸台-拉伸"对话框；采用系统默认的深度方向，在"凸台-拉伸"对话框 方向1 区域的下拉列表中选择 两侧对称 选项，输入深度值 30.0；单击 ✔ 按钮，完成凸台-拉伸 1 的创建。

图 28.2　凸台-拉伸 1

图 28.3　草图 1

Step3. 创建图 28.4 所示的"圆角 1"。选择 插入(I) ➡ 特征(F) ▶ ➡ 圆角(F)... 命令，系统弹出"圆角"对话框；采用系统默认的圆角类型；选取图 28.4a 所示的两条边线为要倒圆角的对象；在对话框中输入半径值 10.0。单击"圆角"对话框中的 ✔ 按钮，完成圆角 1 的创建。

a) 倒圆角前

b) 倒圆角后

图 28.4　圆角 1

Step4. 创建图 28.5b 所示的"圆角 2"。选取图 28.5a 所示的两条边线为要倒圆角的对象，输入半径值 5.0。

a）倒圆角前   b）倒圆角后

图 28.5 圆角 2

Step5. 创建图 28.6b 所示的"圆角 3"。选取图 28.6a 所示的两条边线为要倒圆角的对象，输入半径值 3.0。

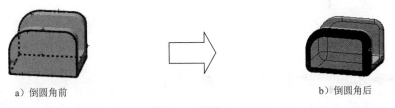

a）倒圆角前   b）倒圆角后

图 28.6 圆角 3

Step6. 创建图 28.7 所示的零件基础特征——凸台-拉伸 2。选择下拉菜单 插入(I) ➡️ 凸台/基体(B) ➡️ 拉伸(E)... 命令，选取图 28.8 所示的模型表面为草图基准面，在草绘环境中绘制图 28.9 所示的横断面草图，采用系统默认的深度方向，在"凸台-拉伸"对话框 方向1 区域的下拉列表中选择 给定深度 选项，输入深度值 4.0，单击 ✔ 按钮，完成凸台-拉伸 2 的创建。

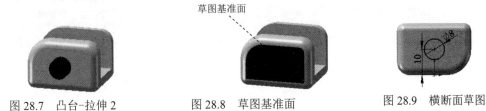

图 28.7 凸台-拉伸 2   图 28.8 草图基准面   图 28.9 横断面草图

Step7. 创建图 28.10 所示的"基准面 1"。选择下拉菜单 插入(I) ➡️ 参考几何体(G) ➡️ 基准面(F)... 命令，系统弹出"基准面"对话框；选取上视基准面为参考实体，采用系统默认的偏移方向，在"基准面"对话框中输入偏移距离值 10.0；单击对话框中的 ✔ 按钮，完成基准面 1 的创建。

Step8. 创建图 28.11b 所示的"镜像 1"。选择下拉菜单 插入(I) ➡️ 阵列/镜向(E) ➡️ 镜向(M)... 命令；选择右视基准面为镜像基准面；在设计树中选择凸台-拉伸 2 为镜像 1 的对象；单击对话框中的 ✔ 按钮，完成镜像 1 的创建。

图 28.10　基准面 1　　　　　　a）镜像前　　　　　　图 28.11　镜像 1　　　　　　b）镜像后

Step9. 创建图 28.12 所示的"基准面 2"。选择下拉菜单 插入(I) ➡ 参考几何体 (G) ▶
➡ ◇ 基准面 (P)... 命令，系统弹出"基准面"对话框，选取上视基准面为参考实体，
采用系统默认的偏移方向，在"基准面"对话框中输入偏移距离值 50.0，单击对话框中的 ✔
按钮，完成基准面 2 的创建。

Step10. 创建图 28.13 所示的草图 3。选择下拉菜单 插入(I) ➡ ✏ 草图绘制 命令；
选取前视基准面为草图基准面；在草绘环境中绘制图 28.13 所示的草图；选择下拉菜单
插入(I) ➡ ✏ 退出草图 命令，退出草图设计环境。

Step11. 创建图 28.14 所示的草图 4。选取基准面 1 为草绘基准面，在草绘环境中绘制
草图，如图 28.14 所示。

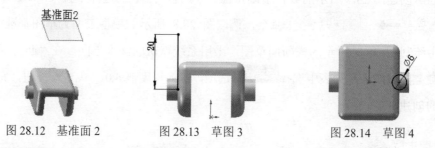

图 28.12　基准面 2　　　　　图 28.13　草图 3　　　　　图 28.14　草图 4

Step12. 创建图 28.15 所示的"基准面 3"。选取右视基准面和草图 3 为参考实体，选中
☑ 反转 复选框，在"基准面"对话框中输入偏移角度值 15.0。

Step13. 创建图 28.16 所示的草图 5。选取基准面 3 为草绘基准面，绘制草图。

图 28.15　基准面 3　　　　　　　图 28.16　草图 5

Step14. 创建图 28.17 所示的草图 6。选取基准面 2 为草绘基准面，绘制草图。

Step15. 创建图 28.18 所示的草图 7。选取前视基准面为草绘基准面，绘制草图。

Step16. 创建图 28.19 所示的"基准面 4"。选取右视基准面和草图 7 作为参考实体，采

用系统默认方向为偏移方向，在"基准面"对话框中输入偏移角度值 15.0。

图 28.17　草图 6

图 28.18　草图 7

图 28.19　基准面 4

Step17. 创建图 28.20 所示的草图 8。选取基准面 4 为草绘基准面，绘制草图。

Step18. 创建如图 28.21 所示的组合曲线 1。选择 插入(I) ➡ 曲线(U) ➡

组合曲线(C)... 命令，依次选择草图 3、草图 5、草图 6、草图 7、草图 8 为组合对象，单击对话框中的 ✓ 按钮，完成组合曲线 1 的创建。

图 28.20　草图 8

图 28.21　组合曲线 1

Step19. 创建图 28.22 所示的"扫描 1"。选择下拉菜单 插入(I) ➡ 凸台/基体(B)

➡ 扫描(S)... 命令，系统弹出"扫描"对话框；选择草图 4 为扫描 1 特征的轮廓；选择组合曲线 1 为扫描 1 特征的路径；单击对话框中的 ✓ 按钮，完成扫描 1 的创建。

Step20. 创建图 28.23 所示的草图 9。选择下拉菜单 插入(I) ➡ 草图绘制 命令；选取基准面 2 为草图基准面；在草绘环境中绘制图 28.23 所示的草图（圆心处的一个点）；选择下拉菜单 插入(I) ➡ 退出草图 命令，退出草图设计环境。

图 28.22　扫描 1

图 28.23　草图 9

Step21. 创建"基准轴 1"，如图 28.24 所示。选择下拉菜单 插入(I) ➡ 参考几何体(G)

➡ 基准轴(A) 命令，选择草图 9 和上视基准面为参照对象，单击对话框中的 ✓ 按钮，完成基准轴 1 的创建。

Step22. 创建图 28.25 所示的零件基础特征——旋转 1。选择下拉菜单 插入(I) ➡

5

凸台/基体(B) ➡ ⌖ 旋转(R)... 命令，系统弹出"旋转"对话框；选取右视基准面为草图基准面，进入草绘环境，绘制图 28.26 所示的横断面草图，完成草图绘制后，选择下拉菜单 插入(I) ➡ 退出草图命令，退出草绘环境，采用基准轴 1 作为旋转轴线；在"旋转"对话框 方向1 区域的下拉列表中选择 给定深度 选项，采用系统默认的旋转方向，在 方向1 区域的 文本框中输入数值 360.0；单击对话框中的 ✓ 按钮，完成旋转 1 的创建。

图 28.24　基准轴 1

图 28.25　旋转 1

图 28.26　横断面草图

Step23. 创建图 28.27 所示的零件特征——切除-旋转 1。选择下拉菜单 插入(I) ➡ 切除(C) ➡ 旋转(R)... 命令；选取右视基准面为草图基准面，绘制图 28.28 所示的横断面草图；采用基准轴 1 作为旋转轴线；在"切除-旋转"对话框中输入旋转角度值 360.0；单击 ✓ 按钮，完成切除-旋转 1 的创建。

图 28.27　切除-旋转 1

图 28.28　横断面草图

Step24. 创建图 28.29 所示的零件特征——切除-拉伸 1。选择下拉菜单 插入(I) ➡ 切除(C) ➡ 拉伸(E)... 命令；选取右视基准面为草图基准面，在草绘环境中绘制图 28.30 所示的横断面草图，选择下拉菜单 插入(I) ➡ 退出草图命令，完成横断面草图的创建；采用系统默认的切除深度方向，在"切除-拉伸"对话框 方向1 区域和 方向2 区域的下拉列表中均选择 完全贯穿 选项；单击对话框中的 ✓ 按钮，完成切除-拉伸 1 的创建。

图 28.29　切除-拉伸 1

图 28.30　横断面草图

Step25. 后面的详细操作过程请参见随书光盘中 video\ch28\reference 文件下的语音视频讲解文件 water fountain_switch-r01.exe。

实例 **29** 吊 钩

实例概述

本实例运用了实体造型和曲面造型相结合的建模方式，运用了零件和曲面造型的基础特征命令，在本例中读者应着重掌握吊钩尖点的处理方法。零件模型如图 29.1 所示。

图 29.1 零件模型

Step1. 新建模型文件。选择下拉菜单 文件(F) ➡ 新建(N)... 命令，在系统弹出的"新建 SolidWorks 文件"对话框中选择"零件"模块，单击 确定 按钮，进入建模环境。

Step2. 创建图 29.2 所示的草图 1。选择下拉菜单 插入(I) ➡ 草图绘制 命令；选取前视基准面为草图基准面；在草绘环境中绘制图 29.2 所示的草图；选择下拉菜单 插入(I) ➡ 退出草图 命令，完成草图 1 的创建。

Step3. 创建图 29.3 所示的"基准面 1"。选择下拉菜单 插入(I) ➡ 参考几何体(G) ➡ 基准面(P)... 命令，系统弹出"基准面"对话框；选取草图 1 上的点和直线为基准面 1 的参考对象；单击 ✔ 按钮，完成基准面 1 的创建。

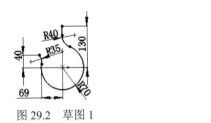

图 29.2 草图 1

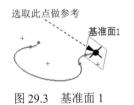

图 29.3 基准面 1

Step4. 创建草图 2。选择下拉菜单 插入(I) ➡ 草图绘制 命令；选取基准面 1 为草图基准面；在草绘环境中，约束圆心与图 29.4 所示的草图 1 上的点为穿透关系，绘制图 29.5 所示的草图；选择下拉菜单 插入(I) ➡ 退出草图 命令，完成草图 2 的创建。

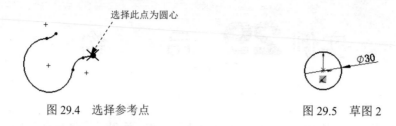

图 29.4　选择参考点　　　　　　　　　图 29.5　草图 2

Step5. 创建图 29.6 所示的"基准面 2"。选取图 29.6 所示的草图 1 上的点及草图 1 上的直线为基准面 2 的参考实体，单击 ✅ 按钮，完成基准面 2 的创建。

Step6. 创建图 29.7 所示的草图 3。选取基准面 2 为草图基准面，约束草图 3 的圆心与图 29.8 所示的点为穿透关系，在草绘环境中绘制草图。

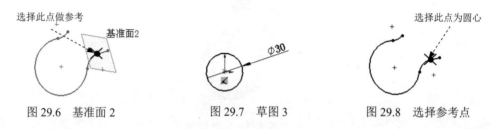

图 29.6　基准面 2　　　　　　图 29.7　草图 3　　　　　　图 29.8　选择参考点

Step7. 创建图 29.9 所示的"基准面 3"。选取图 29.9 所示的点及草图 1 为基准面 3 的参考对象，单击 ✅ 按钮，完成基准面 3 的创建。

Step8. 创建图 29.10 所示的草图 4。选取基准面 3 为草图基准面，约束草图 4 的圆心与图 29.11 所示的点为穿透关系，在草绘环境中绘制草图。

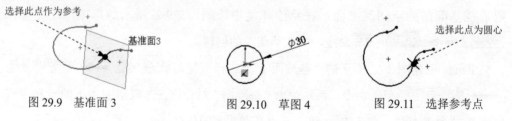

图 29.9　基准面 3　　　　　　图 29.10　草图 4　　　　　　图 29.11　选择参考点

Step9. 创建图 29.12 所示的草图 5。选取上视基准面为草图基准面，在草绘环境中绘制草图 5。

Step10. 创建图 29.13 所示的草图 6。选取基准面 3 为草图基准面，以基准面 3 和草图 1 的交点为圆心，在草绘环境中绘制草图 6。

图 29.12　草图 5　　　　　　　　　　图 29.13　草图 6

Step11. 创建图 29.14 所示的"基准面 4"。选取如图 29.14 所示的点及草图 1 为基准面

4 的参考对象，单击 ✔ 按钮，完成基准面 4 的创建。

Step12. 创建图 29.15 所示的草图 7。选取基准面 4 为草图基准面，以图 29.16 所示的草图 1 上的点为圆心，在草绘环境中绘制草图。

图 29.14 基准面 4   图 29.15 草图 7   图 29.16 选取参考点

Step13. 创建图 29.17 所示的"基准面 5"。选取如图 29.17 所示的点及草图 1 为基准面 5 的参考对象，单击 ✔ 按钮，完成基准面 5 的创建。

Step14. 创建图 29.18 所示的草图 8。选取基准面 5 为草图基准面，以图 29.19 所示的点为圆心，在草绘环境中绘制草图。

图 29.17 基准面 5   图 29.18 草图 8   图 29.19 选取参考点

Step15. 创建图 29.20 所示的"放样 1"。选择 插入(I) ➡ 凸台/基体(B) ➡ 放样(L)... 命令，系统弹出"放样"对话框；如图 29.20 所示，依次选取草图 2、草图 3、草图 4、草图 5、草图 6、草图 7 和草图 8 作为放样 1 的轮廓。在 中心线参数(I) 区域中选取草图 1 作为放样轮廓的中心线；单击对话框中的 ✔ 按钮，完成放样 1 的创建。

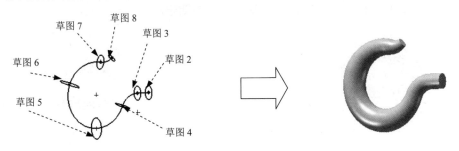

图 29.20 放样 1

Step16. 创建图 29.21 所示的"基准面 6"。选取基准面 5 为基准面 6 的参照实体，在 ⟨⟩ 后的文本框中输入等距距离值 10.00，单击 ✔ 按钮，完成基准面 6 的创建。

Step17. 创建图 29.22 所示的草图 9。选取基准面 6 为草图基准面，在草绘环境中绘制草图。

图 29.21　基准面 6

图 29.22　草图 9

Step18. 创建图 29.23b 所示的"放样 2"。选择下拉菜单 插入(I) ➡ 凸台/基体(B) ➡ 放样(L)... 命令，系统弹出"放样"对话框；依次选取草图 9 和图 29.23a 所示的模型表面作为放样 2 的参照实体；在 起始/结束约束(C) 区域的 开始约束(S): 下拉列表中选择 垂直于轮廓 选项，输入结束处相切长度值为 1.5，在 结束约束(E): 下拉列表中选择 垂直于轮廓 选项；单击对话框中的 ✅ 按钮，完成放样 2 的创建。

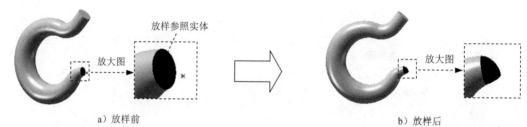

a）放样前　　　　　　　　　　　　　　　　b）放样后

图 29.23　放样 2

Step19. 创建图 29.24 所示的"基准轴 1"。选择下拉菜单 插入(I) ➡ 参考几何体(G) ➡ 基准轴(A)... 命令，系统弹出"基准轴"对话框；选取右视基准面和上视基准面为参考实体；单击对话框中的 ✅ 按钮，完成基准轴 1 的创建。

Step20. 创建图 29.25 所示的基准面 7。选取基准轴 1 和右视基准面，在 🗔 后的文本框中输入角度值 45.0，单击 ✅ 按钮，完成基准面 7 的创建。

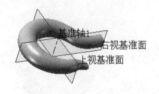

图 29.24　基准轴 1

图 29.25　基准面 7

Step21. 创建图 29.26 所示的零件特征——切除-拉伸 1。选择下拉菜单 插入(I) ➡ 切除(C) ➡ 拉伸(E)... 命令；选取基准面 7 为草图基准面，在草绘环境中绘制图 29.27 所示的横断面草图，选择下拉菜单 插入(I) ➡ 退出草图 命令，完成横断面草图的创建；采用系统默认的切除方向，在"切除-拉伸"对话框 方向1 区域的下拉列表中选择 完全贯穿 选项，在"切除-拉伸"对话框 方向2 区域的下拉列表中选择 完全贯穿 选项，选中 ☑ 反侧切除(F)

复选框；单击对话框中的 ✅ 按钮，完成切除-拉伸 1 的创建。

图 29.26 切除-拉伸 1

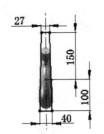

图 29.27 横断面草图

Step22. 创建图 29.28b 所示的"圆角 1"。选择下拉菜单 插入(I) ➡ 特征(F) ➡
🔵 圆角(F)... 命令，系统弹出"圆角"对话框；采用系统默认的圆角类型；选取图 29.28a
所示的两条边链为要倒圆角的对象；在对话框中输入半径值 5.0；单击"圆角"对话框中的
✅ 按钮，完成圆角 1 的创建。

a）倒圆角前

b）倒圆角后

图 29.28 圆角 1

Step23. 创建图 29.29 所示的零件特征——旋转 1。选择下拉菜单 插入(I) ➡
凸台/基体(B) ➡ ⊕ 旋转(R)... 命令，系统弹出"旋转"对话框；选取右视基准面为草
图基准面，进入草绘环境，绘制图 29.30 所示的横断面草图（旋转中心线与侧影轮廓边线
重合），选择下拉菜单 插入(I) ➡ 📐 退出草图 命令，退出草绘环境；采用草图中绘制的
中心线为旋转轴线（此时"旋转"对话框中显示所选中心线的名称）；在"旋转"对话框 方向1
区域的下拉列表中选择 给定深度 选项，采用系统默认的旋转方向，在 方向1 区域的 📐A1 文本
框中输入数值 360.0；单击对话框中的 ✅ 按钮，完成旋转 1 的创建。

图 29.29 旋转 1

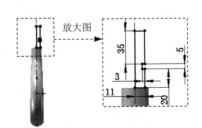

图 29.30 横断面草图

Step24. 至此，零件模型创建完毕。选择下拉菜单 文件(F) ➡ 💾 保存(S) 命令，命
名为 hook，即可保存零件模型。

实例 **30** 控 制 面 板

实例概述

本实例充分运用了使用曲面切除、边界曲面、投影曲线、扫描、镜像、阵列及抽壳等特征命令，读者在学习设计此零件的过程中应灵活运用这些特征，注意方向以及参考的选择，下面介绍其设计过程。零件模型如图 30.1 所示。

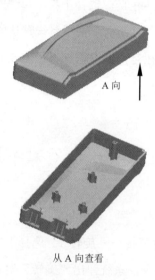

A 向

从 A 向查看

图 30.1 零件模型

Step1. 新建模型文件。选择下拉菜单 文件(F) ➡ ☐ 新建(N)... 命令，在系统弹出的"新建 SolidWorks 文件"对话框中选择"零件"模块，单击 确定 按钮，进入建模环境。

Step2. 创建图 30.2 所示的零件基础特征——凸台-拉伸 1。选择下拉菜单 插入(I) ➡ 凸台/基体(B) ➡ ☐ 拉伸(E)... 命令。选取上视基准面作为草图基准面，绘制图 30.3 所示的横断面草图；在"凸台-拉伸"对话框 方向1 区域的下拉列表中选择 给定深度 选项，输入深度值 40.0。

图 30.2 凸台-拉伸 1

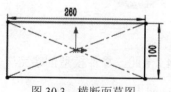

图 30.3 横断面草图

Step3. 创建图 30.4b 所示的"圆角 1"。选择图 30.4a 所示的边线为倒圆角对象，圆角半径值为 8.0。

a) 倒圆角前   b) 倒圆角后

图 30.4　圆角 1

Step4. 创建图 30.5 所示的草图 2。选择下拉菜单 插入(I) ➡ 草图绘制 命令。选取图 30.5 所示的模型表面为草图基准面，绘制图 30.6 所示的草图 2（显示原点）。

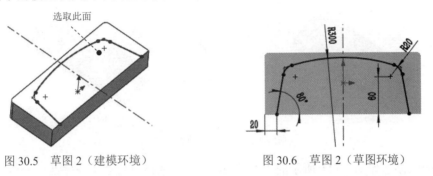

图 30.5　草图 2（建模环境）　　　　图 30.6　草图 2（草图环境）

Step5. 创建图 30.7 所示的"基准面 1"。选择下拉菜单 插入(I) ➡ 参考几何体(G) ➡ 基准面(P)... 命令。选取上视基准面为参考实体，采用系统默认的偏移方向，输入偏移距离值 30.0。单击 ✔ 按钮，完成基准面 1 的创建。

Step6. 创建图 30.8 所示的草图 3。选择下拉菜单 插入(I) ➡ 草图绘制 命令。选取基准面 1 为草图基准面，绘制图 30.8 所示的草图 3（显示原点）。

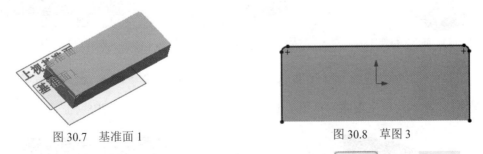

图 30.7　基准面 1　　　　　　　　图 30.8　草图 3

Step7. 创建图 30.9 所示的"边界-曲面 1"。选择下拉菜单 插入(I) ➡ 曲面(S) ➡ 边界曲面(B)... 命令，系统弹出"边界-曲面"对话框。依次选取草图 3 和草图 2 为 方向 1 的边界曲线（注意：闭合点的闭合方向要一致）。采用系统默认的相切类型。单击对话框中的 ✔ 按钮，完成边界-曲面 1 的创建。

图 30.9   创建边界-曲面 1（隐藏实体）

Step8. 添加图 30.10b 所示的"使用曲面切除 1"。选择下拉菜单 插入(I) → 切除(C) → 使用曲面(U) 命令，系统弹出"使用曲面切除"对话框；在设计树中选择边界-曲面 1 作为切除曲面；单击对话框中的 ✅ 按钮，完成使用曲面切除 1 的创建。

a）切除前   b）切除后

图 30.10   使用曲面切除 1

Step9. 创建如图 30.11 所示的"曲面-拉伸 1"。选择下拉菜单 插入(I) → 曲面(S) → 拉伸曲面(E)... 命令；选取图 30.12 所示的模型表面为草图平面，绘制如图 30.13 所示的横断面草图。采用系统默认的深度方向；在 方向1 区域的下拉列表中选择 两侧对称 选项，在 ⬦D1 后的文本框中输入值 100.0。

图 30.11   曲面-拉伸 1   图 30.12   定义草图平面   图 30.13   横断面草图

Step10. 创建图 30.14 所示的草图 5。选择下拉菜单 插入(I) → 草图绘制 命令。选取图 30.14 所示的模型表面为草图基准面，绘制图 30.15 所示的草图 5（显示原点）。

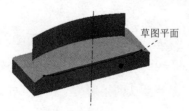

图 30.14   草图 5（建模环境）

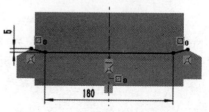

图 30.15   草图 5（草图环境）

Step11. 创建图 30.16 所示的草图 6。选择下拉菜单 插入(I) ➡ 草图绘制 命令。选取图 30.14 所示的模型表面为草图基准面，绘制图 30.17 所示的草图 6（显示原点）。

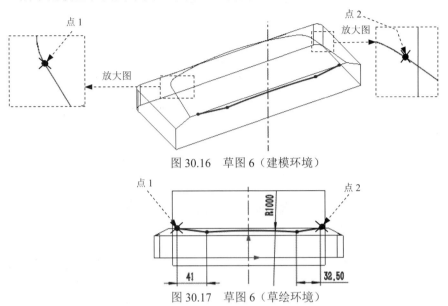

图 30.16　草图 6（建模环境）

图 30.17　草图 6（草绘环境）

Step12. 创建图 30.18 所示的投影曲线——投影 1。选择下拉菜单 插入(I) ➡ 曲线(U) ➡ 投影曲线(P)... 命令，系统"投影曲线"对话框。在"投影曲线"对话框的 选择(S) 区域选中 ⊙ 面上草图(K) 单选按钮，选取草图 6 为投影曲线。单击 列表框后，选取图 30.19 所示的曲面为投影面。选中 选择(S) 区域中的 ☑ 反转投影(R) 复选框，使投影方向朝向投影面，单击 按钮，完成投影曲线的创建。

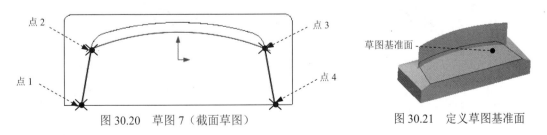

图 30.18　投影 1　　　　　　　图 30.19　定义投影面

Step13. 创建图 30.20 所示的草图 7。选择下拉菜单 插入(I) ➡ 草图绘制 命令。选取图 30.21 所示的模型表面为草图基准面，绘制图 30.20 所示的草图 7（显示原点）。

说明：点 1、点 2、点 3 和点 4 分别为草图 5 与投影曲线 1 的两个端点。

图 30.20　草图 7（截面草图）　　　图 30.21　定义草图基准面

Step14. 创建图 30.22 所示的"边界-曲面 2"。选择下拉菜单 插入(I) ➡ 曲面(S)

➡️ 边界曲面(B)... 命令，系统弹出"边界-曲面"对话框。依次选取草图 5 和投影曲线 1 为 方向1 的边界曲线（注意：闭合点的闭合方向要一致）。采用系统默认的相切类型。然后依次选取草图 7 中的两条直线为 方向2 的边界曲线，单击对话框中的 ✓ 按钮，完成边界-曲面 2 的创建。

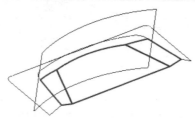

图 30.22 创建边界-曲面 2(隐藏实体)

Step15. 创建如图 30.23b 所示的"曲面-剪裁 1"。选择下拉菜单 插入(I) ➡️ 曲面(S) ➡️ 剪裁曲面(T)... 命令，系统弹出"曲面剪裁"对话框。在 剪裁类型(T) 区域选中 ⊙ 相互(M) 单选按钮，选取曲面-拉伸 1 与边界-曲面 2 作为剪裁工具，选取如图 30.23a 所示的曲面作为保留部分；其他参数采用系统默认的设置。

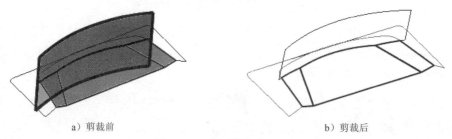

a）剪裁前   b）剪裁后

图 30.23 曲面的剪裁

Step16. 添加图 30.24b 所示的"使用曲面切除 2"。选择下拉菜单 插入(I) ➡️ 切除(C) ➡️ 使用曲面(U)... 命令，系统弹出"使用曲面切除"对话框；选取图 30.24a 所示的曲面-裁剪 1 为曲面切除工具；单击"使用曲面切除"对话框中的 ↗ 按钮；单击该对话框中的 ✓ 按钮，完成使用曲面切除 2 的创建。

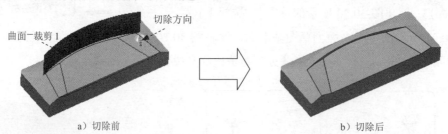

曲面-裁剪 1   切除方向

a）切除前   b）切除后

图 30.24 使用曲面切除 2

Step17. 创建图 30.25 所示的零件特征——切除-拉伸 1。选择下拉菜单 插入(I) ➡️ 切除(C) ➡️ 拉伸(E)... 命令。选取图 30.25 所示的模型表面作为草图基准面，绘制图 30.26 所示的横断面草图。在"切除-拉伸"对话框 方向1 下拉列表中选择 给定深度 选项，输入深度值 25.0。

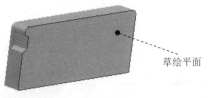

图 30.25　切除-拉伸 1

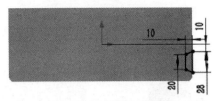

图 30.26　横断面草图

Step18. 添加图 30.27 所示的"拔模 1"。选择下拉菜单 插入(I) ➡ 特征(F) ➡ 拔模(D) …命令（或单击"特征"工具栏中的"拔模"按钮），系统弹出"拔模"对话框；在"拔模"对话框 拔模类型(T) 区域中选择 ⊙ 中性面(E) 单选按钮；单击以激活对话框的 中性面(N) 区域中的文本框，选取图 30.28 所示的中性面；单击以激活对话框 拔模面(F) 区域中的文本框，选取图 30.28 所示的拔模面；拔模方向如图 30.28 所示，在对话框 拔模角度(G) 区域的文本框中输入角度值 20.0；单击"拔模"对话框中的 ✔ 按钮，完成拔模 1 的定义。

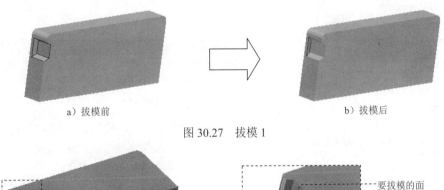

a）拔模前　　　　　　　　　　　　b）拔模后

图 30.27　拔模 1

放大图　　　　要拔模的面
　　　　　　　拔模中性面
　　　　　　　拔模方向箭头

图 30.28　定义拔模参考

Step19. 创建图 30.29 所示的"镜像 1"。选择下拉菜单 插入(I) ➡ 阵列/镜向(E) ➡ 镜向(M)…命令。选取前视基准面作为镜像基准面，选取切除-拉伸 1 和拔模 1 作为镜像 1 的对象。

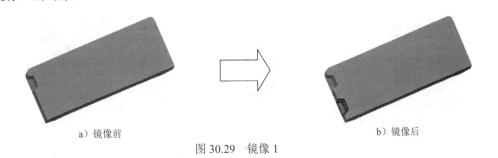

a）镜像前　　　　　　　　　　　　b）镜像后

图 30.29　镜像 1

Step20. 创建图 30.30b 所示的"圆角 2"。选择图 30.30a 所示的边链为倒圆角对象，圆角半径值为 5.0。

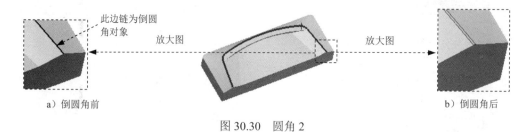

图 30.30　圆角 2

Step21. 创建图 30.31 所示的零件基础特征——凸台 - 拉伸 2。选择下拉菜单 插入(I) ➡ 凸台/基体(B) ➡ 拉伸(E)… 命令。选取图 30.31 所示的模型表面作为草图基准面，绘制图 30.32 所示的横断面草图；在"凸台 - 拉伸"对话框 方向1 区域的下拉列表中选择 给定深度 选项，输入深度值 5.0。

图 30.31　凸台 - 拉伸 2

图 30.32　横断面草图

Step22. 创建图 30.33b 所示的"圆角 3"。选择图 30.33a 所示的边线为倒圆角对象，圆角半径值为 5.0。

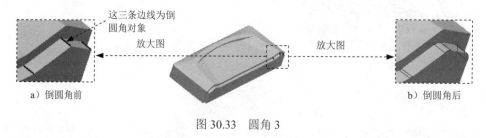

图 30.33　圆角 3

Step23. 创建图 30.34b 所示的"圆角 4"。选择图 30.34a 所示的边线为倒圆角对象，圆角半径值为 5.0。

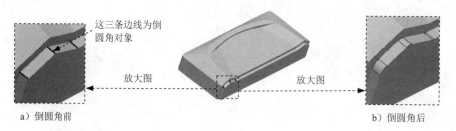

图 30.34　圆角 4

Step24. 创建图 30.35b 所示的零件特征——抽壳 1。选择下拉菜单 插入(I) ➡

特征(P) ➡ 🔲 抽壳(S)...命令。选取图 30.35a 所示的模型表面为要移除的面。在"抽壳 1"对话框的 参数(P) 区域输入壁厚值 2.5。

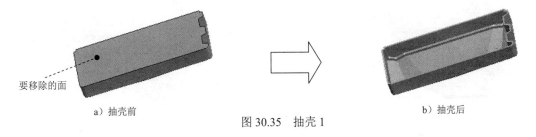

a）抽壳前

b）抽壳后

图 30.35　抽壳 1

Step25. 创建图 30.36b 所示的"圆角 5"。选择图 30.36a 所示的边链为倒圆角对象，圆角半径值为 3.0。

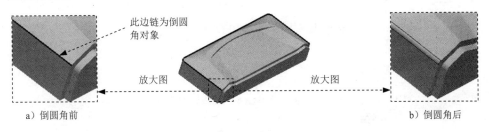

a）倒圆角前

b）倒圆角后

图 30.36　圆角 5

Step26. 创建图 30.37b 所示的"圆角 6"。选择图 30.37a 所示的边线为倒圆角对象，圆角半径值为 5.0。

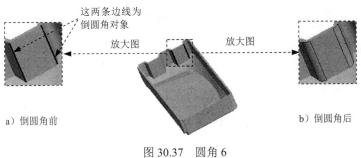

a）倒圆角前

b）倒圆角后

图 30.37　圆角 6

Step27. 创建图 30.38b 所示的"圆角 7"。选择图 30.38a 所示的边线为倒圆角对象，圆角半径值为 5.0。

a）倒圆角前

b）倒圆角后

图 30.38　圆角 7

Step28. 创建图 30.39 所示的"基准面 2"。选择下拉菜单 插入(I) ➡ 参考几何体(G) ➡ 基准面(P)... 命令；选取前视基准面为参考实体，输入偏移距离值 25.0，并选中 ☑反转 复选框；单击 ✔ 按钮，完成基准面 2 的创建。

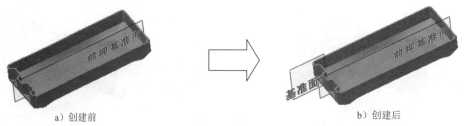

a）创建前　　　　　　　　　　　　　　　　b）创建后

图 30.39　基准面 2

Step29. 创建图 30.40 所示的零件特征——切除-拉伸 2。选择下拉菜单 插入(I) ➡ 切除(C) ➡ 拉伸(E)... 命令。选取前视基准面作为草图基准面，绘制图 30.41 所示的横断面草图。在"切除-拉伸"对话框 方向1 区域和 方向2 区域的下拉列表中选择 完全贯穿 选项。

图 30.40　切除-拉伸 2　　　　　　　　　图 30.41　横断面

Step30. 创建图 30.42 所示的组合曲线 1。选择下拉菜单 插入(I) ➡ 曲线(U) ➡ 组合曲线(C)... 命令，系统弹出"组合曲线"对话框；依次选取图 30.42 所示的曲线为组合对象；单击 ✔ 按钮，完成组合曲线 1 的创建。

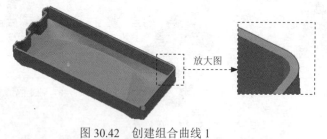

放大图

图 30.42　创建组合曲线 1

Step31. 创建图 30.43 所示的草图 11。选择下拉菜单 插入(I) ➡ 草图绘制 命令。选取图 30.44 所示的平面为草图基准面，绘制图 30.43 所示的草图 11（显示原点）。

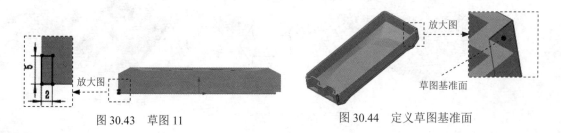

放大图

草图基准面

图 30.43　草图 11　　　　　　　　　　　图 30.44　定义草图基准面

Step32. 创建图 30.45 所示的零件特征——切除-扫描 1。选择下拉菜单 插入(I) ➡

切除(C) ➡ 扫描(S)… 命令，选取草图 11 为轮廓线，选取组合曲线 1 为路径。

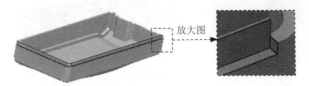

图 30.45 切除-扫描特征 1

Step33. 创建图 30.46 所示的"基准面 3"。选择下拉菜单 插入(I) ➡ 参考几何体(G) ▸

➡ 基准面(P)… 命令；选取基准面 2 为参考实体，采用系统默认的偏移方向，输入偏移距离值 5.0；单击 ✓ 按钮，完成基准面 3 的创建。

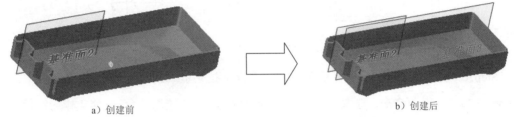

a）创建前　　　　　　　　　　　b）创建后

图 30.46 基准面 3

Step34. 创建图 30.47 所示的零件基础特征——凸台-拉伸 3。选择下拉菜单 插入(I)

➡ 凸台/基体(B) ➡ 拉伸(E)… 命令。选取基准面 2 作为草图基准面，绘制图 30.48 所示的横断面草图；在"凸台-拉伸"对话框 方向1 区域的下拉列表中选择 两侧对称 选项，输入深度值 18.0。

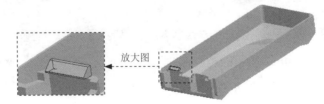

图 30.47 凸台-拉伸 3

图 30.48 横断面草图

Step35. 创建图 30.49 所示的零件基础特征——凸台-拉伸 4。选择下拉菜单 插入(I)

➡ 凸台/基体(B) ➡ 拉伸(E)… 命令。选取基准面 3 作为草图基准面，绘制图 30.50 所示的横断面草图；在"凸台-拉伸"对话框 方向1 区域的下拉列表中选择 两侧对称 选项，输入深度值 2.0。

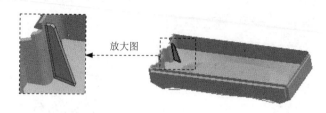

图 30.49　凸台-拉伸 4

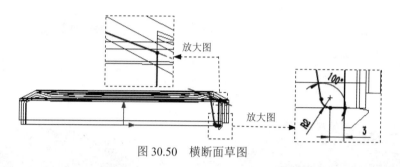

图 30.50　横断面草图

Step36. 创建图 30.51 所示的"镜像 2"。选择下拉菜单 插入(I) ➡ 阵列/镜向(E) ➡ 镜向(M)... 命令。选取基准面 2 作为镜像基准面，选取凸台-拉伸 4 作为镜像 2 的对象。

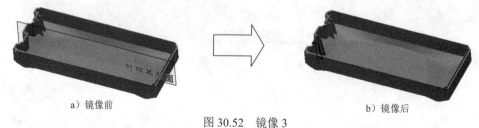

a）镜像前　　　　　　　　　　　　　　　　　b）镜像后

图 30.51　镜像 2

Step37. 创建图 30.52 所示的"镜像 3"。选择下拉菜单 插入(I) ➡ 阵列/镜向(E) ➡ 镜向(M)... 命令。选取前视基准面作为镜像基准面，选取凸台-拉伸 3、凸台-拉伸 4 和镜像 2 作为镜像 3 的对象。

a）镜像前　　　　　　　　　　　　　　　　　b）镜像后

图 30.52　镜像 3

Step38. 创建图 30.53 所示的"基准面 4"。选择下拉菜单 插入(I) ➡ 参考几何体(G) ➡ 基准面(P)... 命令；选取上视基准面为参考实体，采用系统默认的偏移方向，输入偏移距离值 15.0；单击 按钮，完成基准面 4 的创建。

a）创建前

b）创建后

图 30.53　基准面 4

Step39. 创建图 30.54 所示的零件基础特征——凸台-拉伸 5。选择下拉菜单 插入(I) ➡ 凸台/基体(B) ➡ 拉伸(E)... 命令。选取基准面 4 作为草图基准面，绘制图 30.55 所示的横断面草图；在"凸台-拉伸"对话框 方向1 区域的下拉列表中选择 成形到下一面 选项。

图 30.54　凸台-拉伸 5

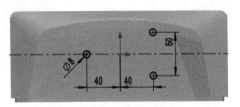

图 30.55　横断面草图

Step40. 创建图 30.56 所示的零件特征——M4 六角头螺栓的柱形沉头孔 1。选择下拉菜单 插入(I) ➡ 特征(F) ➡ 孔(H) ➡ 向导(W)... 命令；在"孔规格"对话框中单击 位置 选项卡，选取图 30.57 所示的模型表面为孔的放置面，在单击处将出现孔的预览，将点的位置与图 30.57 所示的面的圆心重合；在"孔位置"对话框单击 类型 选项卡，在 孔类型(T) 区域选择孔"类型"为 （柱孔），标准为 GB，然后在 终止条件(C) 下拉列表中选择 给定深度 选项，在 后的文本框中输入值 10.8；在 孔规格 区域定义孔的大小为 M4，配合为 正常，选中 ☑ 显示自定义大小(Z) 复选框，在 后的文本框中输入值 4.5，在 后的文本框中输入值 6，在 后的文本框中输入值 2.0，单击 按钮，完成 M4 六角头螺栓的柱形沉头孔 1 的创建。

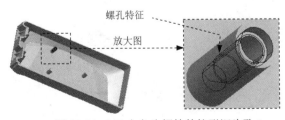

图 30.56　M4 六角头螺栓的柱形沉头孔 1

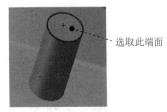

图 30.57　定义孔的放置

Step41. 创建图 30.58 所示的零件特征——M4 六角头螺栓的柱形沉头孔 2。选择下拉菜单 插入(I) ➡ 特征(F) ➡ 孔(H) ➡ 向导(W)... 命令；在"孔规格"对话框中

单击 ⊓ 位置 选项卡，选取图 30.59 所示的模型表面为孔的放置面，在单击处将出现孔的预览，将点的位置与图 30.59 所示的面的圆心重合；在"孔位置"对话框单击 类型 选项卡，在 孔类型(T) 区域选择孔"类型"为 （柱孔），标准为 GB ，然后在 终止条件(C) 下拉列表中选择 给定深度 选项，在 后的文本框中输入值 10.8；在 孔规格 区域定义孔的大小为 M4 ，配合为 正常 ，选中 ☑ 显示自定义大小(Z) 复选框，在 后的文本框中输入值 4.5，在 后的文本框中输入值 6，在 后的文本框中输入值 2.0，单击 按钮，完成 M4 六角头螺栓的柱形沉头孔 2 的创建。

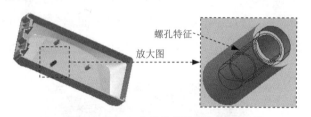
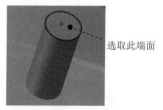

图 30.58　M4 六角头螺栓的柱形沉头孔 2　　　　图 30.59　定义孔的放置

Step42. 创建图 30.60 所示的零件特征——M4 六角头螺栓的柱形沉头孔 3。选择下拉菜单 插入(I) ➡ 特征(F) ➡ 孔(H) ➡ 向导(W)... 命令；在"孔规格"对话框中单击 ⊓ 位置 选项卡，选取图 30.61 所示的模型表面为孔的放置面，在单击处将出现孔的预览，将点的位置与图 30.61 所示的面的圆心重合；在"孔位置"对话框单击 类型 选项卡，在 孔类型(T) 区域选择孔"类型"为 （柱孔），标准为 GB ，然后在 终止条件(C) 下拉列表中选择 给定深度 选项，在 后的文本框中输入值 10.8；在 孔规格 区域定义孔的大小为 M4 ，配合为 正常 ，选中 ☑ 显示自定义大小(Z) 复选框，在 后的文本框中输入值 4.5，在 后的文本框中输入值 6，在 后的文本框中输入值 2.0，单击 按钮，完成 M4 六角头螺栓的柱形沉头孔 3 的创建。

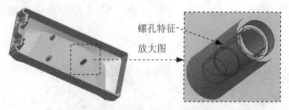
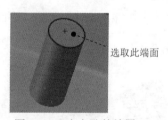

图 30.60　M4 六角头螺栓的柱形沉头孔 3　　　　图 30.61　定义孔的放置

Step43. 创建图 30.62b 所示的"基准面 5"。选择下拉菜单 插入(I) ➡ 参考几何体(G) ➡ 基准面(P)... 命令；选取右视基准面为参考实体，采用系统默认的偏移方向，输入偏移距离值 40.0；单击 按钮，完成基准面 5 的创建。

Step44. 创建图 30.63b 所示的"基准面 6"。选择下拉菜单 插入(I) ➡ 参考几何体(G) ➡ 基准面(P)... 命令；选取前视基准面为参考实体，输入偏移距离值 25.0，并选中

☑反转 复选框；单击 ✅ 按钮，完成基准面 6 的创建。

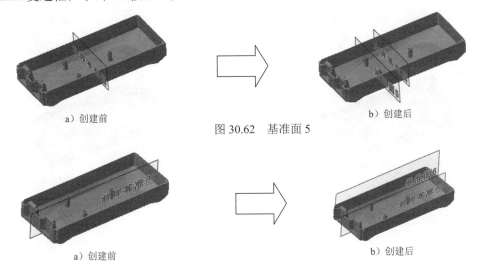

a）创建前　　　　　　　　　　　　　　　b）创建后

图 30.62　基准面 5

a）创建前　　　　　　　　　　　　　　　b）创建后

图 30.63　基准面 6

Step45. 创建图 30.64 所示的零件基础特征——凸台-拉伸 6。选择下拉菜单 插入(I)

➡ 凸台/基体(B) ➡ 🔳 拉伸(E)... 命令。选取基准面 5 作为草图基准面，绘制图 30.65

所示的横断面草图；在"凸台-拉伸"对话框 方向1 区域的下拉列表中选择 两侧对称 选项，

输入深度值 1.0。

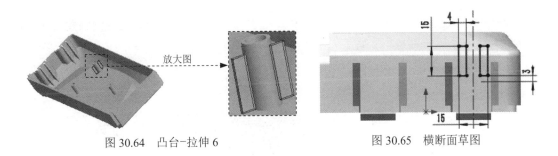

图 30.64　凸台-拉伸 6　　　　　　　　　图 30.65　横断面草图

Step46. 创建图 30.66 所示的零件基础特征——凸台-拉伸 7。选择下拉菜单 插入(I)

➡ 凸台/基体(B) ➡ 🔳 拉伸(E)... 命令。选取基准面 6 作为草图基准面，绘制图 30.67

所示的横断面草图；在"凸台-拉伸"对话框 方向1 区域的下拉列表中选择 两侧对称 选项，

输入深度值 1.0。

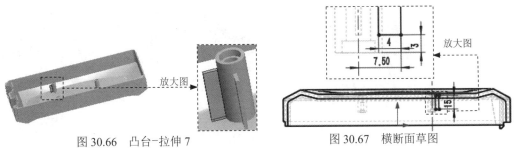

图 30.66　凸台-拉伸 7　　　　　　　　　图 30.67　横断面草图

Step47. 创建图 30.68b 所示的"镜像 4"。选择下拉菜单 插入(I) ➡ 阵列/镜向(E) ➡ 镜向(M)...命令。选取前视基准面作为镜像基准面，选取凸台-拉伸 3、凸台-拉伸 4 和镜像 2 作为镜像 4 的对象。

a）镜像前　　　　　　　　　　　　　　　　　b）镜像后

图 30.68　镜像 4

Step48. 创建图 30.69b 所示的"圆角 8"。选择图 22.69a 所示的边线为倒圆角对象，圆角半径值为 0.5。

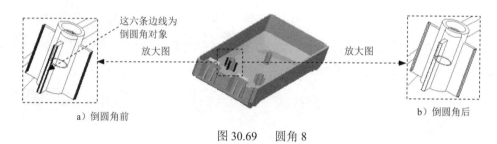

这六条边线为倒圆角对象　　放大图　　　　　　　　　　放大图

a）倒圆角前　　　　　　　　　　　　　　　　　b）倒圆角后

图 30.69　圆角 8

Step49. 创建图 30.70b 所示的"圆角 9"。选择图 30.70a 所示的边线为倒圆角对象，圆角半径值为 0.2。

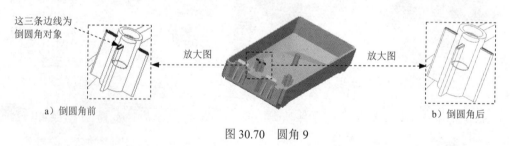

这三条边线为倒圆角对象　　放大图　　　　　　　　　　放大图

a）倒圆角前　　　　　　　　　　　　　　　　　b）倒圆角后

图 30.70　圆角 9

Step50. 创建图 30.71b 所示的"圆角 10"。选择图 30.71a 所示的边线为倒圆角对象，圆角半径值为 0.5。

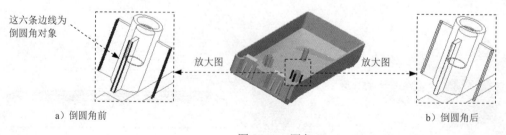

这六条边线为倒圆角对象　　放大图　　　　　　　　　　放大图

a）倒圆角前　　　　　　　　　　　　　　　　　b）倒圆角后

图 30.71　圆角 10

Step51. 创建图 30.72b 所示的圆角 11。选择图 30.72a 所示的边线为倒圆角对象，圆角半径值为 0.2。

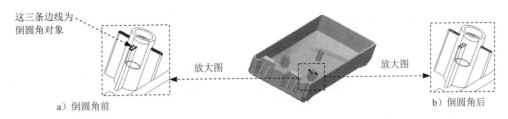

a）倒圆角前　　　　　　　　　　　　　　　　b）倒圆角后

图 30.72　圆角 11

Step52. 创建图 30.73 所示的"基准面 7"。选择下拉菜单 插入(I) ➡ 参考几何体(G) ➡ 基准面(P)... 命令；选取右视基准面为参考实体，输入偏移距离值 40.0，并选中 ☑反转 复选框；单击 ✔ 按钮，完成基准面 7 的创建。

a）创建前　　　　　　　　　　　　　　　　　　　b）创建后

图 30.73　基准面 7

Step53. 创建图 30.74 所示的零件基础特征——凸台-拉伸 8。选择下拉菜单 插入(I) ➡ 凸台/基体(B) ➡ 拉伸(E)... 命令。选取基准面 7 作为草图基准面，绘制图 30.75 所示的横断面草图；在"凸台-拉伸"对话框 方向1 区域的下拉列表中选择 两侧对称 选项，输入深度值 1.0。

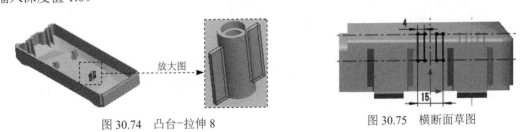

图 30.74　凸台-拉伸 8　　　　　　　　　　图 30.75　横断面草图

Step54. 创建图 30.76b 所示的"圆角 12"。选择图 30.76a 所示的边线为倒圆角对象，圆角半径值为 0.5。

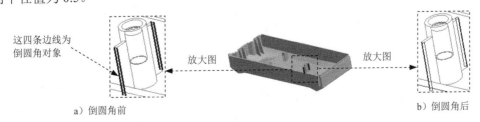

a）倒圆角前　　　　　　　　　　　　　　　　b）倒圆角后

图 30.76　圆角 12

Step55. 创建图 30.77b 所示的"圆角 13"。选择图 30.77a 所示的边线为倒圆角对象，圆角半径值为 0.2。

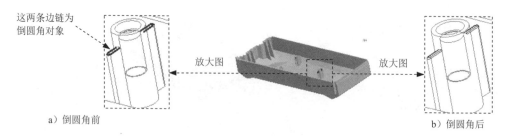

a）倒圆角前
b）倒圆角后

图 30.77　圆角 13

Step56. 创建图 30.78 所示的零件基础特征——凸台-拉伸 9。选择下拉菜单 插入(I) ➡ 凸台/基体(B) ➡ 拉伸(E)... 命令。选取上视基准面作为草图基准面，绘制图 30.79 所示的横断面草图；在"凸台-拉伸"对话框 方向1 区域的下拉列表中选择 成形到下一面 选项。

图 30.78　凸台-拉伸 9

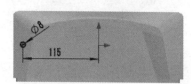

图 30.79　横断面草图

Step57. 创建图 30.80 所示的零件基础特征——凸台-拉伸 10。选择下拉菜单 插入(I) ➡ 凸台/基体(B) ➡ 拉伸(E)... 命令。选取上视基准面作为草图基准面，绘制图 30.81 所示的横断面草图；在"凸台-拉伸"对话框 方向1 区域的下拉列表中选择 两侧对称 选项，输入深度值 1.0。

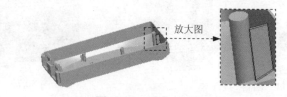

图 30.80　凸台-拉伸 10

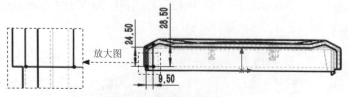

图 30.81　横断面草图

Step58. 创建图 30.82 所示的"基准面 8"。选择下拉菜单 插入(I) ➡ 参考几何体(G) ▸ ➡ 基准面(P)... 命令；选取右视基准面为参考实体，输入偏移距离值 115.0，并选中

☑反转 复选框；单击 ✔ 按钮，完成基准面 8 的创建。

a) 创建前   b) 创建后

图 30.82   基准面 8

Step59. 创建图 30.83 所示的零件基础特征——凸台-拉伸 11。选 择 下 拉 菜 单 插入(I)

➡ 凸台/基体(B) ➡ 拉伸(E)... 命令。选取基准面 8 作为草图基准面，绘制图 30.84

所示的横断面草图；在"凸台-拉伸"对话框 方向1 区域的下拉列表中选择 两侧对称 选项，

输入深度值 1.0。

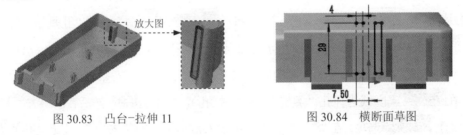

图 30.83   凸台-拉伸 11   图 30.84   横断面草图

Step60. 创建图 30.85b 所示的"圆角 14"。选择图 30.85a 所示的边线为倒圆角对象，

圆角半径值为 0.5。

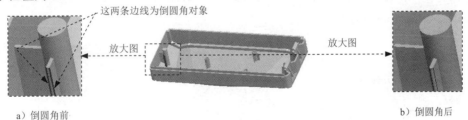

a) 倒圆角前   b) 倒圆角后

图 30.85   圆角 14

Step61. 创建图 30.86b 所示的"圆角 15"。选择图 30.86a 所示的边线为倒圆角对象，

圆角半径值为 0.2。

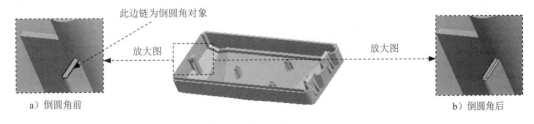

a) 倒圆角前   b) 倒圆角后

图 30.86   圆角 15

Step62. 创建图 30.87b 所示的"阵列（圆周）1"。选择下拉菜单 插入(I) ➡

阵列/镜向(E) ➡ 圆周阵列(C)...命令。选择下拉菜单 视图(V) ➡ 临时轴(X)，即显示临时轴；选取凸台-拉伸 11、圆角 14 和圆角 15 为阵列的源特征，选取图 30.87a 所示的轴线为圆周阵列轴；在 参数(P) 区域的 后的文本框中输入角度值 90.0，在 后的文本框中输入数值 3；单击 按钮，完成圆周阵列的创建。

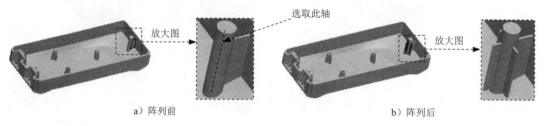

a）阵列前　　　　　　　　　　　　　　　　b）阵列后

图 30.87　圆周阵列 1

Step63. 创建图 30.88 所示的零件特征——M4 六角头螺栓的柱形沉头孔 4。选择下拉菜单 插入(I) ➡ 特征(F) ➡ 孔(H) ➡ 向导(W)...命令；在"孔规格"对话框中单击 位置 选项卡，选取图 30.89 所示的模型表面为孔的放置面，在单击处将出现孔的预览，将点的位置与图 30.89 所示的面的圆心重合；在"孔位置"对话框中单击 类型 选项卡，在 孔类型(T) 区域选择孔"类型"为 （柱孔），标准为 GB，然后在 终止条件(C) 下拉列表中选择 给定深度 选项，在 后的文本框中输入值 10.8；在 孔规格 区域定义孔的大小为 M4，配合为 正常，选中 ☑ 显示自定义大小(Z) 复选框，在 后的文本框中输入值 4.5，在 后的文本框中输入值 6，在 后的文本框中输入值 2.0，单击 按钮，完成 M4 六角头螺栓的柱形沉头孔 4 的创建。

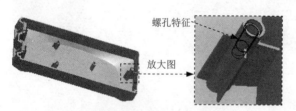

图 30.88　M4 六角头螺栓的柱形沉头孔 4　　　　　图 30.89　定义孔的放置

Step64. 创建图 30.90b 所示的"圆角 16"。选择图 30.90a 所示的边线为倒圆角对象，圆角半径值为 10。

a）倒圆角前　　　　　　　　　　　　　　　　b）倒圆角后

图 30.90　圆角 16

Step65. 创建图 30.91b 所示的"圆角 17"。选择图 30.91a 所示的边线为倒圆角对象，圆角半径值为 0.5。

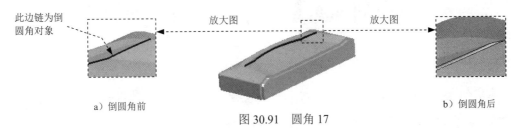

图 30.91 圆角 17

Step66. 创建图 30.92b 所示的"圆角 18"。选择图 30.92a 所示的边线为倒圆角对象，圆角半径值为 0.5。

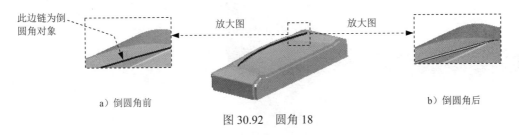

图 30.92 圆角 18

Step67. 保存模型。选择下拉菜单 文件(F) ➡ 📙 保存(S) 命令，将模型命名为 PANEL，保存模型。

实例 **31** 饮 料 瓶

实例概述

本实例是一个饮料瓶的设计，主要运用了旋转、曲面-放样、使用曲面切除、扫描等特征命令，其中曲面-放样和使用曲面切除特征的创建技巧应引起读者注意。零件实体模型如图 31.1 所示。

图 31.1　零件模型

说明： 本实例前面的详细操作过程请参见随书光盘中 video\ch31\reference 文件下的语音视频讲解文件 bottle-r01.exe。

Step1. 打开文件 D:\sw15.7\work\ch31\bottle_ex.SLDPRT。

Step2. 创建图 31.2 所示的零件特征——凸台-拉伸 3。选择下拉菜单 插入(I) ➡ 凸台/基体(B) ➡ 拉伸(E)... 命令；选取图 31.3 所示的表面为草图基准面，在草绘环境中绘制图 31.4 所示的草图 4；采用系统默认的深度方向；在"凸台-拉伸"对话框 方向1 区域的下拉列表中选择 给定深度 选项，输入深度值 5.0。

选取此面

图 31.2　凸台-拉伸 3　　　图 31.3　草图基准面　　　图 31.4　草图 4

Step3. 创建图 31.5 所示的零件基础特征——旋转 2。选择下拉菜单 插入(I) ➡ 凸台/基体(B) ➡ 旋转(R)... 命令；选取前视基准面作为草图基准面，进入草绘环境。绘制图 31.6 所示的草图 5；采用草图中绘制的中心线为旋转轴线；在"旋转"对话框中 方向1 区域的下拉列表中选择 给定深度 选项，采用系统默认的旋转方向；在 方向1 区域的 ⌐A¹ 文本框中输入数值 360.0。

图 31.5 旋转 2

图 31.6 草图 5

Step4. 创建图 31.7 所示的"圆角 4"。选择下拉菜单 插入(I) ➡ 特征(F) ➡
圆角(F)... 命令；圆角半径为 2.0。

Step5. 创建图 31.8b 所示的"圆角 5"。选择下拉菜单 插入(I) ➡ 特征(F) ➡
圆角(F)... 命令；选取图 31.8a 所示的边线为要倒圆角的对象；圆角半径为 4.0。

Step6. 创建图 31.9b 所示的"圆角 6"。选择下拉菜单 插入(I) ➡ 特征(F) ➡
圆角(F)... 命令；选取图 31.9a 所示的边线为要倒圆角的对象；圆角半径为 6.0。

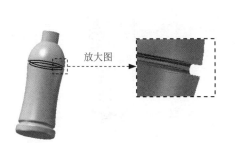

图 31.7 圆角 4

a）倒圆角前

b）倒圆角后

图 31.8 圆角 5

a）倒圆角前

b）倒圆角后

图 31.9 圆角 6

Step7. 创建图 31.10 所示的"基准面 1"。选择下拉菜单 插入(I) ➡ 参考几何体(G)
➡ 基准面(P)... 命令，系统弹出"基准面"对话框；选取右视基准面为基准面的参考实体；采用系统默认的偏移方向，在 按钮后的文本框中输入偏移距离值 50.0；单击对话框中的 按钮，完成基准面 1 的创建。

Step8. 创建图 31.11 所示的"分割线 1"。选择下拉菜单 插入(I) ➡ 曲线(U) ➡

命令，系统弹出"分割线"对话框；采用系统默认的分割类型；在设计树中选取右视基准面为分割工具；选取图 31.11 所示的模型表面为要分割的面；单击 ✓ 按钮，完成分割线 1 的创建。

图 31.10　基准面 1　　　　　　　　　　图 31.11　分割线 1

Step9. 创建图 31.12 所示的草图 6。选择下拉菜单 插入(I) ➡ ✏ 草图绘制 命令；选取基准面 1 为草图基准面；绘制图 31.12 所示的草图；选择下拉菜单 插入(I) ➡ ✏ 退出草图 命令，退出草绘环境。

Step10. 创建图 31.13 所示的草图 7。选择下拉菜单 插入(I) ➡ ✏ 草图绘制 命令；选取基准面 1 为草图基准面；绘制图 31.13 所示的草图。

图 31.12　草图 6　　　　　　　　　　图 31.13　草图 7

Step11. 创建图 31.14 所示的曲线 1。选择下拉菜单 插入(I) ➡ 曲线(U) ➡ ▥ 投影曲线(P)... 命令，系统弹出"投影曲线"对话框；在"投影曲线"对话框的下拉列表中选择 ⦿ 面上草图(K) 单选按钮；选择草图 6 为要投影的草图；选取图 31.15 所示的模型表面为要投影到的面，选中 ☑ 反转投影(R) 复选框。

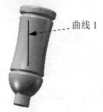

图 31.14　曲线 1　　　　　　　　　　图 31.15　定义投影面

Step12. 创建图 31.16 所示的曲线 2。选择下拉菜单 插入(I) ➡ 曲线(U) ➡ ▥ 投影曲线(P)... 命令；在"投影曲线"对话框的下拉列表中选择 ⦿ 面上草图(K) 单选按钮；

选择草图 7 为要投影的草图；选取图 31.17 所示的模型表面为要投影到的面，选中 ☑ 反转投影(R) 复选框。

曲线 2

图 31.16 曲线 2

选取此面

图 31.17 定义投影面

Step13. 创建图 31.18 所示的"基准轴 1"。按住 Ctrl 键选择曲线 1 和曲线 2 的两个端点；选择下拉菜单 插入(I) ➡ 参考几何体(G) ➡ 基准轴(A) 命令，系统弹出"基准轴"对话框；单击对话框中的 ✔ 按钮，完成基准轴 1 的创建。

Step14. 创建图 31.19 所示的"基准轴 2"。按住 Ctrl 键选择曲线 1 和曲线 2 的两个端点；选择下拉菜单 插入(I) ➡ 参考几何体(G) ➡ 基准轴(A) 命令，系统弹出"基准轴"对话框；单击对话框中的 ✔ 按钮，完成基准轴 2 的创建。

放大图

基准轴1

图 31.18 基准轴 1

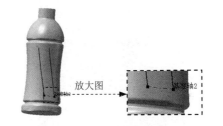

放大图

基准轴2

图 31.19 基准轴 2

Step15. 创建图 31.20 所示的"基准面 2"。选择下拉菜单 插入(I) ➡ 参考几何体(G) ➡ 基准面(P)... 命令；选取基准轴 1 和上视基准面为参考实体；在 后的文本框中输入数值 330.0。

Step16. 创建图 31.21 所示的"基准面 3"。选择下拉菜单 插入(I) ➡ 参考几何体(G) ➡ 基准面(P)... 命令；选取基准轴 2 和上视基准面为参考实体；在 后的文本框中输入数值 30.0；完成基准面 3 的创建。

基准轴1 基准面2

上视基准面

图 31.20 基准面 2

上视基准面

基准轴2

基准面3

图 31.21 基准面 3

Step17. 创建图 31.22 所示的草图 8。选择下拉菜单 插入(I) ➡ 草图绘制 命令；选取基准面 2 为草图基准面，绘制图 31.22 所示的草图。

Step18. 创建图 31.23 所示的草图 9。选择下拉菜单 插入(I) ➡ 草图绘制 命令；选取基准面 2 为草图基准面，绘制图 31.23 所示的草图。

图 31.22　草图 8

图 31.23　草图 9

Step19. 创建图 31.24 所示的草图 10。选择下拉菜单 插入(I) ➡ 草图绘制 命令；选取基准面 3 为草图基准面，绘制图 31.24 所示的草图。

Step20. 创建图 31.25 所示的草图 11。选择下拉菜单 插入(I) ➡ 草图绘制 命令；选取基准面 3 为草图基准面，绘制图 31.25 所示的草图。

图 31.24　草图 10

图 31.25　草图 11

Step21. 创建图 31.26 所示的"曲面-放样 1"。选择下拉菜单 插入(I) ➡ 曲面(S) ➡ 放样曲面(L)... 命令，系统弹出"曲面-放样"对话框；选择草图 8 和草图 9 作为曲面-放样 1 的轮廓。其他采用默认设置；在对话框中单击 ✔ 按钮，完成曲面-放样 1 的创建。

Step22. 创建图 31.27 所示的"曲面-放样 2"。选择下拉菜单 插入(I) ➡ 曲面(S) ➡ 放样曲面(L)... 命令；选择草图 10 和草图 11 作为曲面-放样 2 的轮廓。

图 31.26　曲面-放样 1

图 31.27　曲面-放样 2

Step23. 创建图 31.28 所示的"曲面-放样 3"。选择下拉菜单 插入(I) ➡ 曲面(S) ➡ 放样曲面(L)... 命令；选择草图 8 和草图 10 为曲面-放样 3 的轮廓；选取曲线 1 和曲线 2 为曲面-放样 3 的引导线,其他采用默认设置。

Step24. 创建图 31.29 所示的"曲面-缝合 1"。选择下拉菜单 插入(I) ➡ 曲面(S) ➡ ➡ 缝合曲面(K)... 命令,系统弹出"缝合曲面"对话框;定义要缝合的曲面。选择曲面-放样 1、曲面-放样 2 及曲面-放样 3 为要缝合的曲面;单击对话框中的 ✔ 按钮,完成曲面-缝合 1 的创建。

图 31.28 曲面-放样 3

图 31.29 曲面-缝合 1

Step25. 创建图 31.30 所示的"基准轴 3"。选择下拉菜单 插入(I) ➡ 参考几何体(G) ➡ 基准轴(A) 命令;在"基准轴"对话框的 选择(S) 区域中单击 圆柱/圆锥面(C) 按钮;选取图 31.30 所示的圆柱面为基准轴的参考实体。

Step26. 创建图 31.31 所示的"使用曲面切除 1"。选择下拉菜单 插入(I) ➡ 切除(C) ➡ 使用曲面(W) 命令,系统弹出"使用曲面切除"对话框;定义切除曲面。选择曲面-缝合 1 为切除曲面;单击 ✎ 按钮;单击对话框中的 ✔ 按钮,完成使用曲面切除 1 的创建。

图 31.30 基准轴 3

图 31.31 使用曲面切除 1

Step27. 创建图 31.32b 所示的"阵列(圆周)1"。选择下拉菜单 插入(I) ➡ 阵列/镜向(E) ➡ 圆周阵列(C)... 命令,系统弹出"圆周阵列"对话框;选择图 31.32a 所示的使用曲面切除 1 特征作为阵列的源特征;选取设计树中的"基准轴 3"为圆周阵列轴,在 参数(P) 区域 ⌆ 按钮后的文本框中输入数值 60,在 参数(P) 区域 ⌗ 按钮后的文本框中输入数值 6;选中 ☑ 几何体阵列(G) 复选框。

Step28. 创建"圆角 7"。选择下拉菜单 插入(I) ➡ 特征(F) ➡ 圆角(F)... 命令,选取图 31.33 所示的边线为要倒圆角的对象,圆角半径为 2.0。

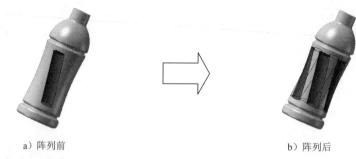

a）阵列前　　　　　　　　　　　　　　　　b）阵列后

图 31.32　阵列（圆周）1

Step29. 创建"圆角 8"。选择下拉菜单 插入(I) ➡ 特征(F) ➡ 圆角(F)... 命令；选取图 31.34 所示的边线为要圆角的对象；圆角半径为 2.0。

选取所有内部边线　　　　　　　　　　　　　　选取六条轮廓线

图 31.33　圆角 7　　　　　　　　　　　　　　图 31.34　圆角 8

Step30. 创建图 31.35 所示的零件特征——切除-拉伸 1。选择下拉菜单 插入(I) ➡ 切除(C) ➡ 拉伸(E)... 命令；选取图 31.36 所示的模型表面为草图基准面，在草绘环境中绘制图 31.37 所示的草图 12；采用系统默认的切除深度方向；在"切除-拉伸"对话框 方向1 区域的下拉列表中选择 给定深度 选项，输入深度值 4.0；单击对话框中的 ✔ 按钮，完成切除-拉伸 1 的创建。

选取此面

图 31.35　切除-拉伸 1　　　　图 31.36　草图基准面　　　　图 31.37　草图 12

Step31. 创建"圆角 9"。选择下拉菜单 插入(I) ➡ 特征(F) ➡ 圆角(F)... 命令；选取图 31.38 所示的边线为要倒圆角的对象；圆角半径为 3.0。

Step32. 创建"圆角 10"。选择下拉菜单 插入(I) ➡ 特征(F) ➡ 圆角(F)... 命令；选取图 31.39 所示的边线为要倒圆角的对象；圆角半径为 1.0。

图 31.38 圆角 9

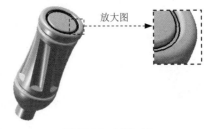

图 31.39 圆角 10

Step33. 创建图 31.40a 所示的零件特征——切除-旋转 1。选择下拉菜单 插入(I) ➡ 切除(C) ➡ 旋转(R)...命令，系统弹出"旋转"对话框；定义特征的横断面草图。选取右视基准面为草图基准面，进入草绘环境，绘制图 31.40b 所示的草图 13（包括旋转轴线），选择下拉菜单 插入(I) ➡ 退出草图命令，退出草绘环境，系统弹出"切除-旋转"对话框；采用草图中绘制的旋转轴线；在"切除-旋转"对话框中 方向1 区域的下拉列表中选择 给定深度选项，采用系统默认的旋转方向，在 方向1 区域的 文本框中输入数值 360.0；单击对话框中的 ✅ 按钮，完成切除-旋转 1 的创建。

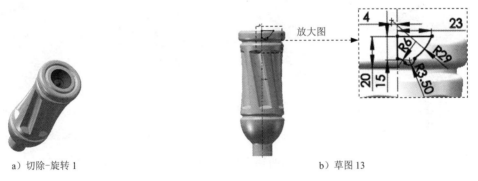

a）切除-旋转 1   b）草图 13

图 31.40 切除-旋转 1

Step34. 创建图 31.41 所示的"圆角 11"。选择下拉菜单 插入(I) ➡ 特征(F) ➡ 圆角(F)...命令；选取图 31.41 所示的边线为要倒圆角的对象；圆角半径为 4.0。

Step35. 创建图 31.42 所示的"曲面-等距 1"。选择下拉菜单 插入(I) ➡ 曲面(S) ➡ 等距曲面(O)...命令，系统弹出"等距曲面"对话框；选取图 31.42 所示的实体表面为等距曲面；在 后的文本框中输入数值 0；单击 ✅ 按钮，完成曲面-等距 1 的创建。

说明： 曲面等距前后实体并没有变化，只是在实体表面创建了曲面。

Step36. 创建"分割线 2"。选择下拉菜单 插入(I) ➡ 曲线(U) ➡ 分割线(S)...命令；采用系统默认的分割类型；在设计树中选取右视基准面为分割工具；选取图 31.43 所示的模型表面为要分割的面。

选取此边线

选取此面

右视基准面
选取此面

图 31.41　圆角 11　　　　　图 31.42　曲面-等距 1　　　　图 31.43　分割线 2

Step37. 创建图 31.44 所示的草图 14。选择下拉菜单 插入(I) ➡ 草图绘制 命令；选取图 31.45 所示的表面为草图基准面，绘制图 31.44 所示的草图。

Step38. 创建图 31.46 所示的草图 15。选择下拉菜单 插入(I) ➡ 草图绘制 命令；选取图 31.45 所示的表面为草图基准面，绘制图 31.46 所示的草图。

Step39. 创建图 31.47 所示的草图 16。选择下拉菜单 插入(I) ➡ 草图绘制 命令；选取图 31.45 所示的表面为草图基准面，绘制图 31.47 所示的草图。

选取此面

图 31.44　草图 14　　　　图 31.45　草图基准面　　　图 31.46　草图 15　　　图 31.47　草图 16

Step40. 创建图 31.48 所示的曲线 3。选择下拉菜单 插入(I) ➡ 曲线(U) ➡ 投影曲线(P)... 命令；在"投影曲线"对话框的下拉列表中选择 ⊙ 面上草图(K) 单选按钮；选择草图 14 为要投影的草图；选取图 31.49 所示的模型表面为要投影到的面；选中 ☑ 反转投影(R) 复选框。

Step41. 创建图 31.50 所示的曲线 4。选择下拉菜单 插入(I) ➡ 曲线(U) ➡ 投影曲线(P)... 命令；在"投影曲线"对话框的下拉列表中选择 ⊙ 面上草图(K) 单选按钮；选择草图 15 为要投影的草图；选取图 31.49 所示的模型表面为要投影到的面；选中 ☑ 反转投影(R) 复选框。

Step42. 创建图 31.51 所示的曲线 5。选择下拉菜单 插入(I) ➡ 曲线(U) ➡ 投影曲线(P)... 命令；在"投影曲线"对话框的下拉列表中选择 ⊙ 面上草图(K) 单选按钮；选择草图 16 为要投影的草图；选取图 31.49 所示的模型表面为要投影到的面，选中 ☑ 反转投影(R) 复选框。

图 31.48　曲线 3　　　图 31.49　投影面 2　　　图 31.50　曲线 4　　　图 31.51　曲线 5

Step43. 创建图 31.52 所示的草图 17。选择下拉菜单 插入(I) ➡ 草图绘制 命令；选取右视基准面作为草图基准面，绘制图 31.52 所示的草图。

Step44. 创建图 31.53 所示的曲线 6。选择下拉菜单 插入(I) ➡ 曲线(U) ➡ 投影曲线(P)... 命令；在"投影曲线"对话框的下拉列表中选择 ● 面上草图(K) 单选按钮；选择草图 17 为要投影的草图；选取图 31.54 所示的模型表面为要投影到的面，取消选中 □ 反转投影(R) 复选框。

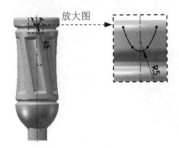
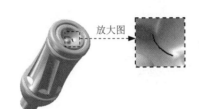

图 31.52　草图 17　　　　图 31.53　曲线 6　　　　图 31.54　投影面 3

Step45. 创建图 31.55 所示的"曲面-放样 4"。选择下拉菜单 插入(I) ➡ 曲面(S) ➡ 放样曲面(L)... 命令；选择曲线 3 和曲线 6 为曲面-放样 4 的轮廓；选取曲线 4 和曲线 5 为曲面-放样 4 的引导线；其他采用系统默认设置。

Step46. 创建图 31.56 所示的"使用曲面切除 2"。选择下拉菜单 插入(I) ➡ 切除(C) ➡ 使用曲面(W) 命令；选择曲面-放样 4 为切除曲面；采用系统默认的切除方向。

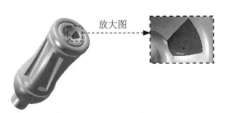

图 31.55　曲面-放样 4　　　　　图 31.56　使用曲面切除 2

Step47. 创建图 31.57b 所示的"阵列（圆周）2"。选择下拉菜单 插入(I) ➡ 阵列/镜向(E) ➡ 圆周阵列(C)... 命令；选择图 31.57a 所示的使用曲面切除 2 特征为阵列的源特征；

选取设计树中的"基准轴 3"作为圆周阵列轴；在 参数(P) 区域 按钮后的文本框中输入数值 90.0；在 参数(P) 区域 按钮后的文本框中输入数值 4。

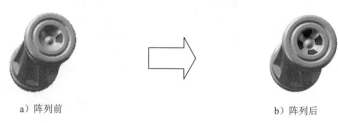

a）阵列前   b）阵列后

图 31.57　阵列（圆周）2

Step48. 创建"圆角 12"。选择下拉菜单 插入(I) ➡ 特征(F) ➡ 圆角(F)...命令；选取图 31.58 所示的边线为要倒圆角的对象；圆角半径为 4.0。

Step49. 创建"圆角 13"。选择下拉菜单 插入(I) ➡ 特征(F) ➡ 圆角(F)...命令；选取图 31.59 所示的边线为要倒圆角的对象；圆角半径为 4.0。

选取此边线　　　　　　　　　　　　　　　　　放大图

图 31.58　圆角 12　　　　　　　　　　图 31.59　圆角 13

Step50. 创建图 31.60a 所示的零件特征——抽壳 1。选择下拉菜单 插入(I) ➡ 特征(F) ➡ 抽壳(S)...命令；选取图 31.60b 所示的模型表面为要移除的面；在"抽壳 1"对话框的 参数(P) 区域中输入壁厚值 1.0；单击对话框中的 ✔ 按钮，完成抽壳 1 的创建。

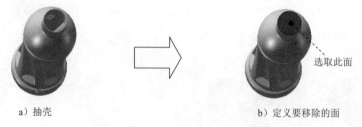

a）抽壳　　　　　　　　　　　　　　　　b）定义要移除的面

选取此面

图 31.60　抽壳 1

Step51. 创建图 31.61 所示的"基准面 4"。选择下拉菜单 插入(I) ➡ 参考几何体(G) ➡ 基准面(P)...命令；选取图 31.61 所示的面 1 为基准面 4 的参考实体；采用系统默认的偏移方向，输入偏移距离值 3.0，选中 ☑反转 复选框。

Step52. 创建图 31.62 所示的草图 18。选择下拉菜单 插入(I) ➜ 草图绘制 命令；选取基准面 4 为草图基准面，绘制图 31.62 所示的草图。

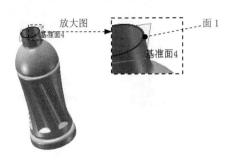

图 31.61　基准面 4　　　　　　　　　　　图 31.62　草图 18

Step53. 创建图 31.63 所示的螺旋线 1。选择下拉菜单 插入(I) ➜ 曲线(U) ➜ 螺旋线/涡状线(H)... 命令；选择草图 18 为螺旋线的横断面；在 定义方式(D): 区域的下拉列表中选择 螺距和圈数 选项；在"螺旋线/涡状线"对话框 参数(P) 区域中选中 ⦿ 可变螺距(L) 单选按钮。在 参数(P) 区域中输入图 31.64 所示的参数，选中 ☑ 反向(V) 复选框，其他均采用系统默认值；单击 ✓ 按钮，完成螺旋线 1 的创建。

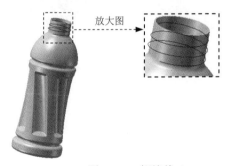

	圈数	高度	直径
1	0	0mm	36mm
2	0.3	2.1mm	40mm
3	2.3	16.1mm	40mm
4	2.8	19.6mm	37mm
5			

图 31.63　螺旋线 1　　　　　　　　　图 31.64　定义螺旋线参数

Step54. 创建图 31.65 所示的草图 19。选择下拉菜单 插入(I) ➜ 草图绘制 命令；选取右视基准面为草图基准面，绘制图 31.65 所示的草图。

Step55. 创建图 31.66 所示的"扫描 1"。选择下拉菜单 插入(I) ➜ 凸台/基体(B) ➜ 扫描(S)... 命令，系统弹出"扫描"对话框；在图形区中选取草图 19 为切除-扫描的轮廓线；在图形区中选取螺旋线 1 为扫描的路径；单击对话框中的 ✓ 按钮，完成扫描 1 的创建。

Step56. 创建图 31.67 所示的零件特征——切除-拉伸 2。选择下拉菜单 插入(I) ➜ 切除(C) ➜ 拉伸(E)... 命令；选取图 31.68 所示的模型表面为草图基准面，在草绘环境中绘制图 31.69 所示的横断面草图（使用瓶口内边线），选择下拉菜单 插入(I) ➜ 退出草图 命令，完成横断面草图的创建；采用系统默认的切除深度方向；在"切除-拉伸"对话框 方向1 区域的下拉列表中选择 给定深度 选项，输入深度值 50.0；单

击对话框中的 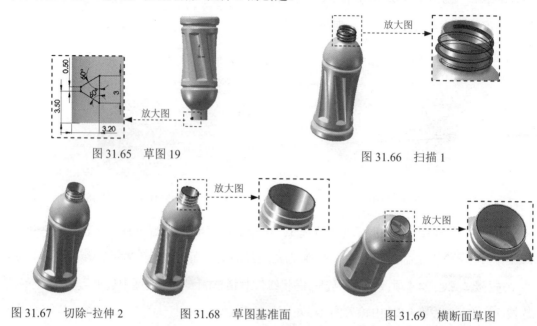 按钮，完成切除-拉伸 2 的创建。

图 31.65　草图 19

图 31.66　扫描 1

图 31.67　切除-拉伸 2

图 31.68　草图基准面

图 31.69　横断面草图

Step57. 至此，零件模型创建完毕。选择下拉菜单 文件(F) ➡ 保存(S) 命令，命名为 bottle，即可保存零件模型。

实例 **32**　参数化设计蜗杆

实例概述

本实例介绍了一个由参数、关系控制的蜗杆模型。设计过程是先创建参数及关系，然后利用这些参数创建出蜗杆模型。用户可以通过修改参数值来改变蜗杆的形状。这是一种典型的系列化产品的设计方法，它使产品的更新换代更加快捷、方便。蜗杆模型如图 32.1所示。

图 32.1　蜗杆模型

Step1. 新建一个零件模型文件，进入建模环境。

Step2. 添加方程式 1。选择下拉菜单 工具(T) ➡ ∑ 方程式(Q)... ，系统弹出"方程式、整体变量、及尺寸"对话框 1，如图 32.2 所示；单击"全局变量"下面的文本框，然后在其文本框中输入"外径"；在"外径"文本框右侧的文本框中单击使其激活，然后输入数值"33"；用同样的方法创建另外两个全局变量，结果如图 32.3 所示，在"方程式"对话框中单击 确定 按钮，完成方程式的创建。

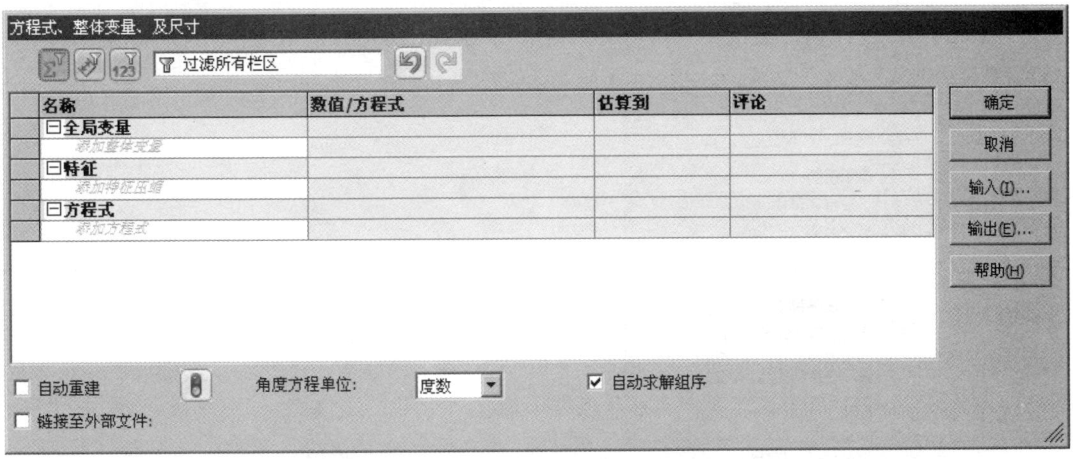

图 32.2　"方程式、整体变量、及尺寸"对话框 1

图 32.3 "方程式、整体变量、及尺寸"对话框 2

Step3. 添加图 32.4 所示的零件基础特征——凸台-拉伸 1。选择下拉菜单 插入(I) ➡ 凸台/基体(B) ➡ 拉伸(E)... 命令；选取前视基准面为草图基准面，在草绘环境中绘制 图 32.5 所示的草图 1（草图尺寸可以任意给定），选择下拉菜单 插入(I) ➡ 退出草图 命令，退出草绘环境，系统弹出"凸台-拉伸"对话框；采用系统默认的深度方向，在"凸台-拉伸"对话框 方向1 区域的下拉列表中选择 给定深度 选项，深度值 40（可以给出任意深度值）；单击 ✔ 按钮，完成凸台-拉伸 1 的创建。

图 32.4 凸台-拉伸 1

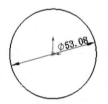

图 32.5 草图 1

Step4. 在设计树中右击 ⊞ A 注解 节点，系统弹出如图 32.6 所示的快捷菜单，选择 显示特征尺寸 (C) 命令，在图形区显示出特征尺寸，如图 32.7 所示。

图 32.6 快捷菜单

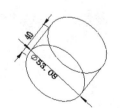

图 32.7 显示特征尺寸

Step5. 连接拉伸尺寸。选择下拉菜单 工具(T) ➡ Σ 方程式(Q)... 命令，系统弹出"方程式、整体变量、及尺寸"对话框；单击"方程式"下面的文本框，在模型中选择尺寸40，在快捷菜单中选择 全局变量 ➡ 长度(100) 命令，如图32.8所示；定义尺寸"Ø53.08"等于"外径"，单击 确定 按钮；单击"重建模型"按钮 ，再生模型结果如图32.9所示。

图32.8 "方程式、整体变量、及尺寸"对话框3

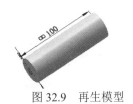

图32.9 再生模型

Step6. 创建图32.10所示的草图2。选择下拉菜单 插入(I) ➡ 草图绘制 命令；选取前视基准面为草图基准面；在草绘环境中绘制图32.10所示的草图；选择下拉菜单 插入(I) ➡ 退出草图 命令，退出草图设计环境。

Step7. 添加图32.11所示的螺旋线1。选择下拉菜单 插入(I) ➡ 曲线(U) ➡ 螺旋线/涡状线(H)... 命令；选择草图2为螺旋线的横断面；在 定义方式(D): 区域的下拉列表中选择 高度和螺距 选项；选择旋转方向为 ⊙ 逆时针(W)，起始角为0°，其他均按系统默认设置。高度和螺距参数任意给定（在这里给出螺距为32，高度为82）；单击 按钮，完成螺旋线1的创建。

图32.10 草图2

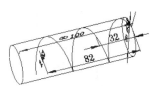

图32.11 螺旋线1

Step8. 添加方程式 2。选择下拉菜单 [工具(T)] ➡ [∑ 方程式(Q)...]命令，系统弹出"方程式、整体变量、及尺寸"对话框；单击"方程式"下面的文本框，选择模型中的螺距尺寸 32，对应的文本框中输入 pi * "模数"（输入时能在操控板中进行的操作都要在操控板中操作）；单击"方程式"下面的对话框，选择模型中的螺旋线高度尺寸 82，在快捷菜单中选择 [全局变量] ➡ [● 长度 (100)]命令，完成后界面如图 32.12 所示，单击 [确定]按钮；单击"重建模型"按钮[■]，再生模型结果如图 32.13 所示。

Step9. 创建图 32.14 所示的草图 3。选择下拉菜单 [插入(I)] ➡ [草图绘制]命令，选取上视基准面为草图基准面，在草绘环境中绘制图 32.14 所示的草图（图中尺寸可以任意给定），选择下拉菜单 [插入(I)] ➡ [退出草图]命令，退出草图设计环境。

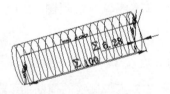

图 32.12   "方程式、整体变量、及尺寸"对话框 4

图 32.13   再生螺旋线

Step10. 添加方程式 3。单击"重建模型"按钮[■]，再生结果如图 32.15 所示（注：具体参数和操作参见随书光盘）。

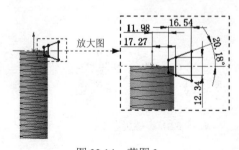

图 32.14   草图 3

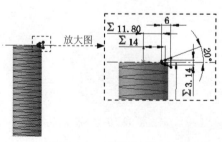

图 32.15   再生草图 3

Step11. 创建图 32.16 所示的草图 4。选择下拉菜单 插入(I) ➡ 🗒 草图绘制 命令，选取上视基准面为草图基准面，在草绘环境中绘制图 32.16 所示的草图（使用"转换实体引用"命令），选择下拉菜单 插入(I) ➡ 🗒 退出草图 命令，退出草图设计环境。

Step12. 添加图 32.17 所示的零件特征——切除-扫描 1。选择下拉菜单 插入(I) ➡ 切除(C) ➡ 🗒 扫描(S) 命令，系统弹出"切除-扫描"对话框；选取草图 4 为扫描 1 特征的轮廓；选取螺旋线 1 为扫描 1 特征的路径。单击对话框中的 ✓ 按钮，完成切除-扫描 1 的创建。

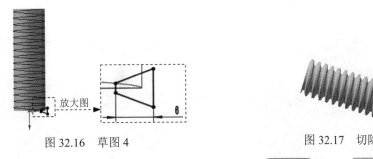

图 32.16　草图 4　　　　　　　　　　图 32.17　切除-扫描 1

Step13. 至此，零件模型创建完毕。选择下拉菜单 文件(F) ➡ 🖫 保存(S) 命令，命名为 worm，即可保存零件模型。

实例 **33**　轴　　承

实例概述

本实例详细讲解了轴承的创建和装配过程：首先是创建轴承的内环、卡环及滚柱，它们分别生成一个模型文件，然后装配模型，并在装配体中创建零件模型。其中，在创建外环时运用到 "在装配体中创建零件模型"的方法，是一种典型的"自顶向下"的设计方法。装配组件模型及设计树如图 33.1 所示。

图 33.1　零件模型和设计树

Stage1. 创建零件模型——轴承内环

Step1. 新建一个零件模型文件，进入建模环境。

Step2. 创建图 33.2 所示的零件基础特征——旋转 1。选择下拉菜单 插入(I) ➡ 凸台/基体(B) ➡ 旋转(R)... 命令，选取右视基准面为草图基准面，在草绘环境中绘制图 33.3 所示的横断面草图，采用草图中绘制的竖直中心线为旋转轴线，在"旋转"对话框 方向1 区域的下拉列表中选择 给定深度 选项，采用系统默认的旋转方向，在 方向1 区域的 文本框中输入数值 360.0，单击对话框中的 按钮，完成旋转 1 的创建。

图 33.2　旋转 1

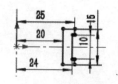

图 33.3　横断面草图

Step3. 创建图 33.4b 所示的倒角 1。选择下拉菜单 插入(I) ➡ 特征(F) ➡ 倒角(C)... 命令，弹出"倒角"对话框，采用系统默认的倒角类型；选取如图 33.4a 所示的边线为要倒角的对象；在"倒角"对话框的 文本框中输入数值 1.0，在 后的文本框中输入数值 45.0；单击  按钮，完成倒角 1 的创建。

放大图

a）倒角前　　　　　　　　　　　　　　　b）倒角后

图 33.4　倒角 1

Step4. 至此，轴承内环零件模型创建完毕。选择下拉菜单 文件(F) ➡ 保存(S) 命令，将模型命名为 column_bearing_in，保存零件模型。

Stage2.　创建零件模型——轴承卡环

轴承卡环零件模型及设计树如图 33.5 所示。

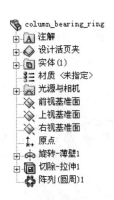

column_bearing_ring
＋ 注解
＋ 设计活页夹
　 实体(1)
　 材质〈未指定〉
＋ 光源与相机
　 前视基准面
　 上视基准面
　 右视基准面
　 原点
＋ 旋转-薄壁1
＋ 切除-拉伸1
　 阵列(圆周)1

图 33.5　零件模型和设计树

Step1. 新建一个零件模型文件，进入建模环境。

Step2. 创建图 33.6 所示的零件基础特征——旋转-薄壁 1。选择下拉菜单 插入(I) ➡ 凸台/基体(B) ➡ 旋转(R)... 命令；定义特征的横断面草图。选取右视基准面为草图基准面，在草绘环境中绘制图 33.7 所示的横断面草图；采用草图中绘制的竖直中心线为旋转轴线；在"旋转"对话框 方向1 区域的下拉列表中选择 给定深度 选项，采用系统默认的旋转方向，在 方向1 区域的 文本框中输入数值 360.0；在 ☑ 薄壁特征(T) 区域的下拉列表中选择 单向 选项，确认 按钮不被按下，在 后输入厚度值 1.0；单击对话框中的 ✔ 按钮，完成旋转-薄壁 1 的创建。

　　　　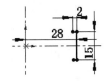

图 33.6　旋转-薄壁 1　　　　图 33.7　横断面草图

Step3. 创建图 33.8 所示的零件特征——切除-拉伸 1。选择下拉菜单 插入(I) ➡
切除(C) ➡ ▣ 拉伸(E)... 命令；选取前视基准面为草图基准面，在草绘环境中绘制图 33.9 所示的横断面草图；采用系统默认的切除深度方向，在"切除-拉伸"对话框 方向1 区域的下拉列表中选择 完全贯穿 选项；单击对话框中的 ✅ 按钮，完成切除-拉伸 1 的创建。

图 33.8 切除-拉伸 1

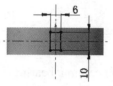

图 33.9 横断面草图

Step4. 创建图 33.10 所示的"阵列（圆周）1"。选择 插入(I) ➡ 阵列/镜向(E) ➡
🔧 圆周阵列(C)... 命令，系统弹出 "圆周阵列"对话框；选择切除-拉伸 1 为阵列的源特征；选择下拉菜单 视图(V) ➡ 🔧 临时轴(X) 命令，然后在图形区选取图 33.11 所示的临时轴作为阵列轴，在 🔧 按钮后的文本框中输入数值 22.5，定义阵列实例数，在 # 按钮后的文本框中输入数值 16；单击对话框中的 ✅ 按钮，完成阵列（圆周）1 的创建。

图 33.10 阵列（圆周）1

图 33.11 阵列轴

Step5. 至此，轴承卡环零件模型创建完毕。选择下拉菜单 文件(F) ➡ 🖫 保存(S) 命令，将模型命名为 column_bearing_ring，保存零件模型。

Stage3. 创建零件模型——轴承滚柱

Step1. 新建一个零件模型文件，进入建模环境。

Step2. 创建图 33.12 所示的零件基础特征——旋转 1。选择下拉菜单 插入(I) ➡
凸台/基体(B) ➡ 🔧 旋转(R)... 命令；选取右视基准面为草图基准面，在草绘环境中绘制图 33.13 所示的横断面草图；采用草图中绘制的竖直中心线为旋转轴线；在"旋转"对话框 方向1 区域的下拉列表中选择 给定深度 选项，采用系统默认的旋转方向；在 方向1 区域的 🔧 文本框中输入数值 360.0；单击对话框中的 ✅ 按钮，完成旋转 1 的创建。

Step3. 至此，轴承滚柱零件模型创建完毕。选择下拉菜单 文件(F) ➡ 🖫 保存(S) 命令，将模型命名为 column，保存零件模型。

图 33.12　旋转 1

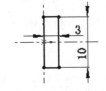

图 33.13　横断面草图

Stage4．装配模型并在装配体中创建零件

Step1. 新建一个装配文件。选择下拉菜单 文件(F) ➡ 新建(N)... 命令，在弹出的 "新建 SolidWorks 文件" 对话框中选择 "装配体" 选项，单击 确定 按钮，进入装配环境。

Step2. 插入轴承内环零件模型。引入零件。进入装配环境后，系统自动弹出 "插入零部件" 对话框，单击 "插入零部件" 对话框中的 浏览(B)... 按钮，在弹出的 "打开" 对话框中选取 column_bearing_in，单击 打开(O) 按钮；单击对话框中的 ✅ 按钮，将零件固定在原点位置。

Step3. 插入图 33.14 所示的轴承卡环并定位。选择菜单 插入(I) ➡ 零部件(O) ➡ 现有零件/装配体(E). 命令，系统弹出 "插入零部件" 对话框，单击 "插入零部件" 对话框中的 浏览(B)... 按钮，在弹出的 "打开" 对话框中选取 column_bearing_ring，单击 打开(O) 按钮，将零件放置到图 33.15 所示的位置。选择下拉菜单 插入(I) ➡ 配合(M)... 命令，系统弹出 "配合" 对话框，单击 "配合" 对话框中的 ◎ 按钮，选取图 33.16 所示的两个圆环为同轴心边，单击快捷工具条中的 ✅ 按钮，单击 "配合" 对话框中的 📐 按钮，选取图 33.17 所示的两个上视基准面作为重合面，单击快捷工具条中的 ✅ 按钮。

图 33.14　插入轴承卡环

图 33.15　放置轴承卡环

图 33.16　同轴心边

图 33.17　重合面 1

Step4. 插入图 33.18 所示的轴承滚柱并定位。

（1）引入零件。选择下拉菜单 插入(I) ➡ 零部件(O) ➡ 🐾 现有零件/装配体(E). 命令，系统弹出"插入零部件"对话框，单击"插入零部件"对话框中的 浏览(B)... 按钮，在弹出的"打开"对话框中选取 column，单击 打开(O) 按钮，将零件放置到图 33.19 所示的位置。

图 33.18　插入轴承滚柱

图 33.19　放置轴承滚柱

（2）创建配合使零件完全定位。选择下拉菜单 插入(I) ➡ 🔗 配合(M)... 命令，单击"配合"对话框中的 ⤬ 按钮，选取图 33.20 所示的两零件的上视基准面为重合面，单击快捷工具条中的 ✓ 按钮，单击"配合"对话框中的 ⤬ 按钮，选取图 33.21 所示的两零件的右视基准面为重合面，单击快捷工具条中的 ✓ 按钮，将轴承滚柱拖移至图 33.22 所示的位置；单击"配合"对话框中的 ⟋ 相切(T) 按钮，选取如图 33.22 所示的曲面为相切面，单击快捷工具条中的 ✓ 按钮。

注意：在创建配合前，需显示所有零件的基准面。

图 33.20　重合面 2

图 33.21　重合面 3

（3）对上一步装配的轴承滚柱进行阵列（如图 33.23 所示）。选择下拉菜单 插入(I) ➡ 零部件阵列(F). ➡ 🔩 特征驱动(F). 命令，选择轴承滚柱为要阵列的零部件，选择特征阵列（圆周）1 为驱动特征，单击对话框中的 ✓ 按钮，完成特征的阵列。

图 33.22　相切面

图 33.23　阵列特征

Step5. 选择下拉菜单 文件(F) ➡ 💾 保存(S) 命令，将装配模型命名为 column_bearing_asm，保存装配模型。

Step6. 在装配体中创建零件——轴承外环。选择菜单 插入(I) ➡ 零部件(O) ➡ 新零件(N)...命令，设计树中会多出一个新零件。选中此新零件右击进行编辑，系统进入建模环境；选取前视基准面为草图基准面，系统进入草绘环境，进入草绘环境后，将模型调为线框状态，在草绘环境中绘制图33.24所示的草图1；创建图33.25所示的基准轴1。选择下拉菜单 插入(I) ➡ 参考几何体(G) ➡ 基准轴(A)命令，在"基准轴"对话框中单击 圆柱/圆锥面(C) 按钮，选取图33.25所示的圆柱面为参考实体，单击对话框中的 ✓ 按钮，完成基准轴1的创建；选择下拉菜单 插入(I) ➡ 凸台/基体(B) ➡ 旋转(R)...命令，选取草图1作为特征的横断面草图，在设计树中选取基准轴1为特征的旋转轴，其他采用系统默认的设置值，单击 ✓ 按钮，完成旋转特征的创建，如图33.26所示。

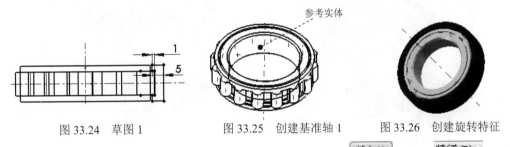

图33.24　草图1　　　　图33.25　创建基准轴1　　　　图33.26　创建旋转特征

Step7. 创建图33.27b所示的倒角2。选择下拉菜单 插入(I) ➡ 特征(F) ➡ 倒角(C)...命令，弹出"倒角"对话框；采用系统默认的倒角类型；选取图33.27a所示的边线为要倒角的对象；在"倒角"对话框的 文本框中输入数值0.5，在 后的文本框中输入数值45.0；单击 ✓ 按钮，完成倒角2的创建。

a) 倒角前　　　　　　　　　　　b) 倒角后

图33.27　倒角2

Step8. 在工具栏中单击"编辑零件"按钮 ，退出零件编辑环境。在设计树中选中新建的零件，右击，在弹出的快捷菜单中选择 重新命名零件(U) 命令，在零部件名称中输入 column_bearing_out，单击"确定"按钮。然后再选中此零件后右击保存零件。

Step9. 至此，轴承总装配过程完毕。选择下拉菜单 文件(F) ➡ 保存(S)命令，保存装配模型。

实例 **34**　CPU 散热器

34.1　实 例 概 述

本实例是一个 CPU 的整体装配件，创建零件模型时首先创建出 CPU 风扇、底座和散热片的零件模型，然后再将各部件装配在一起，装配模型如图 34.1 所示。

a）组装图　　　　　　　　　　　　　　　b）爆炸图

图 34.1　装配模型

34.2　CPU 风 扇

CPU 风扇零件实体模型如图 34.2 所示。

图 34.2　零件模型

Step1. 新建一个零件模型文件，进入建模环境。

Step2. 创建图 34.3a 所示的零件基础特征——凸台-拉伸 1。选择菜单 插入(I) ➡ 凸台/基体 (B) ➡ 拉伸 (E)... 命令；选取前视基准面为草图基准面，在草绘环境中绘制

图 34.3b 所示的横断面草图；单击 ✅ 按钮，完成凸台-拉伸 1 的创建（注：具体参数和操作
参见随书光盘）。

a）凸台-拉伸 1   b）草图 1

图 34.3   创建凸台-拉伸 1

Step3. 创建图 34.4 所示的"曲面-等距 1"。选择下拉菜单 插入(I) ➡ 曲面(S) ➡

🗐 等距曲面(O)... 命令，系统弹出"等距曲面"对话框；选取图 34.4 所示的实体表面为等距
曲面；在 ↗ 后的文本框中输入数值 14.5；单击 ✅ 按钮，完成曲面-等距 1 的创建。

Step4. 创建图 34.5 所示的"基准面 1"。选择菜单 插入(I) ➡ 参考几何体(G) ➡

◇ 基准面(P)... 命令，系统弹出"基准面"对话框；单击对话框中的 ✅ 按钮，完成基准面
1 的创建（注：具体参数和操作参见随书光盘）。

图 34.4   曲面-等距 1   图 34.5   基准面 1

Step5. 创建"分割线 1"。选择下拉菜单 插入(I) ➡ 曲线(U) ➡ 🗒 分割线(S)...
命令，系统弹出"分割线"对话框；在 分割类型(T) 区域选中 ⊙ 轮廓(S) 单选按钮；在设计树
中选取上视基准面为分割工具；选取图 34.6 所示的模型表面为要分割的面；单击 ✅ 按钮，
完成分割线 1 的创建。

Step6. 创建分割线 2。选择下拉菜单 插入(I) ➡ 曲线(U) ➡ 🗒 分割线(S)... 命
令；采用系统默认的分割类型；选取上视基准面为分割工具；选取图 34.7 所示的模型表面
为要分割的面。

图 34.6   分割线 1   图 34.7   分割线 2

Step7. 创建图 34.8 所示的草图 2。选择下拉菜单 插入(I) ➡ 草图绘制 命令；选取基准面 1 为草图基准面；在草绘环境中绘制图 34.8 所示的草图。此草图作为投影草图，以创建叶片的边界曲线；选择下拉菜单 插入(I) ➡ 退出草图 命令，退出草图设计环境。

Step8. 创建图 34.9 所示的草图 3。选择下拉菜单 插入(I) ➡ 草图绘制 命令；选取基准面 1 为草图基准面；在草绘环境中绘制图 34.9 所示的草图，此草图作为投影草图，以创建叶片的边界曲线。

图 34.8　草图 2　　　　　　　　　　　图 34.9　草图 3

Step9. 创建图 34.10 所示的草图 4。选择下拉菜单 插入(I) ➡ 草图绘制 命令；选取基准面 1 为草图基准面；在草绘环境中绘制图 34.10 所示的草图（此草图两端点与草图 3 两端点重合），此草图作为投影草图，以创建叶片的边界曲线。

Step10. 创建图 34.11 所示的草图 5。选择下拉菜单 插入(I) ➡ 草图绘制 命令；选取基准面 1 为草图基准面；在草绘环境中绘制图 34.11 所示的草图（此草图两端点与草图 2 两端点重合），此草图作为投影草图，以创建叶片的边界曲线。

图 34.10　草图 4　　　　　　　　　　　图 34.11　草图 5

Step11. 创建图 34.12 所示的曲线 1。选择 插入(I) ➡ 曲线(U) ➡ 投影曲线(P)... 命令，系统弹出"投影曲线"对话框；在"投影曲线"对话框中选择 ⊙ 面上草图(K) 单选按钮；选择草图 2 为要投影的草图；选取图 34.13 所示的模型表面为要投影到的面，选中 ☑ 反转投影(R) 复选框；单击对话框中的 ✔ 按钮，完成曲线 1 的创建。

图 34.12　曲线 1　　　　　　　　　　　图 34.13　选取投影面

Step12. 创建图 34.14 所示的曲线 2。选择下拉菜单 插入(I) ➡ 曲线(U) ➡ 投影曲线(P)... 命令；在"投影曲线"对话框中选择 ⊙ 面上草图(K) 单选按钮；选择草图 3 为要投影的草图；选取图 34.15 所示的模型表面为要投影到的面，选中 ☑ 反转投影(R) 复选框。

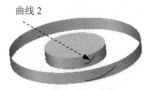
图 34.14　曲线 2

图 34.15　选取投影面

Step13. 创建图 34.16 所示的 3D 草图 1。选择下拉菜单 **插入(I)** ➤ **3D 草图** 命令；在草绘环境中绘制图 34.16 所示的草图(此草图的端点分别与曲线 1 和曲线 2 的端点重合)。此草图作为投影草图，以创建叶片的边界曲线。退出 3D 草图设计环境。

Step14. 创建图 34.17 所示的曲线 3。选择下拉菜单 **插入(I)** ➤ **曲线(U)** ➤ **投影曲线(P)...** 命令；在"投影曲线"对话框中选择 ⊙ **面上草图(K)** 单选按钮；选择草图 4 为要投影的草图；选取图 34.18 所示的模型表面为要投影到的面，选中 ☑ **反转投影(R)** 复选框。

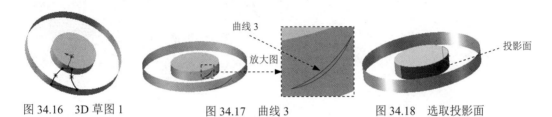

图 34.16　3D 草图 1　　　　图 34.17　曲线 3　　　　图 34.18　选取投影面

Step15. 创建图 34.19 所示的曲线 4。选择下拉菜单 **插入(I)** ➤ **曲线(U)** ➤ **投影曲线(P)...** 命令；在"投影曲线"对话框中选择 ⊙ **面上草图(K)** 单选按钮；选择草图 5 为要投影的草图；选取图 34.20 所示的模型表面为要投影到的面，选中 ☑ **反转投影(R)** 复选框。

图 34.19　曲线 4　　　　　　　　图 34.20　选取投影面

Step16. 创建图 34.21 所示的"曲面-放样 1"。选择菜单 **插入(I)** ➤ **曲面(S)** ➤ **放样曲面(L)...** 命令，系统弹出"曲面-放样"对话框；选择曲线 1 和曲线 2 作为曲面-放样 1 的轮廓，选择 3D 草图 1 作为引导线，其他采用默认设置；在对话框中单击 ✓ 按钮，完成曲面-放样 1 的创建。

Step17. 创建图 34.22 所示的"曲面-放样 2"。选择菜单 **插入(I)** ➤ **曲面(S)** ➤ **放样曲面(L)...** 命令；选择曲线 3 和曲线 4 作为曲面-放样 2 的轮廓，选择 3D 草图 1 作为引导线，其他采用默认设置。

图 34.21 曲面-放样 1

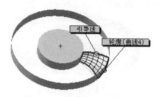

图 34.22 曲面-放样 2

Step18. 创建图 34.23 所示的"曲面-放样 3"。选择菜单 插入(I) ➡ 曲面(S) ➡ 放样曲面(L)...命令；选择曲线 1 和曲线 4 作为曲面-放样 3 的轮廓，其他采用默认设置。

Step19. 创建图 34.24 所示的"曲面-放样 4"。选择菜单 插入(I) ➡ 曲面(S) ➡ 放样曲面(L)...命令；选择曲线 2 和曲线 3 作为曲面-放样 4 的轮廓，其他采用默认设置。

图 34.23 曲面-放样 3

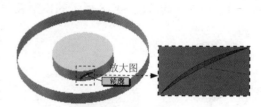

图 34.24 曲面-放样 4

Step20. 创建图 34.25 所示的"曲面-缝合 1"。选择菜单 插入(I) ➡ 曲面(S) ➡ 缝合曲面(K)...命令，系统弹出"缝合曲面"对话框；选择曲面-放样 1、曲面-放样 2、曲面-放样 3 和曲面-放样 4 作为要缝合的曲面；单击对话框中的 ✔ 按钮，完成曲面-缝合 1 的创建。

Step21. 创建图 34.26 所示的"曲面-剪裁 1"。选择菜单 插入(I) ➡ 曲面(S) ➡ 剪裁曲面(T)...命令，系统弹出"剪裁曲面"对话框；在 剪裁类型(T) 区域选中 ⊙ 标准(D) 单选按钮；选取曲面-缝合 1 为剪裁工具；选中 ⊙ 移除选择(R) 单选按钮，并选取分割线 1 作为要移除的曲面；单击对话框中的 ✔ 按钮，完成曲面-剪裁 1 的创建。

图 34.25 曲面-缝合 1

图 34.26 曲面-剪裁 1

Step22. 创建图 34.27 所示的"加厚 1"。选择下拉菜单 插入(I) ➡ 凸台/基体(B) ➡

命令，系统弹出"加厚"对话框；在设计树中选择曲面-缝合1为要加厚的曲面；选中 ☑ 从闭合的体积生成实体(C) 复选框；采用系统默认的加厚选项；单击对话框中的 ✔ 按钮，完成加厚1的创建。

　　Step23. 创建图34.28所示的"阵列（圆周）1"。选择 插入(I) ➡ 阵列/镜向(E) ➡ 圆周阵列(C)... 命令，系统弹出"圆周阵列"对话框；选择加厚1为阵列的源特征；在 视图(V) 下拉列表中单击"临时轴"按钮 临时轴(X)，打开临时轴显示，选取凸台-拉伸1的轴线作为圆周阵列的中心轴，在 按钮后的文本框中输入数值40.0，在 按钮后的文本框中输入数值9，在 选项(O) 区域选中 ☑ 几何体阵列(G) 复选框；单击对话框中的 ✔ 按钮，完成阵列（圆周）1的创建。

图34.27　加厚1

图34.28　阵列（圆周）1

　　Step24. 创建图34.29所示的零件特征——切除-拉伸1。选择下拉菜单 插入(I) ➡ 切除(C) ➡ 拉伸(E)... 命令；选取图34.30所示的模型表面为草图基准面，在草绘环境中绘制图34.31所示的横断面草图；在"切除-拉伸"对话框 方向1 区域中单击 按钮，在下拉列表中选择 给定深度 选项，输入深度值4.0；单击对话框中的 ✔ 按钮，完成切除-拉伸1的创建。

图34.29　切除-拉伸1

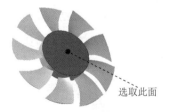

选取此面

图34.30　草图基准面

图34.31　横断面草图

　　Step25. 创建如图34.32a所示的零件特征——凸台-拉伸2。选择菜单 插入(I) ➡ 凸台/基体(B) ➡ 拉伸(E)... 命令；选取前视基准面作为草图基准面，绘制图34.32b所示的横断面草图；在"凸台-拉伸"对话框的下拉列表中选择 给定深度 选项，输入深度值11.0；单击 ✔ 按钮，完成凸台-拉伸2的创建。

a）凸台-拉伸 2

b）横断面草图

图 34.32　凸台-拉伸 2

Step26. 创建图 34.33b 所示的"圆角 1"。选择下拉菜单 插入(I) ➡ 特征(F) ➡
圆角(U)... 命令，系统弹出"圆角"对话框；选择图 34.33a 所示的边线为倒圆角对象；
在 后的文本框中输入数值 0.5；单击对话框中的 按钮，完成圆角 1 的创建。

选取此边线

a）倒圆角前　　　　　　　　　　　　　　　　b）倒圆角后

图 34.33　圆角 1

Step27. 至此，CPU 风扇零件模型创建完毕。选择下拉菜单 文件(F) ➡ 保存(S) 命
令，命名为 fan，即可保存零件模型。

34.3　CPU 底座

CPU 底座零件模型如图 34.34 所示。

Step1. 新建模型文件。选择下拉菜单 文件(F) ➡ 新建(N)... 命令，在系统弹出的
"新建 SolidWorks 文件"对话框中选择"零件"模块，单击 确定 按钮，进入建模环境。

图 34.34　零件模型

Step2. 创建图 34.35 所示的零件基础特征——凸台-拉伸 1。选择菜单 插入(I) ➡
凸台/基体(B) ➡ 拉伸(E)... 命令；选取前视基准面为草图基准面，在草绘环境中绘制

图 34.36 所示的横断面草图，选择下拉菜单 插入(I) → 退出草图 命令，退出草绘环境，此时系统弹出"凸台-拉伸"对话框；在 方向1 区域的下拉列表中选择 给定深度 选项，输入深度值 4.0；单击对话框中的 ✓ 按钮，完成凸台-拉伸 1 的创建。

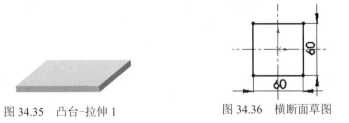

图 34.35　凸台-拉伸 1　　　　　图 34.36　横断面草图

Step3. 创建图 34.37b 所示的"圆角 1"。选择下拉菜单 插入(I) → 特征(F) → �’ 圆角(U)... 命令，系统弹出"圆角"对话框；采用系统默认的圆角类型；选取图 34.37a 所示的四条边线为要倒圆角的对象；在对话框中输入半径值 5；单击"圆角"对话框中的 ✓ 按钮，完成圆角 1 的创建。

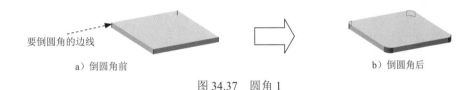

要倒圆角的边线

a）倒圆角前　　　　　　　　　　　　　　　　b）倒圆角后

图 34.37　圆角 1

Step4. 创建图 34.38 所示的零件特征——凸台-拉伸 2。选择下拉菜单 插入(I) → 凸台/基体(B) → 🔲 拉伸(E)... 命令；选取图 34.39 所示的模型表面作为草图基准面，绘制图 34.40 所示的横断面草图；在 方向1 区域的下拉列表中选择 给定深度 选项，输入深度值 8.0；单击 ✓ 按钮，完成凸台-拉伸 2 的创建。

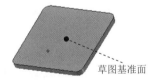

草图基准面

图 34.38　凸台-拉伸 2　　　图 34.39　选取草图基准面 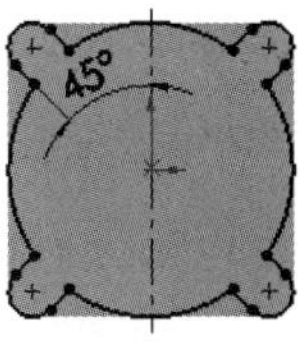　　　图 34.40　横断面草图

Step5. 创建图 34.41 所示的零件特征——切除-拉伸 1。选择下拉菜单 插入(I) → 切除(C) → 🔲 拉伸(E)... 命令；选取图 34.42 所示的模型表面为草图基准面，在草绘环境中绘制图 34.43 所示的横断面草图，选择下拉菜单 插入(I) → �’ 退出草图 命令，完成横断面草图的创建；采用系统默认的切除深度方向，在"切除-拉伸"对话框 方向1 区域的下拉列表中选择 给定深度 选项，输入深度值 7.0；单击对话框中的 ✓ 按钮，完成切除-拉伸 1 的创建。

图 34.41　切除-拉伸 1

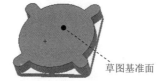

图 34.42　草图基准面

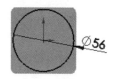

图 34.43　横断面草图

Step6. 创建图 34.44 所示的零件特征——切除-拉伸 2。选择下拉菜单 插入(I) ➡
切除(C) ➡ 拉伸(E)... 命令；选取图 34.45 所示的模型表面作为草图基准面，绘制图 34.46 所示的横断面草图；采用系统默认的切除深度方向；在 方向1 区域的下拉列表中选择 成形到下一面 选项；单击 ✅ 按钮，完成切除-拉伸 2 的创建。

图 34.44　切除-拉伸 2

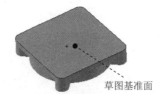

图 34.45　草图基准面

图 34.46　横断面草图

Step7. 创建图 34.47 所示的零件基础特征——凸台-拉伸 3。选择菜单 插入(I) ➡
凸台/基体(B) ➡ 拉伸(E)... 命令；选取前视基准面为草图基准面，在草绘环境中绘制图 34.48 所示的横断面草图，选择下拉菜单 插入(I) ➡ 退出草图 命令，退出草绘环境，此时系统弹出"凸台-拉伸"对话框；在 方向1 区域的下拉列表中选择 给定深度 选项，输入深度值 2.0。

图 34.47　凸台-拉伸 3

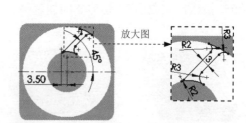

图 34.48　横断面草图

说明：读者在绘制图 34.48 所示的横断面草图时，若方位与此图不同，可通过"正视于"命令进行绘制。

Step8. 创建图 34.49 所示的"基准轴 1"。选择 插入(I) ➡ 参考几何体(G) ➡
基准轴(A). 命令，系统弹出"基准轴"对话框；在"基准轴"对话框的 选择(S) 区域中单击 圆柱/圆锥面(C) 按钮；选取图 34.49 所示的圆柱面为基准轴的参考实体；单击对话框中的 ✅ 按钮，完成基准轴 1 的创建。

Step9. 创建图 34.50b 所示的"阵列（圆周）1"。选择 插入(I) ➡ 阵列/镜向(E) ➡ 圆周阵列(C)...命令，系统弹出"圆周阵列"对话框；在设计树中选取凸台-拉伸 3 作为阵列的源特征；选取基准轴 1 为阵列轴，在 参数(P) 区域的 按钮后的文本框中输入数值 90.0，在 （实例数）文本框中输入数值 4；单击对话框中的 按钮，完成阵列（圆周）1 的创建。

图 34.49　基准轴 1　　　　　a）阵列前　　　　　　　　b）阵列后

图 34.50　阵列（圆周）1

Step10. 创建图 34.51 所示的零件特征——凸台-拉伸 4。选择下拉菜单 插入(I) ➡ 凸台/基体(B) ➡ 拉伸(E)...命令；选取图 34.52 所示的模型表面为草图基准面，在草绘环境中绘制图 34.53 所示的横断面草图，选择下拉菜单 插入(I) ➡ 退出草图命令，退出草绘环境；在对话框 方向1 区域的下拉列表中选择 成形到一面 选项，选择如图 34.51 所示的面为拉伸终止面；单击 按钮，完成凸台-拉伸 4 的创建。

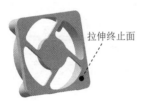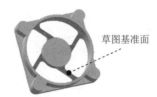

图 34.51　凸台-拉伸 4　　　图 34.52　草图基准面　　　图 34.53　横断面草图

Step11. 创建图 34.54b 所示的"圆角 2"。选择下拉菜单 插入(I) ➡ 特征(F) ➡ 圆角(E)...命令，系统弹出"圆角"对话框；采用系统默认的圆角类型；选取图 34.54a 所示的边线为要倒圆角的对象，圆角半径为 3.0；单击"圆角"对话框中的 按钮，完成圆角 2 的创建。

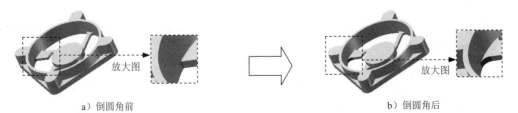

a）倒圆角前　　　　　　　　　　　b）倒圆角后

图 34.54　圆角 2

Step12. 创建图 34.55 所示的零件特征——切除-拉伸 3。选择下拉菜单 插入(I) ➡

切除(C) ➡️ 拉伸(E)...命令；选取前视基准面为草图基准面，在草绘环境中绘制图 34.56 所示的横断面草图，选择下拉菜单 插入(I) ➡️ 退出草图命令，完成横断面草图的创建；单击 方向1 区域中的 按钮，采用与系统默认相反的切除深度方向，定义深度类型及深度值。在"切除-拉伸"对话框 方向1 区域的下拉列表中选择 给定深度选项，输入深度值 1.5；单击对话框中的 按钮，完成切除-拉伸 3 的创建。

图 34.55　切除-拉伸 3

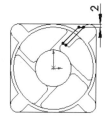

图 34.56　横断面草图

Step13. 创建图 34.57 所示的零件特征——切除-拉伸 4。选择下拉菜单 插入(I) ➡️ 切除(C) ➡️ 拉伸(E)...命令；选取前视基准面为草图基准面，在草绘环境中绘制图 34.58 所示的横断面草图，选择下拉菜单 插入(I) ➡️ 退出草图命令，完成横断面草图的创建；单击 方向1 区域中的 按钮，采用与系统默认相反的切除深度方向，在"切除-拉伸"对话框 方向1 区域的下拉列表中选择成形到下一面选项；单击对话框中的 按钮，完成切除-拉伸 4 的创建。

图 34.57　切除-拉伸 4

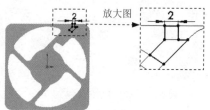

图 34.58　横断面草图

Step14. 创建图 34.59 所示的零件特征——异形孔向导 1。选择下拉菜单 插入(I) ➡️ 特征(F) ➡️ 孔(H) ➡️ 向导(W)...命令，系统弹出"孔规格"对话框；在"孔规格"对话框中选择 位置选项卡，系统弹出"孔位置"对话框，选择图 34.60 所示的表面为定位孔的表面，在单击处将出现孔的预览，单击"类型"特征来定义孔的规格和大小；在"孔位置"对话框中选择 类型选项卡，选择孔"类型"为 （柱孔），标准为 Ansi Inch，类型为六角精致螺栓，大小为 1/4，配合为 正常，在"孔规格"对话框的 终止条件(C)下拉列表中选择 完全贯穿选项，在 ☑ 显示自定义大小(Z) 区域的 文本框中输入数值 0.15，在 文本框中输入数值 0.28，在 文本框中输入数值 0.15；单击"孔规格"对话框中的 按钮；在该特征节点下右击 (-) 草图10，在弹出的快捷菜单中单击"编辑草图"按钮，建立图 34.61 所示的点约束，完成异形孔向导 1 的创建。

图 34.59　异形孔向导 1　　　图 34.60　孔的放置面　　　图 34.61　定义孔的位置

Step15. 创建图 34.62b 所示的"阵列（圆周）2"。选择下拉菜单 插入(I) ➡ 阵列/镜向(E) ➡ 圆周阵列(C)... 命令，系统弹出"圆周阵列"对话框；在设计树中选取异形孔向导 1 作为阵列的源特征；选取基准轴 1 为阵列轴，在 参数(P) 区域的 按钮后的文本框中输入数值 90.0，在 （实例数）文本框中输入数值 4；单击对话框中的 按钮，完成阵列（圆周）2 的创建。

a）阵列前　　　　　　　　　　　b）阵列后

图 34.62　阵列（圆周）2

Step16. 创建图 34.63 所示的零件特征——切除-拉伸 5。选择下拉菜单 插入(I) ➡ 切除(C) ➡ 拉伸(E)... 命令；选取图 34.64 所示的表面为草图基准面，在草绘环境中绘制图 34.65 所示的横断面草图，选择下拉菜单 插入(I) ➡ 退出草图 命令，完成横断面草图的创建；采用系统默认的切除深度方向；在"切除-拉伸"对话框 方向1 区域的下拉列表中选择 给定深度 选项，输入深度值 1.0；单击对话框中的 按钮，完成切除-拉伸 5 的创建。

　　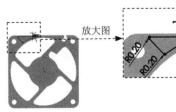

图 34.63　切除-拉伸 5　　图 34.64　草图基准面　　图 34.65　横断面草图

Step17. 创建图 34.66 所示的"阵列（圆周）3"。选择下拉菜单 插入(I) ➡ 阵列/镜向(E) ➡ 圆周阵列(C)... 命令，系统弹出"圆周阵列"对话框；在设计树中选取切除-拉伸 5 作为阵列的源特征；选取基准轴 1 为阵列轴，在 参数(P) 区域的 按钮后的文本框中输入数值 90，在 （实例数）文本框中输入数值 4；单击对话框中的 按钮，完成阵列（圆周）3的创建。

a）阵列前　　　　　　　　　　　　　　　　b）阵列后

图 34.66　阵列（圆周）3

Step18. 创建图 34.67 所示的"基准面 1"。选择菜单 插入(I) ➡ 参考几何体(G) ➡ 基准面(P)... 命令（注：具体参数和操作参见随书光盘）。

Step19. 创建图 34.68 所示的"镜像 1"。选择菜单 插入(I) ➡ 阵列/镜向(E) ➡ 镜向(M)... 命令；选取基准面 1 为镜像基准面；选择切除-拉伸 5 作为镜像 1 的对象；单击对话框中的 ✅ 按钮，完成镜像 1 的创建。

图 34.67　基准面 1

图 34.68　镜像 1

Step20. 创建图 34.69 所示的"阵列（圆周）4"。选择菜单 插入(I) ➡ 阵列/镜向(E) ➡ 圆周阵列(C)... 命令，系统弹出"圆周阵列"对话框；在设计树中选取镜像 1 为阵列的源特征；选取基准轴 1 为阵列轴，在 参数(P) 区域的 按钮后的文本框中输入数值 90.0，在 （实例数）文本框中输入数值 3，并单击"反转方向" 按钮；单击对话框中的 ✅ 按钮，完成阵列（圆周）4 的创建。

a）阵列前　　　　　　　　　　　　　　　　b）阵列后

图 34.69　阵列（圆周）4

Step21. 创建图 34.70 所示的零件特征——切除-拉伸 6。选择下拉菜单 插入(I) ➡ 切除(C) ➡ 拉伸(E)... 命令；选取图 34.71 所示的表面为草图基准面，在草绘环境下绘制图 34.72 所示的横断面草图；采取系统默认的切除方向，采用系统默认的深度方向，在"切除-拉伸"对话框 方向1 区域的下拉列表中选取 给定深度 选项，输入深度值 4.0；单击

对话框中的 按钮，完成切除-拉伸 6 的创建。

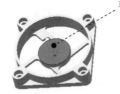
草图基准面

图 34.70　切除-拉伸 6　　　　图 34.71　草图基准面　　　　图 34.72　横断面草图

Step22. 创建图 34.73 所示的零件特征——切除-拉伸 7。选择下拉菜单 插入(I) ➡️ 切除(C) ➡️ 🔲 拉伸(E)... 命令；选取前视基准面作为草图基准面，绘制图 34.74 所示的横断面草图；单击"切除-拉伸"对话框中的 按钮；在 方向1 区域的下拉列表中选择 完全贯穿 选项；单击对话框中的 按钮，完成切除-拉伸 7 创建。

图 34.73　切除-拉伸 7　　　　　　图 34.74　横断面草图

Step23. 创建图 34.75 所示的零件基础特征——凸台-拉伸 5。选择菜单 插入(I) ➡️ 凸台/基体(B) ➡️ 🔲 拉伸(E)... 命令；选取前视基准面为草图基准面，在草绘环境中绘制图 34.76 所示的横断面草图；采用系统默认的深度方向，在"凸台-拉伸"对话框 方向1 区域的下拉列表中选择 成形到一面 选项，选取图 34.75 所示的表面为拉伸终止面；单击 按钮，完成凸台-拉伸 5 的创建。

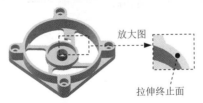
放大图
拉伸终止面

图 34.75　凸台-拉伸 5　　　　　　图 34.76　横断面草图

Step24. 创建图 34.77 所示的"圆角 3"。选择下拉菜单 插入(I) ➡️ 特征(F) ➡️ 🟦 圆角(F)... 命令；采用系统默认的圆角类型；选择图 34.77a 所示的边线为要倒圆角的对象；输入圆角半径值 0.50；单击对话框中的 按钮，完成圆角 3 的创建。

a）倒圆角前　　　　　　　　　　　　　　　　b）倒圆角后

图 34.77　圆角 3

Step25. 创建图 34.78 所示的"圆角 4"。选择下拉菜单 插入(I) ➡ 特征(F) ➡
圆角(F)... 命令；采用系统默认的圆角类型；选择图 34.78a 所示的边线为要倒圆角的对象；输入圆角半径值 3.0；单击对话框中的 ✓ 按钮，完成圆角 4 的创建。

要倒圆角的八条边线

a）倒圆角前　　　　　　　　　　　　　　　b）倒圆角后

图 34.78　圆角 4

Step26. 至此，零件模型创建完毕。选择下拉菜单 文件(F) ➡ 保存(S) 命令，将模型命名为 base，即可保存模型。

34.4　CPU 散 热 片

CPU 散热片零件模型及设计树如图 34.79 所示。

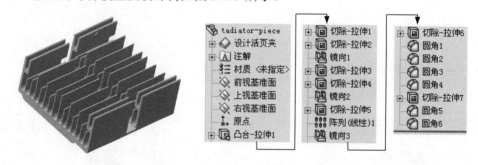

图 34.79　零件模型和设计树

Step1. 新建一个零件模型文件，进入建模环境。

Step2. 创建图 34.80 所示的零件基础特征——凸台-拉伸 1。选择菜单 插入(I) ➡
凸台/基体(B) ➡ 拉伸(E)... 命令；选取前视基准面为草图基准面，在草绘环境中绘制图 34.81 所示的横断面草图；单击 ✓ 按钮，完成凸台-拉伸 1 的创建（注：具体参数和操作参见随书光盘）。

图 34.80　凸台-拉伸 1

图 34.81　横断面草图

Step3. 创建图 34.82 所示的零件特征——切除-拉伸 1。选择下拉菜单 插入(I) ➡️ 切除(C) ➡️ 拉伸(E)... 命令；选取上视基准面为草图基准面，绘制图 34.83 所示的横断面草图；采用系统默认的切除深度方向，在"切除-拉伸"对话框 方向1 区域和 方向2 区域的下拉列表中均选择 完全贯穿 选项；单击对话框中的 ✓ 按钮，完成切除-拉伸 1 的创建。

图 34.82 切除-拉伸 1

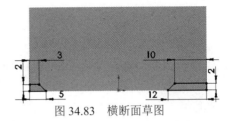

图 34.83 横断面草图

Step4. 创建图 34.84 所示的零件特征——切除-拉伸 2。选择下拉菜单 插入(I) ➡️ 切除(C) ➡️ 拉伸(E)... 命令；选取上视基准面作为草图基准面，绘制图 34.85 所示的横断面草图；在"切除-拉伸"对话框 方向1 区域和 方向2 区域的下拉列表中均选择 完全贯穿 选项。

图 34.84 切除-拉伸 2

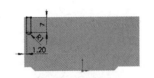

图 34.85 横断面草图

Step5. 创建图 34.86 所示的"镜像 1"。选择下拉菜单 插入(I) ➡️ 阵列/镜向(E) ➡️ 镜向(M)... 命令；选取右视基准面为镜像基准面；选择切除-拉伸 2 为镜像 1 的对象；单击对话框中的 ✓ 按钮，完成镜像 1 的创建。

Step6. 创建图 34.87 所示的零件特征——切除-拉伸 3。选择下拉菜单 插入(I) ➡️ 切除(C) ➡️ 拉伸(E)... 命令；选取上视基准面作为草图基准面，绘制图 34.88 所示的横断面草图；在"切除-拉伸"对话框 方向1 区域和 方向2 区域的下拉列表中均选择 完全贯穿 选项。

图 34.86 镜像 1

图 34.87 切除-拉伸 3

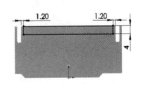

图 34.88 横断面草图

Step7. 创建图 34.89 所示的零件特征——切除-拉伸 4。选择下拉菜单 插入(I) ➡️ 切除(C) ➡️ 拉伸(E)... 命令；选取上视基准面为草图基准面，绘制图 34.90 所示的横断面草图；在"切除-拉伸"对话框 方向1 区域和 方向2 区域的下拉列表中均选择 完全贯穿 选项。

Step8. 创建图 34.91 所示的镜像 2。选择下拉菜单 插入(I) ➡ 阵列/镜向 (E) ➡ 镜向(M)...命令；选取右视基准面为镜像基准面；选择切除-拉伸 4 为镜像 2 的对象。

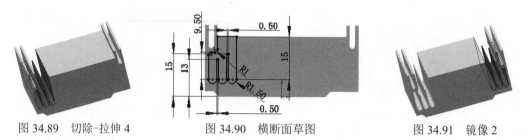

图 34.89　切除-拉伸 4　　　　图 34.90　横断面草图　　　　图 34.91　镜像 2

Step9. 创建图 34.92 所示的零件特征——切除-拉伸 5。选择下拉菜单 插入(I) ➡ 切除(C) ➡ 拉伸(E)...命令；选取上视基准面为草图基准面，绘制图 34.93 所示的横断面草图；在"切除-拉伸"对话框 方向1 区域和 方向2 区域的下拉列表中均选择 完全贯穿 选项。

图 34.92　切除-拉伸 5

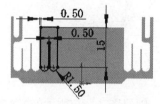

图 34.93　横断面草图

Step10. 创建图 34.94 所示的"阵列（线性）1"。选择 插入(I) ➡ 阵列/镜向 (E) ➡ 线性阵列(L)...命令；选择切除-拉伸 5 为要阵列的对象；在图形区选择图 34.95 所示的尺寸 0.5 指示阵列方向，采用系统默认的阵列方向；在对话框中输入间距值 7.0，输入实例数 2.0；单击 ✓ 按钮，完成阵列（线性）1 的创建。

图 34.94　阵列（线性）1

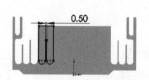

图 34.95　定义阵列方向

Step11. 创建图 34.96 所示的 "镜像 3"。选择菜单 插入(I) ➡ 阵列/镜向 (E) ➡ 镜向(M)...命令；选取右视基准面作为镜像基准面；选择切除-拉伸 5 和阵列（线性）1 作为镜像 3 的对象。

Step12. 创建图 34.97 所示的零件特征——切除-拉伸 6。选择下拉菜单 插入(I) ➡

切除(C) ▸ → 🔲 拉伸(E)... 命令；选取上视基准面为草图基准面，绘制图34.98所示的横断面草图；在"切除-拉伸"对话框 方向1 区域和 方向2 区域的下拉列表中均选择 完全贯穿 选项。

图34.96 镜像3

图34.97 切除-拉伸6

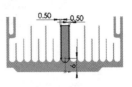

图34.98 横断面草图

Step13. 创建图34.99所示的"圆角1"。选择下拉菜单 插入(I) ▸ → 特征(F) ▸ → 🌐 圆角(F)... 命令；选中 圆角类型(Y) 区域中的 🔲 选项；选取图34.100所示的面1为圆角1的边侧面组1，单击以激活 圆角参数(P) 区域中的"中央面组"文本框，选取图34.100所示的面2为圆角1的中央面组，激活"边侧面组2"文本框，选取图34.100所示的面3为圆角1的边侧面组2；单击对话框中的 ✅ 按钮，完成圆角1的创建。

图34.99 圆角1

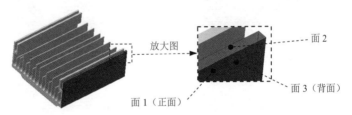

图34.100 选取圆角对象

Step14. 同理创建图34.101~图34.103所示的圆角2~圆角4。

图34.101 圆角2

图34.102 圆角3

图34.103 圆角4

Step15. 创建图34.104所示的零件特征——切除-拉伸7。选择下拉菜单 插入(I) ▸ → 切除(C) ▸ → 🔲 拉伸(E)... 命令；选取右视基准面为草图基准面，绘制图34.105所示的横断面草图；在"切除-拉伸"对话框 方向1 区域和 方向2 区域的下拉列表中均选择 完全贯穿 选项。

Step16. 创建"圆角5"。要倒圆角的对象为图34.106所示的模型内边线，圆角半径为2.0。

图 34.104　切除-拉伸 7

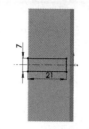

图 34.105　横断面草图

Step17. 创建"圆角 6"。要倒圆角的对象为图 34.107 所示的模型内边线，圆角半径为 1.0。

Step18. 至此，零件模型创建完毕。选择下拉菜单 文件(F) ➡ 📓 保存(S) 命令，命名为 tadiator_piece，即可保存零件模型。

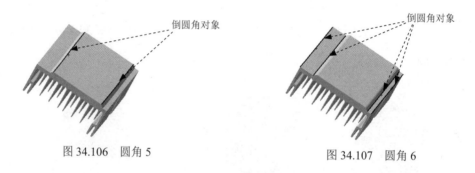

图 34.106　圆角 5   图 34.107　圆角 6

34.5　装 配 设 计

Step1. 新建模型文件。选择下拉菜单 文件(F) ➡ 📄 新建(N)... 命令，在系统弹出的"新建 SolidWorks 文件"对话框中选择"装配体"模块，单击 确定 按钮，进入装配环境。

Step2. 插入图 34.108 所示的底座零件模型。进入装配环境后，系统会自动弹出"开始装配体"对话框，单击"开始装配体"对话框中的 浏览(B)... 按钮，在弹出的"打开"对话框中选取 D:\sw15.7\work\ch34\base.SLDPRT，单击 打开(O) 按钮；单击对话框中的 ✔ 按钮，将零件固定在原点位置。

Step3. 插入图 34.109 所示的散热片并定位。

（1）引入零件。选择下拉菜单 插入(I) ➡ 零部件(O) ▸ ➡ 🐾 现有零件/装配体(E)... 命令，系统弹出"插入零部件"对话框，单击"插入零部件"对话框中的 浏览(B)... 按钮，在弹出的"打开"对话框中选取 D:\sw15.7\work\ch34\tadiator_piece.SLDPRT，单击 打开(O)

按钮，将零件放置到图 34.109 所示的位置。

图 34.108　插入底座

图 34.109　插入散热片

（2）创建配合使零件完全定位。选择下拉菜单 插入(I) ➡ 配合(M)... 命令，系统弹出"配合"对话框，单击"配合"对话框中的 平行(R) 按钮，选取图 34.110 所示的两个面为平行面，如果方向不与图 34.110 相同可单击快捷工具条的 按钮调整方向。单击快捷工具条中的 按钮，单击"配合"对话框中的 相切(T) 按钮，选取图 34.111 所示的两个相切面，如果方向不与图 34.111 相同可单击快捷工具条的 按钮调整方向。单击快捷工具条中的 按钮，单击"配合"对话框中的 重合(C) 按钮，选取图 34.112 所示的两个面为重合面，单击快捷工具条中的 按钮，单击"配合"对话框中的 重合(C) 按钮，选取底座的右视基准面和散热片的右视基准面为重合面，如图 34.113 所示，单击快捷工具条中的 按钮。

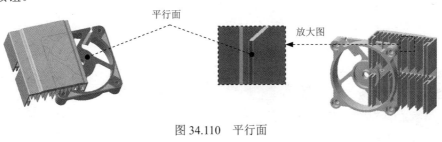

图 34.110　平行面

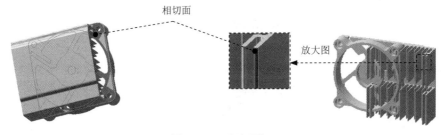

图 34.111　相切面

Step4. 插入图 34.114 所示的风扇并定位。选择下拉菜单 插入(I) ➡ 零部件(O) ➡ 现有零件/装配体(E)... 命令，系统弹出"插入零部件"对话框；单击"插入零部件"对话框中的 浏览(B)... 按钮，在弹出的"打开"对话框中选取 D:\sw15.7\work\ch34\fan.SLDPRT，单击 打开(O) 按钮；选择下拉菜单 插入(I) ➡ 配合(M)... 命令，系统弹出"配合"对

话框；单击"配合"对话框中的 ⚙重合(C) 按钮，选取图 34.115 所示的两个面为重合面，
单击快捷工具条中的 ✅ 按钮；单击"配合"对话框中的 ◎同轴心(N) 按钮，选取图 34.116
所示的两圆弧面为同轴心面，单击快捷工具条中的 ✅ 按钮；单击"配合"对话框中的
⚙重合(C) 按钮，选取图 34.117 所示的两个零件模型的上视基准面为重合面，单击快捷工
具条中的 ✅ 按钮。

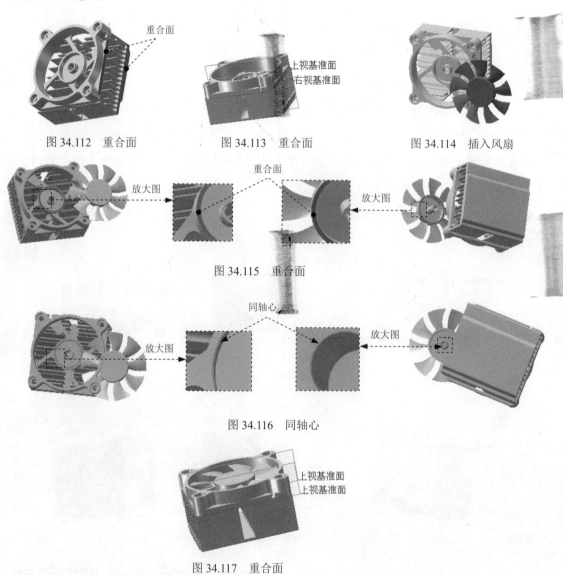

图 34.112　重合面　　　　图 34.113　重合面　　　　图 34.114　插入风扇

图 34.115　重合面

图 34.116　同轴心

图 34.117　重合面

Step5. 至此，零件模型创建完毕。选择下拉菜单 文件(F) ➡ 💾保存(S) 命令，将模
型命名为 cpu，即可保存装配模型。

实例 **35** 衣架的设计

35.1 实例概述

本实例是一个衣架的整体装配件，创建零件模型时首先创建出挂钩、垫片、衣架主体、衣架杆、夹子和弹簧片的零件模型，然后再将各部件装配在一起。

35.2 挂钩的设计

挂钩零件实体模型如图 35.1 所示。

图 35.1 挂钩零件模型

Step1. 新建模型文件。选择下拉菜单 文件(F) ➡ 新建(N)... 命令，在系统弹出的 "新建 SolidWorks 文件" 对话框中选择 "零件" 模块，单击 确定 按钮，进入建模环境。

Step2. 创建图 35.2 所示的零件基础特征——旋转 1。选择下拉菜单 插入(I) ➡ 凸台/基体(B) ➡ 旋转(R)... 命令；选取前视基准面为草图基准面，在草绘环境中绘制图 35.3 所示的草图 1；采用草图中绘制的中心线为旋转轴线；在 "旋转" 对话框 方向1 区域的下拉列表中选择 给定深度 选项，采用系统默认的旋转方向，在 方向1 区域的 文本框中输入数值 360.0；单击对话框中的 按钮，完成旋转 1 的创建。

Step3. 创建图 35.4 所示的零件特征——切除-拉伸 1。选择下拉菜单 插入(I) ➡ 切除(C) ➡ 拉伸(E)... 命令；选取图 35.5 所示的模型表面为草图基准面，在草绘环境中绘制图 35.6 所示的草图 2；采用系统默认的切除方向，在 "切除-拉伸" 对话框 方向1 区域的下拉列表中选择 给定深度 选项，在 文本框中输入深度值 15.0；单击对话框中的 按钮，完成切除-拉伸 1 的创建。

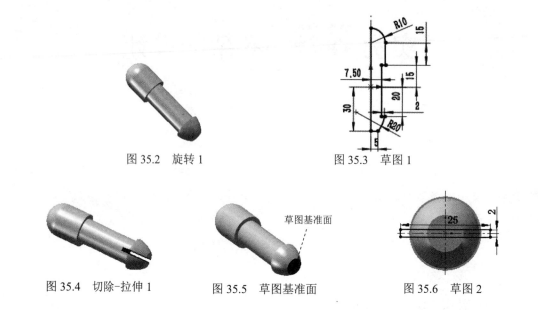

图 35.2　旋转 1　　　　　　　图 35.3　草图 1

图 35.4　切除-拉伸 1　　　　　图 35.5　草图基准面　　　　　图 35.6　草图 2

Step4. 创建图 35.7 所示的草图 3。选择下拉菜单 插入(I) ➡ 草图绘制 命令；选取右视基准面为草图基准面；在草绘环境中绘制图 35.7 所示的草图；选择下拉菜单 插入(I) ➡ 退出草图 命令，完成草图 3 的创建。

Step5. 创建图 35.8 所示的"基准面 1"。选择菜单 插入(I) ➡ 参考几何体(G) ➡ 基准面(P)... 命令，系统弹出"基准面"对话框；选取草图 3 和草图 3 上的点为基准面的参考实体；单击对话框中的 按钮，完成基准面 1 的创建。

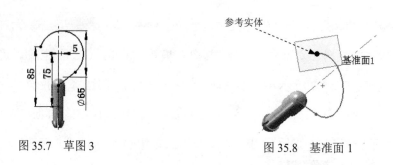

图 35.7　草图 3　　　　　　　　图 35.8　基准面 1

Step6. 创建图 35.9 所示的草图 4。选择下拉菜单 插入(I) ➡ 草图绘制 命令，选取基准面 1 为草图基准面，在草绘环境中绘制图 35.9 所示的草图，选择下拉菜单 插入(I) ➡ 退出草图 命令，完成草图 4 的创建。

Step7. 创建图 35.10 所示的"扫描 1"。选择下拉菜单 插入(I) ➡ 凸台/基体(B) ➡ 扫描(S)... 命令；选取草图 4 为扫描的轮廓；选取草图 3 为扫描的路径；单击对话框中的 按钮，完成扫描 1 的创建。

图 35.9 草图 4   图 35.10 扫描 1

Step8. 创建图 35.11b 所示的圆顶 1。选择 插入(I) ➡ 特征(F) ➡ ⊖ 圆顶(D)...
命令；采用系统默认的圆顶类型；选择如图 35.11a 所示的模型表面为要圆顶的对象；在"圆
顶"对话框中输入距离值 5.0；单击 ✓ 按钮，完成圆顶 1 的创建。

a）创建圆顶前   b）创建圆顶后

图 35.11 圆顶 1

Step9. 创建图 35.12b 所示的圆角 1。选择 插入(I) ➡ 特征(F) ➡ ◎ 圆角(F)...
命令；采用系统默认的圆角类型；选择图 35.12a 所示的边线为要倒圆角的对象；在"圆角"
对话框中输入圆角半径值 2.0；单击 ✓ 按钮，完成圆角 1 的创建。

放大图   放大图

a）倒圆角前   b）倒圆角后

图 35.12 圆角 1

Step10. 创建图 35.13 所示的圆角 2。选择下拉菜单 插入(I) ➡ 特征(F) ➡
◎ 圆角(F)...命令，采用系统默认的圆角类型，选择图 35.13a 所示的边线为倒圆角对象，
在"圆角"对话框中输入圆角半径值 0.5，单击 ✓ 按钮，完成圆角 2 的创建。

放大图   放大图

a）倒圆角前   b）倒圆角后

图 35.13 圆角 2

Step11. 创建图 35.14 所示的圆角 3。选择下拉菜单 插入(I) ➡️ 特征(F) ➡️ 🔵 圆角(F)... 命令，采用系统默认的圆角类型，选择图 35.14a 所示的边线为倒圆角对象，在"圆角"对话框中输入圆角半径值 0.5，单击 ✅ 按钮，完成圆角 3 的创建。

a）倒圆角前　　　　　　　　　　　　　　　　　　　b）倒圆角后

图 35.14　圆角 3

Step12. 创建图 35.15 所示的圆角 4。选择下拉菜单 插入(I) ➡️ 特征(F) ➡️ 🔵 圆角(F)... 命令，采用系统默认的圆角类型，选择图 35.15a 所示的边线为倒圆角对象，在"圆角"对话框中输入圆角半径值 0.5，单击 ✅ 按钮，完成圆角 4 的创建。

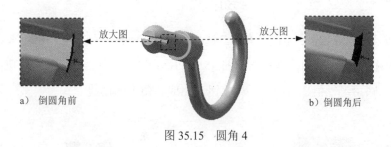

a）　倒圆角前　　　　　　　　　　　　　　　　　　b）倒圆角后

图 35.15　圆角 4

Step13. 至此，挂钩零件模型创建完毕。选择下拉菜单 文件(F) ➡️ 💾 保存(S) 命令，将模型命名为 rack_top_01，即可保存零件模型。

35.3　垫　片　01

本节介绍垫片的设计过程，运用了"旋转-薄壁"和"阵列"等命令，在创建阵列（线性）特征时应注意方向的选择，零件实体模型及相应的设计树如图 35.16 所示。

Step1. 新建模型文件。选择下拉菜单 文件(F) ➡️ 📄 新建(N)... 命令，在系统弹出的"新建 SolidWorks 文件"对话框中选择"零件"模块，单击 确定 按钮，进入建模环境。

Step2. 创建图 35.17 所示的零件基础特征——旋转-薄壁 1。选择菜单 插入(I) ➡️ 凸台/基体(B) ➡️ 💠 旋转(R)... 命令；选取前视基准面为草图基准面，在草绘环境中绘制图 35.18 所示的横断面草图；采用草图中绘制的中心线为旋转轴线；在"旋转"对话框区域的下拉列表中选择 给定深度 选项，采用系统默认的旋转方向，在 方向1 区域的 文本框中输入数值 360.0，选中 ☑ 薄壁特征(T) 复选框，采用系统默认的薄壁类型，在 文本框中输入数值 0.1；单击对话框中的 ✔ 按钮，完成旋转-薄壁 1 的创建。

图 35.16 零件模型和设计树

图 35.17 旋转-薄壁 1

图 35.18 横断面草图

Step3. 创建图 35.19 所示的"旋转 1"。选择下拉菜单 插入(I) ➜ 凸台/基体(B) ➜ ⊕ 旋转(R)... 命令；选取前视基准面为草图基准面，在草绘环境中绘制图 35.20 所示的草图 2；采用草图中绘制的中心线为旋转轴线；在"旋转"对话框 方向1 区域的下拉列表中选择 给定深度 选项，采用系统默认的旋转方向，在 方向1 区域的 文本框中输入数值 360.0；单击对话框中的 ✔ 按钮，完成旋转 1 的创建。

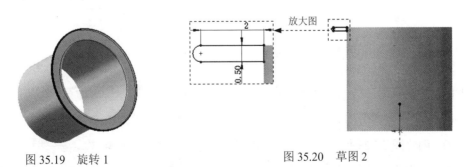

图 35.19 旋转 1

图 35.20 草图 2

Step4. 创建图 35.21 所示的"阵列（线性）1"。选择 插入(I) ➜ 阵列/镜向(E) ➜ ⬚⬚⬚ 线性阵列(L)... 命令，系统弹出"线性阵列"对话框；选取旋转 1 为阵列的源特征；选取横断面草图 2 的尺寸 0.5 为方向 1 的参考边线，在 方向1 区域的 文本框中输入间距值

1.0，在 文本框中输入实例数 15；单击对话框中的 按钮，完成阵列（线性）1 的创建。

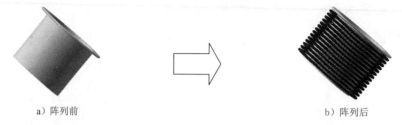

a）阵列前   b）阵列后

图 35.21   阵列（线性）1

Step5. 至此，垫片 01 零件模型创建完毕。选择下拉菜单 文件(F) ➡ 保存(S)命令，将模型命名为 rack_top_02，即可保存零件模型。

35.4   衣架主体

本节介绍衣架主体的设计过程，运用了"曲面-放样"、"镜像"、"加厚"等命令，其中曲面-放样特征是要掌握的重点，此外应注意放样轮廓的选择顺序（由于创建模型使用了大量的样条曲线，所以创建的最终模型会有所不同）。该零件实体模型及相应的设计树如图 35.22 所示。

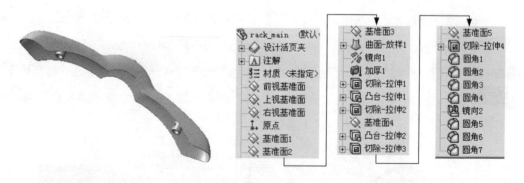

图 35.22   零件模型和设计树

Step1. 新建模型文件。选择下拉菜单 文件(F) ➡ 新建(N)...命令，在系统弹出的"新建 SolidWorks 文件"对话框中选择"零件"模块，单击 确定 按钮，进入建模环境。

Step2. 创建图 35.23 所示的草图 1。选择下拉菜单 插入(I) ➡ 草图绘制命令；选取前视基准面为草图基准面；选择菜单 插入(I) ➡ 草图绘制实体(K) ➡ 样条曲线(S)命令，绘制图 35.23 所示的草图 1；选择下拉菜单 插入(I) ➡ 退出草图命令，完成草图 1 的创建。

Step3. 创建图 35.24 所示的草图 2。选择下拉菜单 插入(I) ➡ 草图绘制 命令，选取右视基准面为草图基准面，绘制图 35.24 所示的草图 2。

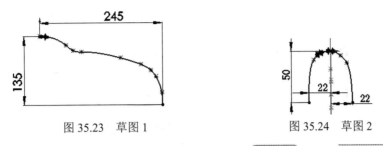

图 35.23 草图 1   图 35.24 草图 2

Step4. 创建图 35.25 所示的"基准面 1"。选择菜单 插入(I) ➡ 参考几何体(G) ➡ 基准面(P)... 命令，系统弹出"基准面"对话框；选取草图 1 和草图 1 上的点为基准面的参考实体（图 35.25 所示）；单击对话框中的 ✔ 按钮，完成基准面 1 的创建。

Step5. 创建图 35.26 所示的草图 3。选择下拉菜单 插入(I) ➡ 草图绘制 命令，选取基准面 1 为草图基准面，绘制图 35.26 所示的草图 3。

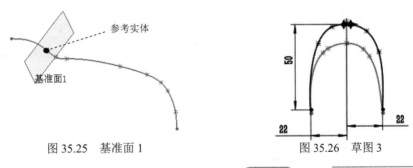

图 35.25 基准面 1   图 35.26 草图 3

Step6. 创建图 35.27 所示的"基准面 2"。选择菜单 插入(I) ➡ 参考几何体(G) ➡ 基准面(P)... 命令；选取草图 1 和草图 1 上的点为基准面的参考实体（图 35.27 所示），单击对话框中的 ✔ 按钮，完成基准面 2 的创建。

Step7. 创建图 35.28 所示的草图 4。选择下拉菜单 插入(I) ➡ 草图绘制 命令，选取基准面 2 为草图基准面，绘制图 35.28 所示的草图 4。

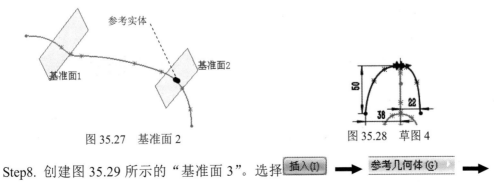

图 35.27 基准面 2   图 35.28 草图 4

Step8. 创建图 35.29 所示的"基准面 3"。选择 插入(I) ➡ 参考几何体(G) ➡

⬦ 基准面(P)... 命令；选取草图 1 和草图 1 上的点为基准面的参考实体（图 35.29），单击对话框中的 ✓ 按钮，完成基准面 3 的创建。

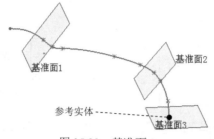

图 35.29　基准面 3

Step9. 创建图 35.30 所示的草图 5。选择下拉菜单 插入(I) ➡ ✏ 草图绘制 命令，选取基准面 3 为草图基准面，绘制图 35.30 所示的草图 5。

Step10. 创建图 35.31 所示的"曲面-放样 1"。选择菜单 插入(I) ➡ 曲面(S) ➡ ⬆ 放样曲面(L)... 命令，系统弹出"曲面-放样"对话框；选取草图 2、草图 3、草图 4 和草图 5 为曲面-放样 1 的轮廓；在"曲面-放样"对话框 起始/结束约束(C) 区域的 开始约束(S): 下拉列表中选择 垂直于轮廓 选项；在"曲面-放样"对话框 引导线(G) 区域的 引导线感应类型(V): 下拉列表中选择 到下一引线 选项，然后选取草图 1 为放样引导线；单击对话框中的 ✓ 按钮，完成曲面-放样 1 的创建。

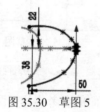

图 35.30　草图 5

图 35.31　曲面-放样 1

Step11. 创建图 35.32 所示的"镜像 1"。选择菜单 插入(I) ➡ 阵列/镜向(E) ➡ ⬚ 镜向(M)... 命令；选取右视基准面为镜像基准面；选取曲面-放样 1 为镜像的实体，在对话框 选项(O) 区域中选中 ☑ 缝合曲面(K) 复选框；单击对话框中的 ✓ 按钮，完成镜像 1 的创建。

a) 镜像前　　　　　　　　　　　　　b) 镜像后

图 35.32　镜像 1

Step12. 创建图 35.33 所示的"加厚 1"。选择菜单 插入(I) ➡ 凸台/基体(B) ➡
加厚(T)... 命令，系统弹出"加厚"对话框；选取镜像 1 为要加厚的曲面；在"加厚"
对话框 加厚参数(T) 区域中单击 按钮；在"加厚"对话框 加厚参数(T) 区域的 后的文本
框中输入数值 2.0；单击 按钮，完成加厚 1 的创建。

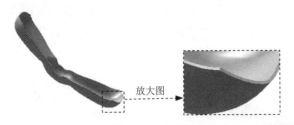

图 35.33　加厚 1

Step13. 创建图 35.34 所示的零件特征——切除-拉伸 1。选择下拉菜单 插入(I) ➡
切除(C) ➡ 拉伸(E)... 命令；选取前视基准面作为草图基准面，在草绘环境中绘制
图 35.35 所示的横断面草图（在绘制草图时要注意标注尺寸的顺序，可以从视频文件中查
看），选择下拉菜单 插入(I) ➡ 退出草图 命令，完成横断面草图的创建；采用系统默
认的切除深度方向，在"切除-拉伸"对话框 方向1 和 方向2 区域的下拉列表中均选择
完全贯穿 选项；单击对话框中的 按钮，完成切除-拉伸 1 的创建。

图 35.34　切除-拉伸 1

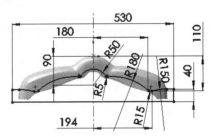

图 35.35　横断面草图

Step14. 创建图 35.36 所示的零件基础特征——凸台-拉伸 1。选择菜单 插入(I) ➡
凸台/基体(B) ➡ 拉伸(E)... 命令；选取上视基准面为草图基准面，在草绘环境中绘制
图 35.37 所示的横断面草图，选择下拉菜单 插入(I) ➡ 退出草图 命令，退出草绘环境；
单击 按钮改变深度方向，在对话框中 方向1 区域的下拉列表中选择 给定深度 选项，输入
深度值 10.0；单击 按钮，完成凸台-拉伸 1 的创建。

图 35.36　凸台-拉伸 1

图 35.37　横断面草图

Step15. 创建图 35.38 所示的零件特征——切除-拉伸 2。选择下拉菜单 插入(I) ➡

切除(C) ▶ → 🔲 拉伸(E)... 命令；选取上视基准面为草图基准面，绘制图 35.39 所示的横断面草图，在对话框 方向1 区域的下拉列表中均选择 完全贯穿 选项，单击对话框中的 ✔ 按钮，完成切除-拉伸 2 的创建。

Step16. 创建图 35.40 所示的"基准面 4"。选择菜单 插入(I) → 参考几何体(G) ▶ → ◇ 基准面(P)... 命令，系统弹出"基准面"对话框，选取上视基准面为参考实体，在 ⊢ 后的文本框中输入数值 85.00，并选中 ☑ 反转 复选框，单击对话框中的 ✔ 按钮，完成基准面 4 的创建。

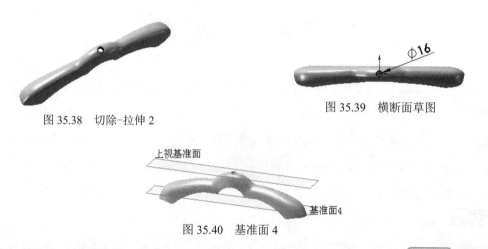

图 35.38　切除-拉伸 2

图 35.39　横断面草图

图 35.40　基准面 4

Step17. 创建图 35.41 所示的零件特征——凸台-拉伸 2。选择下拉菜单 插入(I) → 凸台/基体(B) → 🔲 拉伸(E)... 命令；选取基准面 4 为草图基准面，在草绘环境中绘制图 35.42 所示的横断面草图；在 方向1 区域的下拉列表中选择 成形到下一面 选项，采用系统默认的深度方向；单击 ✔ 按钮，完成凸台-拉伸 2 的创建。

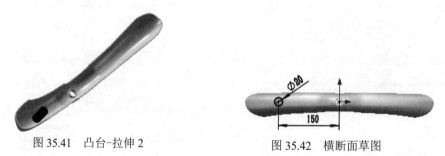

图 35.41　凸台-拉伸 2

图 35.42　横断面草图

Step18. 创建图 35.43 所示的零件特征——切除-拉伸 3。选择下拉菜单 插入(I) → 切除(C) → 🔲 拉伸(E)... 命令，选取基准面 4 为草图基准面，在草绘环境中绘制图 35.44 所示的横断面草图，选择下拉菜单 插入(I) → 🖉 退出草图 命令，完成横断面草图的创建，在"切除-拉伸"对话框 方向1 区域的下拉列表中选择 给定深度 选项，并单击 ⚭ 按钮，输入深度值 30.00，单击对话框中的 ✔ 按钮，完成切除-拉伸 3 的创建。

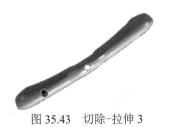

图 35.43 切除-拉伸 3

图 35.44 横断面草图

Step19. 创建图 35.45 所示的"基准面 5"。选择菜单 插入(I) ➡ 参考几何体(G) ➡

◇ 基准面(P)... 命令，系统弹出"基准面"对话框（注：具体参数和操作参见随书光盘）。

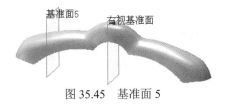

图 35.45 基准面 5

Step20. 创建图 35.46 所示的零件特征——切除-拉伸 4。选择下拉菜单 插入(I) ➡

切除(C) ➡ 拉伸(E)... 命令，选取基准面 5 为草图基准面，在草绘环境中绘制图 35.47 所示的横断面草图，选择下拉菜单 插入(I) ➡ 退出草图命令，完成横断面草图的创建，在"切除-拉伸"对话框 方向1 区域的下拉列表中选择 给定深度 选项，并单击 按钮，输入深度值 12.00，单击对话框中的 ✓ 按钮，完成切除-拉伸 4 的创建。

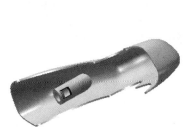

图 35.46 切除-拉伸 4

图 35.47 横断面草图

Step21. 创建图 35.48 所示的"圆角 1"。选择下拉菜单 插入(I) ➡ 特征(F) ➡

◯ 圆角(E)... 命令；采用系统默认的圆角类型；选择图 35.48a 所示的边线为要倒圆角的对象；在"圆角"对话框中输入圆角半径值 0.5；单击 ✓ 按钮，完成圆角 1 的创建。

Step22. 创建图 35.49 所示的"圆角 2"。选择下拉菜单 插入(I) ➡ 特征(F) ➡

◯ 圆角(E)... 命令，采用系统默认的圆角类型，选择图 35.49a 所示的两条边线为要倒圆角的对象，在"圆角"对话框中输入圆角半径值 0.5，单击 ✓ 按钮，完成圆角 2 的创建。

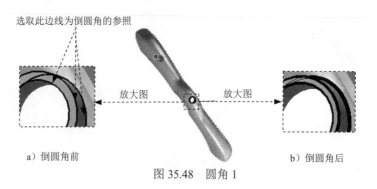

选取此边线为倒圆角的参照

放大图　　　放大图

a）倒圆角前　　　　　　　　　b）倒圆角后

图 35.48　圆角 1

Step23. 创建图 35.50 所示的"圆角 3"。选择下拉菜单 插入(I) ➞ 特征(F) ➞ 圆角(F)...命令，采用系统默认的圆角类型，在"圆角"对话框中输入圆角半径值 0.5，单击 ✅ 按钮，完成圆角 3 的创建。

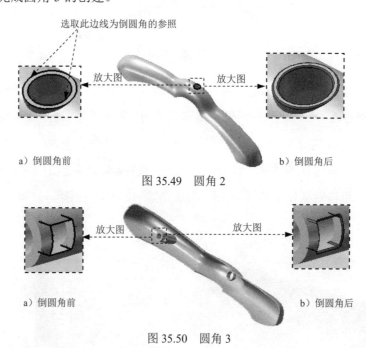

选取此边线为倒圆角的参照

放大图　　　放大图

a）倒圆角前　　　　　　　　　b）倒圆角后

图 35.49　圆角 2

放大图　　　放大图

a）倒圆角前　　　　　　　　　b）倒圆角后

图 35.50　圆角 3

Step24. 创建图 35.51b 所示的"圆角 4"。选择下拉菜单 插入(I) ➞ 特征(F) ➞ 圆角(F)...命令，采用系统默认的圆角类型，选择图 35.51a 所示的边线为要倒圆角的对象，在"圆角"对话框中输入圆角半径值 0.5，单击 ✅ 按钮，完成圆角 4 的创建。

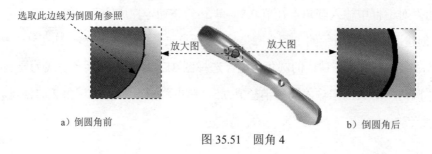

选取此边线为倒圆角参照

放大图　　　放大图

a）倒圆角前　　　　　　　　　b）倒圆角后

图 35.51　圆角 4

Step25. 创建图 35.52 所示的"镜像 2"。选择菜单 插入(I) ➡ 阵列/镜向(E) ➡ 镜向(M)... 命令，选取右视基准面为镜像基准面，在设计树中选择凸台-拉伸 2、切除-拉伸 3 和切除-拉伸 4 作为镜像 2 的对象，单击对话框中的 ✔ 按钮，完成镜像 2 的创建。

a）镜像前   b）镜像后

图 35.52   镜像 2

Step26. 创建图 35.53 所示的"圆角 5"。选择菜单 插入(I) ➡ 特征(F) ➡ 圆角(F)... 命令，采用系统默认的圆角类型，在"圆角"对话框中输入圆角半径值 0.5，单击 ✔ 按钮，完成圆角 5 的创建。

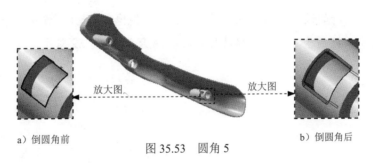

a）倒圆角前   b）倒圆角后

图 35.53   圆角 5

Step27. 创建图 35.54 所示的"圆角 6"。选择下拉菜单 插入(I) ➡ 特征(F) ➡ 圆角(F)... 命令，采用系统默认的圆角类型，选择图 35.54a 所示的边线为要倒圆角的对象，在"圆角"对话框中输入圆角半径值 0.5，单击 ✔ 按钮，完成圆角 6 的创建。

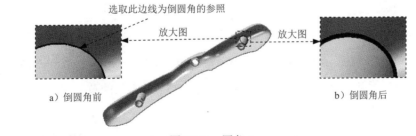

选取此边线为倒圆角的参照

a）倒圆角前   b）倒圆角后

图 35.54   圆角 6

Step28. 创建图 35.55b 所示的"圆角 7"。选择下拉菜单 插入(I) ➡ 特征(F) ➡ 圆角(F)... 命令，采用系统默认的圆角类型，选择切除-拉伸 1 的面为要倒圆角的对象，在"圆角"对话框中输入圆角半径值 1.0，单击 ✔ 按钮，完成圆角 7 的创建。

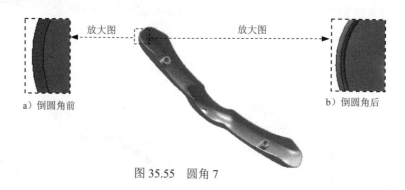

图 35.55　圆角 7

Step29. 至此，衣架主体零件模型创建完毕。选择下拉菜单 文件(F) ➡ 保存(S) 命令，将模型命名为 rack_main，即可保存零件模型。

35.5　衣　架　杆

本节介绍衣架杆的设计过程，运用了"扫描"、"镜像"、"切除-旋转"等命令，其中扫描特征命令是要掌握的重点，要正确选择扫描的轮廓和路径。该零件实体模型及相应的设计树如图 35.56 所示。

图 35.56　零件模型和设计树

Step1. 新建模型文件。选择下拉菜单 文件(F) ➡ 新建(N)... 命令，在系统弹出的"新建 SolidWorks 文件"对话框中选择"零件"模块，单击 确定 按钮，进入建模环境。

Step2. 创建图 35.57 所示的草图 1。选择下拉菜单 插入(I) ➡ 草图绘制 命令；选取前视基准面为草图基准面；在草绘环境中绘制图 35.57 所示的草图 1；选择下拉菜单 插入(I) ➡ 退出草图 命令，完成草图 1 的创建。

Step3. 创建图 35.58 所示的"基准面 1"。选择菜单 插入(I) ➡ 参考几何体(G) ➡ 基准面(P)... 命令，系统弹出"基准面"对话框；选取上视基准面和草图 1 上的点为基准面的参考实体（如图 35.58 所示）；单击对话框中的 ✔ 按钮，完成基准面 1 的创建。

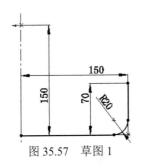

图 35.57　草图 1

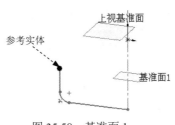

图 35.58　基准面 1

Step4. 创建图 35.59 所示的草图 2。选择下拉菜单 插入(I) ➡ 草图绘制命令，选取基准面 1 为草图基准面，在草绘环境中绘制图 35.59 所示的草图 2，选择下拉菜单 插入(I) ➡ 退出草图命令，完成草图 2 的创建。

Step5. 创建图 35.60 所示的零件特征——扫描 1。选择下拉菜单 插入(I) ➡ 凸台/基体(B) ➡ 扫描(S)...命令；选取草图 2 为扫描的轮廓；选取草图 1 为扫描的路径；单击对话框中的 ✔ 按钮，完成扫描 1 的创建。

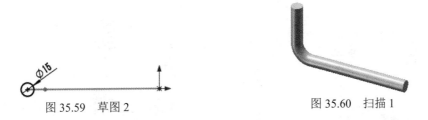

图 35.59　草图 2

图 35.60　扫描 1

Step6. 创建图 35.61 所示的零件特征——切除-旋转 1。选择下拉菜单 插入(I) ➡ 切除(C) ➡ 旋转(R)...命令；选取前视基准面为草图基准面，绘制图 35.62 所示的横断面草图（包括旋转中心线），选择下拉菜单 插入(I) ➡ 退出草图命令，退出草绘环境；采用草图中绘制的中心线为旋转轴线；在"切除-旋转"对话框中 方向1 区域的下拉列表中选择 给定深度选项，在 方向1 区域的 文本框中输入数值 360.0；单击对话框中的 ✔ 按钮，完成切除-旋转 1 的创建。

图 35.61　切除-旋转 1

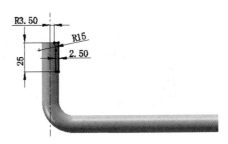

图 35.62　横断面草图

Step7. 创建图 35.63 所示的零件特征——凸台-拉伸 1。选择下拉菜单 插入(I) ➡ 凸台/基体(B) ➡ 拉伸(E)...命令；选取前视基准面为草图基准面，在草绘环境中绘制

图 35.64 所示的横断面草图，选择下拉菜单 插入(I) ➡️ 退出草图 命令，退出草绘环境，此时系统弹出"凸台-拉伸"对话框；采用系统默认的拉伸深度方向，在对话框中 方向1 区域的下拉列表中选择 两侧对称 选项，输入深度值 5.0；单击 ✅ 按钮，完成凸台-拉伸 1 的创建。

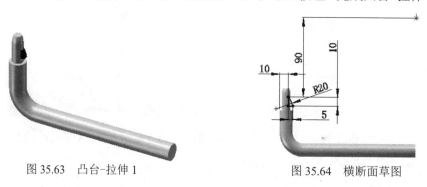

图 35.63　凸台-拉伸 1　　　　　图 35.64　横断面草图

Step8. 创建图 35.65 所示的"圆角 1"。选择下拉菜单 插入(I) ➡️ 特征(F) ➡️ 🔘 圆角(F)…命令；采用系统默认的圆角类型；选择图 35.65a 所示的边线为要倒圆角的对象；在"圆角"对话框中输入圆角半径值 0.5；单击 ✅ 按钮，完成圆角 1 的创建。

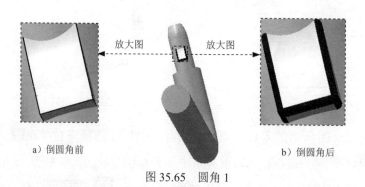

a）倒圆角前　　　　　　　　　b）倒圆角后

图 35.65　圆角 1

Step9. 创建图 35.66 所示的"圆角 2"。选择下拉菜单 插入(I) ➡️ 特征(F) ➡️ 🔘 圆角(F)…命令，采用系统默认的圆角类型，选择图 35.66a 所示的边线为要倒圆角的对象，在"圆角"对话框中输入圆角半径值 0.5，单击 ✅ 按钮，完成圆角 2 的创建。

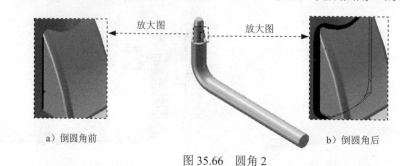

a）倒圆角前　　　　　　　　　b）倒圆角后

图 35.66　圆角 2

Step10. 创建图 35.67b 所示的"镜像 1"。选择菜单 插入(I) ➡️ 阵列/镜向(E) ➡️ 🔘 镜向(M)…命令；选取右视基准面为镜像基准面；在设计树中选择扫描 1、切除-旋转 1、凸台-拉伸 1、圆角 1 和圆角 2 为要镜像的对象；单击对话框中的  按钮，完成镜像 1 的创建。

a）镜像前　　　　　　　　　　　　　　　　b）镜像后

图 35.67　镜像 1

Step11. 至此，衣架杆零件模型创建完毕。选择下拉菜单 文件(F) ➡ 保存 (S) 命令，命名为 rack_down，即可保存零件模型。

35.6　夹　　子

夹子零件实体模型及相应的设计树如图 35.68 所示。

Step1. 新建模型文件。选择下拉菜单 文件(F) ➡ 新建(N)... 命令，在系统弹出的"新建 SolidWorks 文件"对话框中选择"零件"模块，单击 确定 按钮，进入建模环境。

Step2. 创建图 35.69 所示的草图 1。选择下拉菜单 插入(I) ➡ 草图绘制 命令；选取前视基准面为草图基准面；在草绘环境中绘制图 35.69 所示的草图；选择下拉菜单 插入(I) ➡ 退出草图 命令，完成草图 1 的创建。

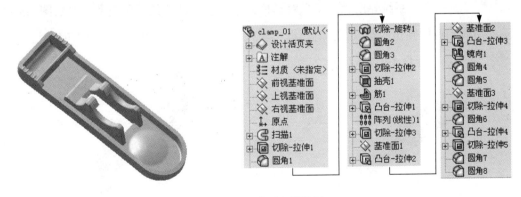

图 35.68　零件模型和设计树

Step3. 创建图 35.70 所示的草图 2。选择下拉菜单 插入(I) ➡ 草图绘制 命令，选取右视基准面为草图基准面，绘制图 35.70 所示的草图，选择下拉菜单 插入(I) ➡ 退出草图 命令，完成草图 2 的创建。

图 35.69　草图 1　　　　　　　　图 35.70　草图 2

Step4. 创建图 35.71 所示的"扫描 1"。选择下拉菜单 插入(I) ➡ 凸台/基体(B) ➡ G 扫描(S)... 命令；选取草图 2 为扫描的轮廓；选取草图 1 为扫描的路径；单击对话框中的 ✓ 按钮，完成扫描 1 的创建。

Step5. 创建图 35.72 所示的零件特征——切除-拉伸 1。选择下拉菜单 插入(I) ➡ 切除(C) ➡ 拉伸(E)... 命令；选取上视基准面为草图基准面，在草绘环境中绘制图 35.73 所示的横断面草图，选择下拉菜单 插入(I) ➡ 退出草图 命令，完成横断面草图的创建；采用系统默认的切除深度方向，在"切除-拉伸"对话框 方向1 和 方向2 区域的下拉列表中均选择 完全贯穿 选项；单击对话框中的 ✓ 按钮，完成切除-拉伸 1 的创建。

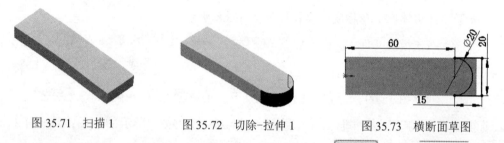

图 35.71　扫描 1　　　　　图 35.72　切除-拉伸 1　　　图 35.73　横断面草图

Step6. 创建图 35.74 所示的"圆角 1"。选择下拉菜单 插入(I) ➡ 特征(F) ➡ 圆角(F)... 命令，系统弹出"圆角"对话框；采用系统默认的圆角类型；选取图 35.74a 所示的边线为要倒圆角的对象；在对话框中输入倒圆角半径值 5.0；单击"圆角"对话框中的 ✓ 按钮，完成圆角 1 的创建。

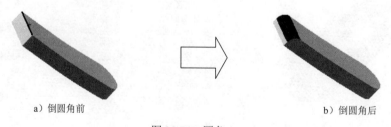

a）倒圆角前　　　　　　　　　　　　b）倒圆角后

图 35.74　圆角 1

Step7. 创建图 35.75 所示的零件特征——切除-旋转 1。选择下拉菜单 插入(I) ➡ 切除(C) ➡ 旋转(R)... 命令；选取前视基准面为草图基准面，进入草绘环境，绘制图 35.76 所示的横断面草图（包括旋转中心线），选择下拉菜单 插入(I) ➡ 退出草图 命令，退出草绘环境，系统弹出"切除-旋转"对话框；采用草图中绘制的中心线为旋转轴线；

在"切除-旋转"对话框 **方向1** 区域的下拉列表中选择 **给定深度** 选项，采用系统默认的旋转方向，在 **方向1** 区域的 文本框中输入数值 360.0；单击对话框中的 按钮，完成切除-旋转 1 的创建。

图 35.75　切除-旋转 1

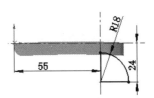

图 35.76　横断面草图

Step8. 创建图 35.77 所示的"圆角 2"。选择下拉菜单 **插入(I)** ➡ **特征(F)** ➡ **圆角(F)...** 命令，系统弹出"圆角"对话框，采用系统默认的圆角类型，选取图 35.77a 所示的边线为要倒圆角的对象，在对话框中输入圆角半径值 5.0，单击"圆角"对话框中的 按钮，完成圆角 2 的创建。

a）倒圆角前　　　　　　　　　　　　　　b）倒圆角后

图 35.77　圆角 2

Step9. 创建图 35.78 所示的"圆角 3"。选择下拉菜单 **插入(I)** ➡ **特征(F)** ➡ **圆角(F)...** 命令，系统弹出"圆角"对话框，采用系统默认的圆角类型，选取图 35.78a 所示的边线为要倒圆角的对象，在对话框中输入圆角半径值 2.0，单击"圆角"对话框中的 按钮，完成圆角 3 的创建。

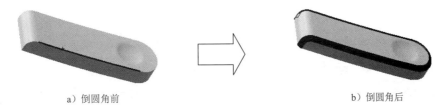

a）倒圆角前　　　　　　　　　　　　　　b）倒圆角后

图 35.78　圆角 3

Step10. 创建图 35.79 所示的零件特征——切除-拉伸 2。选择下拉菜单 **插入(I)** ➡ **切除(C)** ➡ **拉伸(E)...** 命令；选取前视基准面为草图基准面，绘制图 35.80 所示的横断面草图，选择下拉菜单 **插入(I)** ➡ **退出草图** 命令，完成横断面草图的创建；采用系统默认的切除深度方向，在"切除-拉伸"对话框 **方向1** 和 **方向2** 区域的下拉列表中均选择 **完全贯穿** 选项；单击对话框中的 按钮，完成切除-拉伸 2 的创建。

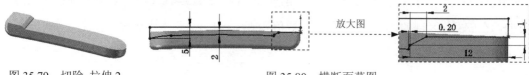

图 35.79　切除-拉伸 2　　　　　　　　　　图 35.80　横断面草图

Step11. 创建图 35.81b 所示的抽壳 1。选择下拉菜单 插入(I) ➡ 特征(F) ➡
[抽壳(S)]... 命令，系统弹出"抽壳 1"对话框；选取图 35.81a 所示的模型表面为要移除
的面；在 后的文本框中输入数值 1.5；单击对话框中的 按钮，完成抽壳 1 的创建。

要移除的面

a）抽壳前　　　　　　　　　　b）抽壳后

图 35.81　抽壳 1

Step12. 创建图 35.82 所示的零件特征——筋 1。选择菜单 插入(I) ➡ 特征(F) ➡
[筋(R)]... 命令；选取图 35.83 所示的平面为草图基准面，绘制截面的几何图形（图 35.84）；
在"筋"对话框的 参数(P) 区域中单击 （两侧）按钮，输入筋厚度值 1.0，在 拉伸方向: 下
单击 按钮，采用系统默认的生成方向；单击 按钮，完成筋 1 的创建。

草图基准面

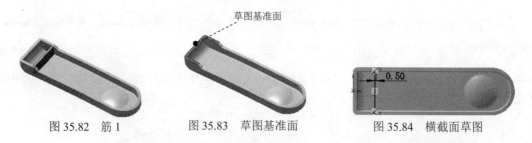

图 35.82　筋 1　　　　　　图 35.83　草图基准面　　　　　　图 35.84　横截面草图

Step13. 创建图 35.85 所示的特征——凸台-拉伸 1。选择下拉菜单 插入(I) ➡
凸台/基体(B) ➡ [拉伸(E)]... 命令；选取图 35.86 所示的模型表面为草图基准面，在草
绘环境中绘制图 35.87 所示的横断面草图；单击 按钮使拉伸深度方向反向，采用系统默
认的拉伸方向，在"凸台-拉伸"对话框 方向1 区域的下拉列表中选择 成形到一面 选项，选择
如图 35.88 所示的模型表面为拉伸终止面；单击 按钮，完成凸台-拉伸 1 的创建。

草图基准面

图 35.85　凸台-拉伸 1　　　　　　　　　图 35.86　草图基准面

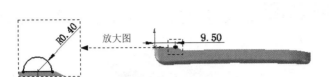

图 35.87　横断面草图　　　　　　　　图 35.88　拉伸终止面

Step14. 创建图 35.89b 所示的"阵列（线性）1"。选择下拉菜单 插入(I) ➡

阵列/镜向(E) ➡ 线性阵列(L)... 命令，系统弹出"线性阵列"对话框；选取凸台-拉

伸 1 为阵列的源特征；选取凸台-拉伸 1 横断面草图的尺寸 9.5 为方向 1 的参考边线，在

方向1 区域的 文本框中输入间距值 1.7，在 文本框中输入实例数 5；单击对话框中的

按钮，完成阵列（线性）1 的创建。

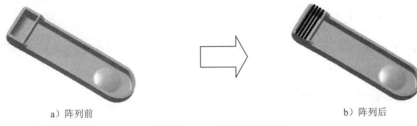

a）阵列前　　　　　　　　　　　　　　　　b）阵列后

图 35.89　阵列（线性）1

Step15. 创建图 35.90 所示的零件特征——切除-拉伸 3。选择下拉菜单 插入(I) ➡

切除(C) ➡ 拉伸(E)... 命令，选取图 35.91 所示的模型表面为草图基准面，绘制

图 35.92 所示的横断面草图，选择下拉菜单 插入(I) ➡ 退出草图命令，完成横断面草

图的创建，单击 按钮，在"切除-拉伸"对话框 方向1 区域的下拉列表中选择 完全贯穿选

项，单击对话框中的 按钮，完成切除-拉伸 3 的创建。

图 35.90　切除-拉伸 3　　　　图 35.91　草图基准面　　　　图 35.92　横断面草图

Step16. 创建图 35.93 所示的"基准面 1"。选择菜单 插入(I) ➡ 参考几何体(G) ➡

基准面(P)... 命令（注：具体参数和操作参见随书光盘）。

Step17. 创建图 35.94 所示的零件特征——凸台 拉伸 2。选择下拉菜单 插入(I) ➡

凸台/基体(B) ➡️ 拉伸(E)...命令；选取基准面 1 为草图基准面，在草绘环境中绘制图 35.95 所示的横断面草图；单击 按钮使拉伸深度方向反向，采用系统默认的深度方向，在 方向1 区域的下拉列表中选择 成形到下一面 选项；单击 按钮，完成凸台-拉伸 2 的创建。

图 35.93　基准面 1

图 35.94　凸台-拉伸 2

Step18. 创建图 35.96 所示的"基准面 2"。选择菜单 插入(I) ➡️ 参考几何体(G) ➡️ 基准面(P)...命令，系统弹出"基准面"对话框（注：具体参数和操作参见随书光盘）。

Step19. 创建图 35.97 所示的零件特征—— 凸台-拉伸 3。选择下拉菜单 插入(I) ➡️ 凸台/基体(B) ➡️ 拉伸(E)...命令，选取基准面 2 为草图基准面，绘制图 35.98 所示的横断面草图，采用系统默认的深度方向；在 方向1 区域的下拉列表中选择 给定深度 选项，并单击 按钮，采用与系统默认方向相反的深度方向，在 文本框中输入数值 2.0，单击 按钮，完成凸台-拉伸 3 的创建。

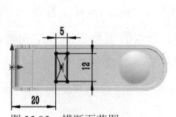

图 35.95　横断面草图

图 35.96　基准面 2

图 35.97　凸台-拉伸 3

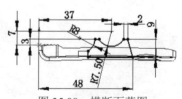

图 35.98　横断面草图

Step20. 创建图 35.99 所示的"镜像 1"。选择菜单 插入(I) ➡️ 阵列/镜向(E) ➡️ 镜向(M)...命令；选取前视基准面为镜像基准面；选取使用凸台-拉伸 3 为要镜像的对象；单击对话框中的 按钮，完成镜像 1 的创建。

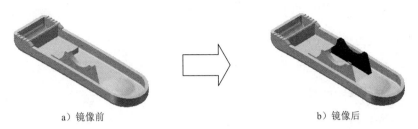

a）镜像前   b）镜像后

图 35.99   镜像 1

Step21. 创建图 35.100 所示的"圆角 4"。选择下拉菜单 插入(I) ➡ 特征(F) ➡
圆角(F)... 命令，系统弹出"圆角"对话框，采用系统默认的圆角类型，选取图 35.100a
所示的边线为要倒圆角的对象，在对话框中输入圆角半径值 1.0，单击"圆角"对话框中的
✓ 按钮，完成圆角 4 的创建。

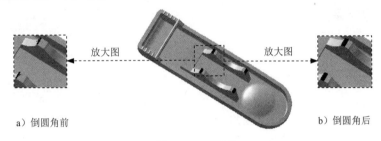

a）倒圆角前   b）倒圆角后

图 35.100   圆角 4

Step22. 创建图 35.101 所示的"圆角 5"。选择下拉菜单 插入(I) ➡ 特征(F) ➡
圆角(F)... 命令，系统弹出"圆角"对话框，采用系统默认的圆角类型，选取图 35.101a
所示的边线为要倒圆角的对象，在对话框中输入圆角半径值 0.5，单击"圆角"对话框中的
✓ 按钮，完成圆角 5 的创建。

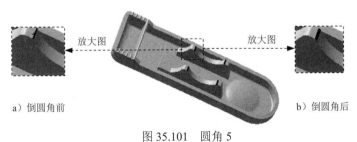

a）倒圆角前   b）倒圆角后

图 35.101   圆角 5

Step23. 创建图 35.102 所示的"基准面 3"。选择菜单 插入(I) ➡ 参考几何体(G) ➡
基准面(P)... 命令，系统弹出"基准面"对话框，选取上视基准面为参考实体，在 ⟷ 后的
文本框中输入数值 10.00，并选中 ☑反转 复选框，单击 ✓ 按钮，完成基准面 3 的创建。

Step24. 创建图 35.103 所示的零件特征——切除-拉伸 4。选择下拉菜单 插入(I) ➡
切除(C) ➡ 拉伸(E)... 命令，选取基准面 3 为草图基准面，绘制图 35.104 所示的横断面草图，选择下拉菜单 插入(I) ➡ 退出草图命令，完成横断面草图的创建，采用系统默认的切除深度方向，在"切除-拉伸"对话框 方向1 区域的下拉列表中选择 给定深度 选项，并单击 按钮使切除方向反向，在 D1 文本框中输入数值 5.0，单击对话框中的 按钮，完成切除-拉伸 4 的创建。

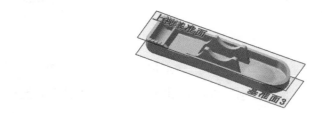

图 35.102　基准面 3

图 35.103　切除-拉伸 4

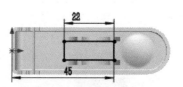

图 35.104　横断面草图

Step25. 创建图 35.105 所示的"圆角 6"。选择下拉菜单 插入(I) ➡ 特征(F) ➡ 圆角(F)...命令，系统弹出"圆角"对话框，采用系统默认的圆角类型，在对话框中输入圆角半径值 1.0，单击"圆角"对话框中的 按钮，完成圆角 6 的创建。

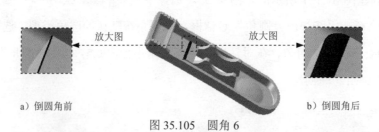

a）倒圆角前　　　　　　　　　　b）倒圆角后

图 35.105　圆角 6

Step26. 创建图 35.106 所示的零件特征——凸台-拉伸 4。选择下拉菜单 插入(I) ➡ 凸台/基体(B) ➡ 拉伸(E)...命令，选取图 35.107 所示的模型表面为草图基准面，绘制图 35.108 所示的横断面草图（利用"转换实体"命令 来绘制草图），采用系统默认的深度方向；在 方向1 区域的下拉列表中选择 成形到下一面 选项，单击 按钮，完成凸台-拉伸 4 的创建。

图 35.106　凸台-拉伸 4

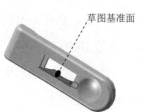

图 35.107　草图基准面

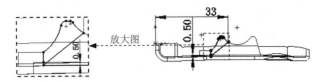

图 35.108　横断面草图

Step27. 创建图 35.109 所示的零件特征——切除-拉伸 5。选择下拉菜单 插入(I) ➡
切除(C) ➡ 拉伸(E)... 命令，选择如图 35.110 所示的模型表面为草图基准面，绘制
图 35.111 所示的横断面草图，选择下拉菜单 插入(I) ➡ 退出草图 命令，完成横断面草
图的创建，采用系统默认的切除深度方向，在"切除-拉伸"对话框 方向1 区域的下拉列表
中选择 完全贯穿 选项，单击对话框中的 按钮，完成切除-拉伸 5 的创建。

图 35.109　切除-拉伸 5　　　　图 35.110　草图基准面　　　　图 35.111　横断面草图

Step28. 创建图 35.112 所示的"圆角 7"。选择下拉菜单 插入(I) ➡ 特征(F) ➡
圆角(F)... 命令，采用系统默认的圆角类型，在"圆角"对话框中输入圆角半径值 0.5，
单击 按钮，完成圆角 7 的创建。

a）倒圆角前　　　　　　　　　　　　　　　　b）倒圆角后
图 35.112　圆角 7

Step29. 创建图 35.113 所示的"圆角 8"。选择下拉菜单 插入(I) ➡ 特征(F) ➡
圆角(F)... 命令，采用系统默认的圆角类型，在"圆角"对话框中输入圆角半径值 0.5，
单击 按钮，完成圆角 8 的创建。

a）倒圆角前　　　　　　　　　　　　　　　　b）倒圆角后
图 35.113　圆角 8

Step30. 至此，夹子零件模型创建完毕。选择下拉菜单 文件(F) ➡ 保存(S)命令，将模型命名为 clamp_01，即可保存零件模型。

35.7 弹 簧 片

本节介绍弹簧片的设计过程，运用了基本的"凸台-拉伸"命令，在绘制横断面草图时应注意各尺寸是否被完全定义。该零件实体模型及相应的设计树如图 35.114 所示。

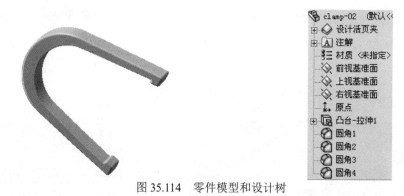

图 35.114　零件模型和设计树

Step1. 新建模型文件。选择下拉菜单 文件(F) ➡ 新建(N)...命令，在系统弹出的"新建 SolidWorks 文件"对话框中选择"零件"模块，单击 确定 按钮，进入建模环境。

Step2. 创建图 35.115 所示的零件基础特征——凸台-拉伸 1。选择菜单 插入(I) ➡ 凸台/基体(B) ➡ 拉伸(E)...命令；选取前视基准面为草图基准面，在草绘环境中绘制图 35.116 所示的横断面草图。选择下拉菜单 插入(I) ➡ 退出草图命令，退出草绘环境，此时系统弹出"凸台-拉伸"对话框；采用系统默认的深度方向，在"凸台-拉伸"对话框中 方向1 区域的下拉列表中选择 两侧对称 选项，输入深度值 8.0；单击 ✔ 按钮，完成凸台-拉伸 1 的创建。

图 35.115　凸台-拉伸 1

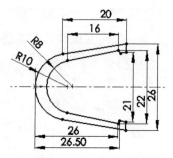

图 35.116　横断面草图

Step3. 创建图 35.117b 所示的"圆角 1"。选择下拉菜单 插入(I) ➡ 特征(F) ➡ 圆角(F)... 命令；采用系统默认的圆角类型；选择凸台-拉伸 1 的边线为要倒圆角的对象；在"圆角"对话框中输入圆角半径值 0.5；单击 ✅ 按钮，完成圆角 1 的创建。

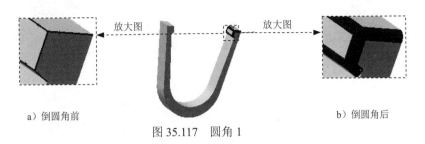

a）倒圆角前   b）倒圆角后

图 35.117   圆角 1

Step4. 创建图 35.118b 所示的"圆角 2"。选择下拉菜单 插入(I) ➡ 特征(F) ➡ 圆角(F)... 命令，采用系统默认的圆角类型，选择图 35.118a 所示的边线为要倒圆角的对象，在"圆角"对话框中输入圆角半径值 0.5，单击 ✅ 按钮，完成圆角 2 的创建。

Step5. 创建图 35.119 所示的"圆角 3"。选择下拉菜单 插入(I) ➡ 特征(F) ➡ 圆角(F)... 命令，采用系统默认的圆角类型，在"圆角"对话框中输入圆角半径值 0.5，单击 ✅ 按钮，完成圆角 3 的创建。

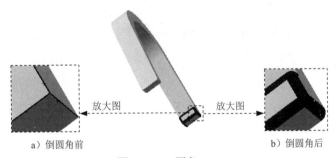

a）倒圆角前   b）倒圆角后

图 35.118   圆角 2

Step6. 创建图 35.120 所示的"圆角 4"。选择下拉菜单 插入(I) ➡ 特征(F) ➡ 圆角(F)... 命令，采用系统默认的圆角类型，在"圆角"对话框中输入圆角半径值 0.5，单击 ✅ 按钮，完成圆角 4 的创建。

图 35.119   圆角 3   图 35.120   圆角 4

Step7. 至此，弹簧片零件模型创建完毕。选择下拉菜单 文件(F) ➡ 💾 保存(S) 命令，将模型命名为 clamp_02，即可保存零件模型。

35.8 衣架的装配

衣架的最终模型如图 35.121 所示。

Stage1. clamp_01 和 clamp_02 的子装配

Step1. 新建一个装配文件。选择下拉菜单 文件(F) ➡ 新建(N)... 命令，在弹出的 "新建 SolidWorks 文件" 对话框中选择 "装配体" 选项，单击 确定 按钮，进入装配环境。

Step2. 插入图 35.122 所示的 clamp_01。进入装配环境后，系统会自动弹出 "开始装配体" 对话框，单击 "开始装配体" 对话框中的 浏览(B)... 按钮，在弹出的 "打开" 对话框中选取 clamp_01.SLDPRT，单击 打开(0) 按钮；单击对话框中的 ✔ 按钮，将零件固定在系统默认位置。

Step3. 插入图 35.123 所示的 clamp_02 并定位。选择下拉菜单 插入(I) ➡ 零部件(0) ➡ 现有零件/装配体(E)... 命令，系统弹出 "插入零部件" 对话框，单击 "插入零部件" 对话框中的 浏览(B)... 按钮，在弹出的 "打开" 对话框中选取 clamp_02.SLDPRT，单击 打开(0) 按钮；选择下拉菜单 插入(I) ➡ 配合(M)... 命令，系统弹出 "配合" 对话框，单击 "配合" 对话框中的 重合(C) 按钮，选取图 35.124 所示的面为重合面，单击快捷工具条中的 ✔ 按钮。单击 "配合" 对话框中的 重合(C) 按钮，使装配体的前视基准面和 clamp_02 的前视基准面重合，单击快捷工具条中的 ✔ 按钮，单击 "配合" 对话框中的 按钮，并在文本框中输入数值 6.0，要配合的实体为上视基准面与 clamp_02 的上视基准面，单击快捷工具条中的 ✔ 按钮；单击 "配合" 对话框中的 ✔ 按钮，完成 clamp_02 的定位。

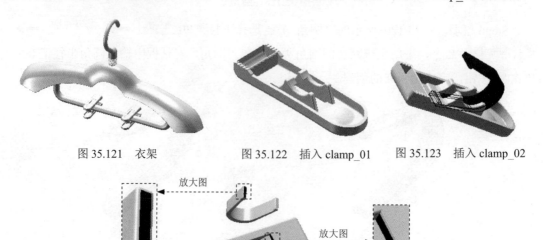

图 35.121　衣架　　　图 35.122　插入 clamp_01　　　图 35.123　插入 clamp_02

图 35.124　选取重合面

Step4. 插入图35.125所示的clamp_01(2)并定位。选择下拉菜单 插入(I) ➡ 零部件(O) ➡ 🖑 现有零件/装配体(E)... 命令，单击"插入零部件"对话框中的 浏览(B)... 按钮，在弹出的"打开"对话框中选取 clamp_01.SLDPRT，单击 打开(O) 按钮；选择下拉菜单 插入(I) ➡ 配合(M)... 命令，单击"配合"对话框中的 重合(C) 按钮，使装配体的右视基准面和 clamp_01(2)的右视基准面重合，单击快捷工具条中的 ✔ 按钮，单击"配合"对话框中的 重合(C) 按钮，使装配体的前视基准面和 clamp_01 的前视基准面重合，单击快捷工具条中的 ✔ 按钮；单击"配合"对话框中的 按钮，并在文本框中输入数值 12.0，要配合的实体为上视基准面与 clamp_01 的上视基准面，单击快捷工具条中的 ✔ 按钮；单击"配合"对话框中的 ✔ 按钮，完成 clamp_01(2)的定位。

Step5. 选择下拉菜单 文件(F) ➡ 保存(S)命令，将装配模型命名为 clamp。

Stage2. 衣架的总装配过程

衣架的相应装配模型如图 35.126 所示。

图 35.125 插入 clamp_01(2)

图 35.126 衣架的装配模型

Step1. 新建一个装配文件。选择下拉菜单 文件(F) ➡ 新建(N)... 命令，在弹出的"新建 SolidWorks 文件"对话框中选择"装配体"选项，单击 确定 按钮，进入装配环境。

Step2. 插入图 35.127 所示的衣架主体模型。进入装配环境后，系统会自动弹出"开始装配体"对话框，单击"开始装配体"对话框中的 浏览(B)... 按钮，在弹出的"打开"对话框中选取 rack_main.SLDPRT，单击 打开(O) 按钮；单击对话框中的 ✔ 按钮，将零件固定在原点位置。

Step3. 插入图 35.128 所示的垫片 01。选择下拉菜单 插入(I) ➡ 零部件(O) ➡ 🖑 现有零件/装配体(E)... 命令，系统弹出"插入零部件"对话框，单击"插入零部件"对话框中的 浏览(B)... 按钮，在弹出的"打开"对话框中选取 rack_top_02.SLDPRT，单击 打开(O) 按钮；选择下拉菜单 插入(I) ➡ 配合(M)... 命令，系统弹出"配合"对话框，单击"配合"对话框中的 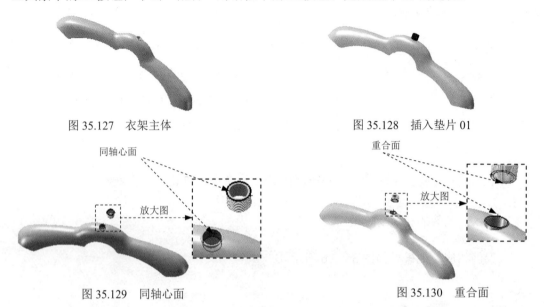 按钮，选取图 35.129 所示的同轴心面，单击快捷工具条中的 按钮，单击"配合"对话框中的 按钮，选取图 35.130 所示的重合面，单击快捷工具条中的 按钮；单击"配合"对话框中的 按钮，完成垫片 01 的定位。

图 35.127　衣架主体

图 35.128　插入垫片 01

图 35.129　同轴心面

图 35.130　重合面

Step4. 插入图 35.131 所示的挂钩并定位。选择下拉菜单 插入(I) ➡ 零部件(O) ➡ 现有零件/装配体(E)...命令，系统弹出"插入零部件"对话框，单击"插入零部件"对话框中的 浏览(B)... 按钮，在弹出的"打开"对话框中选取 rack_top_01.SLDPRT，单击 打开(O) 按钮；创建配合使装配体完全定位。选择下拉菜单 插入(I) ➡ 配合(M)... 命令，系统弹出"配合"对话框，单击"配合"对话框中的 重合(C) 按钮，选取图 35.132 所示的面为重合面，单击快捷工具条中的 按钮；单击"配合"对话框中的 同轴心(N) 按钮，选取图 35.133 所示的同轴心面，单击快捷工具条中的 按钮；单击"配合"对话框中的 按钮，完成挂钩的定位。

Step5. 完成衣架主体与挂钩的装配过程后，选择下拉菜单 文件(F) ➡ 保存(S) 命令，将装配模型命名为 rack 即可保存装配模型。

Step6. 创建图 35.134 所示的垫片 2。选择下拉菜单 插入(I) ➡ 零部件(O) ➡ 新零件(N)...命令，设计树中会多出一个新零件，如图 35.135 所示。选中此新零件右击编辑，系统进入建模环境。选择前视基准面为放置新零件的基准面。在草绘环境中绘制图 35.136 所示的横断面草图，并绘制中心线，选择下拉菜单 插入(I) ➡ 退出草图 命令，退出草绘环境。选取图 35.136 所示的草图为横断面草图，草图的中心线作为旋转轴线，其他采用默认设置值，单击 按钮，完成图 35.137 所示旋转 1 的创建。在设计树中选中此零件右击，选择"重命名零件"，将其重命名为 spacer；右击，选择"保存到零件"，在工具栏中单击"编辑零部件"按钮 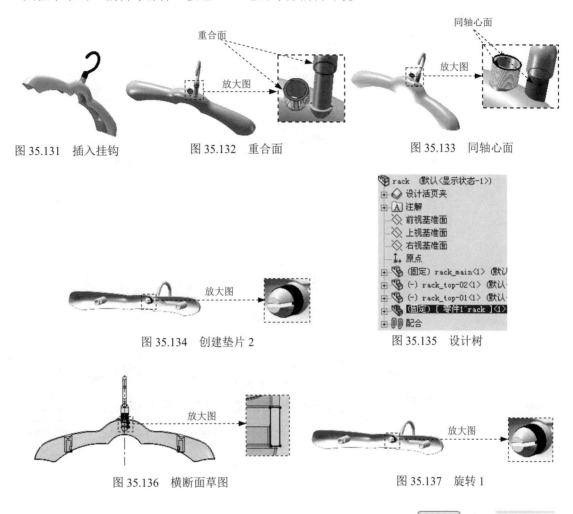，退出零件编辑环境。

图 35.131　插入挂钩　　　　图 35.132　重合面　　　　图 35.133　同轴心面

图 35.134　创建垫片 2　　　　　　　图 35.135　设计树

图 35.136　横断面草图　　　　　　图 35.137　旋转 1

Step7. 插入图 35.138 所示的 rack_down 并定位。选择下拉菜单 插入(I) ➡ 零部件(O) ➡ 现有零件/装配体(E)... 命令，系统弹出"插入零部件"对话框，单击"插入零部件"对话框中的 浏览(B)... 按钮，在弹出的"打开"对话框中选取 rack_down.SLDPRT，单击 打开(O) 按钮，打开装配模型；选择下拉菜单 插入(I) ➡ 配合(M)... 命令，系统弹出"配合"对话框，单击"配合"对话框中的 同轴心(N) 按钮，选取图 35.139 所示的面为同轴心面，单击快捷工具条中的 按钮；单击"配合"对话框中的 重合(C) 按钮，选取图 35.140 所示的面为重合面，单击快捷工具条中的 按钮；单击"配合"对话框中的 同轴心(N) 按钮，选取图 35.141 所示的同轴心面，单击快捷工具条中的 按钮；单击"配合"对话框中的 按钮，完成 rack_down 的定位。

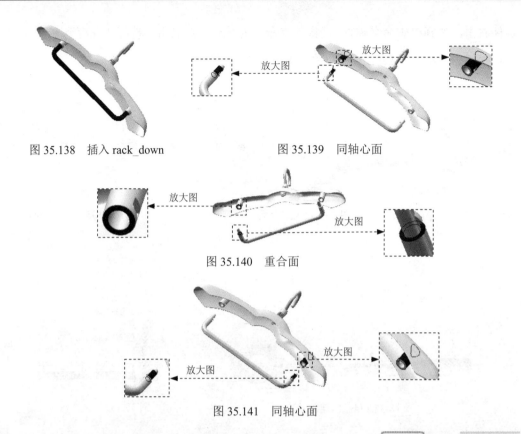

图35.138　插入 rack_down　　　　图35.139　同轴心面

图35.140　重合面

图35.141　同轴心面

Step8. 插入图 35.142 所示的子装配（1）并定位。选择下拉菜单 插入(I) ➡ 零部件(O) ➡ 现有零件/装配体(E)... 命令，系统弹出"插入零部件"对话框，单击"插入零部件"对话框中的 浏览(B)... 按钮，在弹出的"打开"对话框中选取 clamp.SLDASM，单击 打开(O) 按钮，打开装配模型；创建配合使装配体完全定位，选择下拉菜单 插入(I) ➡ 配合(M)... 命令，系统弹出"配合"对话框，单击 ◎ 同轴心(N) 按钮，选取图 35.143 所示的同轴心面，单击快捷工具条中的 ✔ 按钮；单击"配合"对话框中的 ✔ 按钮，完成子装配（1）的定位。

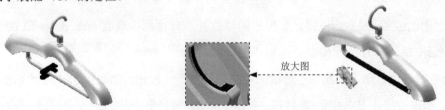

图35.142　插入子装配（1）　　　　图35.143　同轴心面

Step9. 插入图 35.144 所示的子装配（2）并定位。选择下拉菜单 插入(I) ➡ 零部件(O) ➡ 现有零件/装配体(E)... 命令，系统弹出"插入零部件"对话框，单击 浏览(B)... 按钮，在弹出的"打开"对话框中选取 clamp.SLDASM，单击 打开(O) 按钮，打开装配模型；

创建配合使装配体完全定位,选择下拉菜单 [插入(I)] ➡ [⊘ 配合(M)...] 命令,系统弹出"配合"对话框,单击 [◎ 同轴心(N)] 按钮,选取图 35.145 所示的同轴心面,单击快捷工具条中的 ✔ 按钮;单击"配合"对话框中的 ✔ 按钮,完成子装配(2)的定位。

Step10. 至此,衣架的总装配过程完毕。选择下拉菜单 [文件(F)] ➡ [🖫 保存(S)] 命令,保存装配模型。

图 35.144 插入子装配(2)

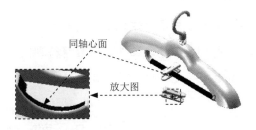

同轴心面

放大图

图 35.145 同轴心面

实例 **36** 飞 盘 玩 具

36.1 实 例 概 述

本实例主要运用了整体式设计的基本方法，即首先设计出整体零件。然后用分型面分离整体零件得到各部分装配件，最后将得到的装配件装配在一起形成完整的装配体，这种方法创建的装配体能很好地保证装配精度。

36.2 整 体 部 分

整体部分模型及设计树如图 36.1 所示。

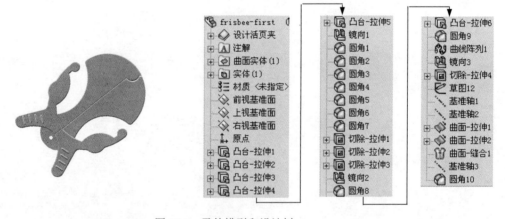

图 36.1　零件模型和设计树

Step1. 新建模型文件。选择下拉菜单 文件(F) ➡ 新建(N)... 命令，在系统弹出的"新建 SolidWorks 文件"对话框中选择"零件"模块，单击 确定 按钮，进入建模环境。

Step2. 创建图 36.2 所示的零件基础特征——凸台-拉伸 1。选择下拉菜单 插入(I) ➡ 凸台/基体(B) ➡ 拉伸(E)... 命令；选取前视基准面为草图基准面。在草绘环境中绘制图 36.3 所示的横断面草图，选择下拉菜单 插入(I) ➡ 退出草图 命令，退出草绘环境，此时系统弹出"凸台-拉伸"对话框；单击 ✔ 按钮，完成凸台-拉伸 1 的创建（注：具体参数和操作参见随书光盘）。

图 36.2　凸台-拉伸 1

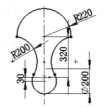

图 36.3　横断面草图

Step3. 创建图 36.4 所示的"凸台-拉伸 2"。选择下拉菜单 插入(I) ➡ 凸台/基体(B)

➡ 拉伸(E)... 命令；选取前视基准面为草图基准面，绘制图 36.5 所示的横断面草图；在 方向1 区域的下拉列表中选择 给定深度 选项，输入深度值 70.0；单击 ✔ 按钮，完成凸台-拉伸 2 的创建。

图 36.4　凸台-拉伸 2

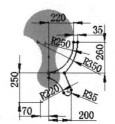

图 36.5　横断面草图

Step4. 创建图 36.6 所示的"凸台-拉伸 3"。选择下拉菜单 插入(I) ➡ 凸台/基体(B)

➡ 拉伸(E)... 命令；选取前视基准面为草图基准面，绘制图 36.7 所示的横断面草图；在 方向1 区域的下拉列表中选择 给定深度 选项，输入深度值 70.0；单击 ✔ 按钮，完成凸台-拉伸 3 的创建。

图 36.6　凸台-拉伸 3

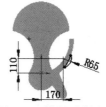

图 36.7　横断面草图

Step5. 创建图 36.8 所示的"凸台-拉伸 4"。选择下拉菜单 插入(I) ➡ 凸台/基体(B)

➡ 拉伸(E)... 命令；选取前视基准面作为草图基准面，绘制图 36.9 所示的横断面草图；采用系统默认的深度方向，在 方向1 区域的下拉列表中选择 给定深度 选项，输入深度值 70.0；单击 ✔ 按钮，完成凸台-拉伸 4 的创建。

Step6. 创建图 36.10 所示的 "凸台-拉伸 5"。选择下拉菜单 插入(I) ➡ 凸台/基体(B)

➡ 拉伸(E)... 命令；选取图 36.11 所示的模型表面为草图基准面，绘制图 36.12 所示的横断面草图；单击"反向"按钮 ，在 **方向1** 区域的下拉列表中选择 **给定深度** 选项，输
入深度值 10.0；单击 ✅ 按钮，完成凸台-拉伸 5 的创建。

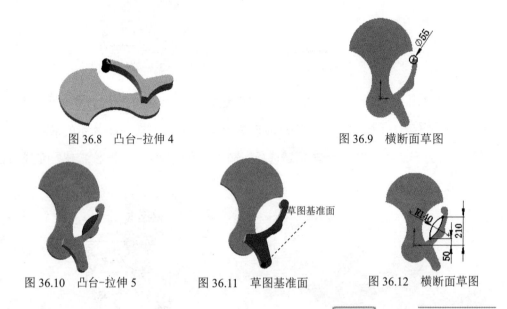

图 36.8　凸台-拉伸 4　　　　　　　　　　图 36.9　横断面草图

图 36.10　凸台-拉伸 5　　　图 36.11　草图基准面　　　图 36.12　横断面草图

Step7. 创建图 36.13b 所示的"镜像 1"。选择下拉菜单 **插入(I)** ➡ **阵列/镜向(E)**
➡ **镜向(M)...** 命令；选取右视基准面为镜像基准面；选择凸台-拉伸 2、3、4、5 为
镜像对象；单击"镜像"对话框中的 ✅ 按钮，完成镜像 1 的创建。

a）镜像前　　　　　　　　　　　　　　　　b）镜像后

图 36.13　镜像 1

Step8. 创建图 36.14b 所示的"圆角 1"。选择下拉菜单 **插入(I)** ➡ **特征(F)** ➡
圆角(F)... 命令；采用系统默认的圆角类型；选取图 36.14a 所示的边线为要倒圆角的对
象；在对话框中输入半径值 10.0；单击"圆角"对话框中的 ✅ 按钮，完成圆角 1 的创建。

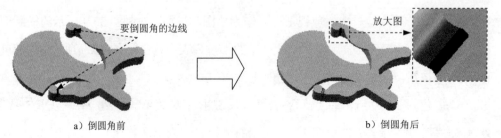

a）倒圆角前　　　　　　　　　　　　　　b）倒圆角后

图 36.14　圆角 1

Step9. 创建图 36.15b 所示的"圆角 2"。选取图 36.15a 所示的四条边线为要倒圆角的对象，圆角半径为 30.0。

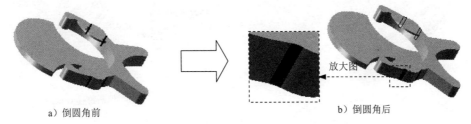

a）倒圆角前　　　　　　　　　　　　　　　　b）倒圆角后

图 36.15　圆角 2

Step10. 创建图 36.16b 所示的"圆角 3"。选取图 36.16a 所示的两条边线为要倒圆角的对象，圆角半径为 100.0。

a）倒圆角前　　　　　　　　　　　　　　　　b）倒圆角后

图 36.16　圆角 3

Step11. 创建图 36.17b 所示的"圆角 4"。选取图 36.17a 所示的边线为要倒圆角的对象，圆角半径为 30.0。

a）倒圆角前　　　　　　　　　　　　　　　　b）倒圆角后

图 36.17　圆角 4

Step12. 创建图 36.18b 所示的"圆角 5"。选取图 36.18a 所示的边线为要倒圆角的对象，圆角半径为 20.0。

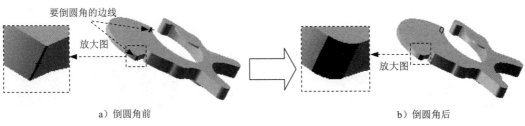

a）倒圆角前　　　　　　　　　　　　　　　　b）倒圆角后

图 36.18　圆角 5

Step13. 创建图 36.19b 所示的"圆角 6"。选取图 36.19a 所示的边线为要倒圆角的对象，圆角半径为 5.0。

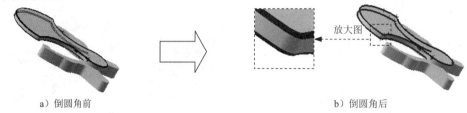

a）倒圆角前　　　　　　　　　　　　　　b）倒圆角后

图 36.19　圆角 6

Step14. 创建图 36.20b 所示的"圆角 7"。选取图 36.20a 所示的边线为要倒圆角的对象，圆角半径为 5.0。

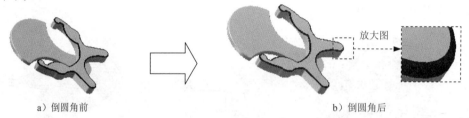

a）倒圆角前　　　　　　　　　　　　　　b）倒圆角后

图 36.20　圆角 7

Step15. 创建图 36.21 所示的零件特征——切除-拉伸 1。选择下拉菜单 插入(I) ➡ 切除(C) ➡ 拉伸(E)... 命令；选取前视基准面为草图基准面，在草绘环境中绘制图 36.22 所示的横断面草图（注：具体参数和操作参见随书光盘）。

图 36.21　切除-拉伸 1　　　　　　　图 36.22　横断面草图

Step16. 创建图 36.23 所示的"切除-拉伸 2"。选择下拉菜单 插入(I) ➡ 切除(C) ➡ 拉伸(E)... 命令；选取图 36.24 所示的草绘图基准面，绘制图 36.25 所示的横断面草图；在 方向1 区域的下拉列表中选择 完全贯穿 选项，单击 ✔ 按钮，完成切除-拉伸 2 的创建。

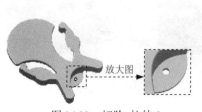　　　　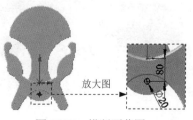

图 36.23　切除-拉伸 2　　　图 36.24　草绘图基准面　　　图 36.25　横断面草图

Step17. 创建图 36.26 所示的"切除-拉伸 3"。选择下拉菜单 插入(I) ➡ 切除(C)▶

➡ 拉伸(E)... 命令；选取前视基准面为草绘基准面，绘制图 36.27 所示的横断面草图（其中的两条边线采用"等距实体"命令绘制），单击"反向"按钮，在 方向1 区域的下拉列表中选择 给定深度 选项，输入深度值 50.0，在 ☑ 方向2 区域的下拉列表中选择完全贯穿 选项；单击对话框中的 ✓ 按钮，完成切除-拉伸 3 的创建。

图 36.26 切除-拉伸 3

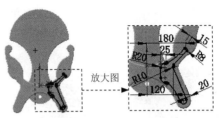

图 36.27 横断面草图

Step18. 创建图 36.28b 所示的零件特征——镜像 2。选取右视基准面为镜像基准面。选择切除-拉伸 3 为镜像对象。单击对话框中的 ✓ 按钮，完成镜像 2 的创建。

a）镜像前

b）镜像后

图 36.28 镜像 2

Step19. 创建图 36.29b 所示的"圆角 8"。选取图 36.29a 所示的边线为要倒圆角的对象，圆角半径为 3.0。

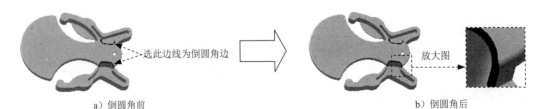

a）倒圆角前　　选此边线为倒圆角边　　　　b）倒圆角后　　放大图

图 36.29 圆角 8

Step20. 创建图 36.30 所示的"凸台-拉伸 6"。选择下拉菜单 插入(I) ➡ 凸台/基体(B)

➡ 拉伸(E)... 命令。选取图 36.31 所示的平面为草图基准平面，绘制如图 36.32 所示的横断面草图，在 方向1 下拉列表中选择 给定深度 选项，输入深度值 3.0，拔模角度为45°，单击 ✓ 按钮，完成凸台-拉伸 6 的创建。

图 36.30　凸台-拉伸 6　　　　图 36.31　草图基准平面　　　　图 36.32　横断面草图

Step21. 创建图 36.33b 所示的"圆角 9"。选取图 36.33a 所示的两条边线为要倒圆角的对象，圆角半径为 4.0。

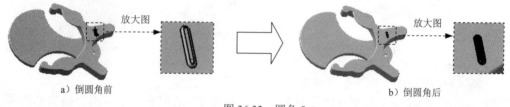

a）倒圆角前　　　　　　　　　　　　　　　b）倒圆角后

图 36.33　圆角 9

Step22. 创建图 36.34 所示的"曲线阵列 1"。选择下拉菜单 插入(I) ➡ 阵列/镜向(E) ➡ 曲线驱动的阵列(R)... 命令，系统弹出"曲线驱动的阵列"对话框；单击 要阵列的特征(F) 区域中的文本框，选取特征凸台-拉伸 6 和圆角 9 作为阵列的源特征；选取图 36.35 所示的边线 1 为 方向1 的参考边线，在 方向1 区域的 文本框中输入数值 4，选中 ☑ 等间距(E) 复选框，在 曲线方法: 区域选中 ⊙ 转换曲线(R) 和 ⊙ 对齐到源(A) 单选按钮；单击对话框中的 按钮，完成曲线阵列 1 的创建。

Step23. 创建图 36.36b 所示的零件特征——镜像 3。选取右视基准面为镜像基准面。选择曲线阵列 1 为镜像对象。单击 按钮，完成镜像 3 的创建。

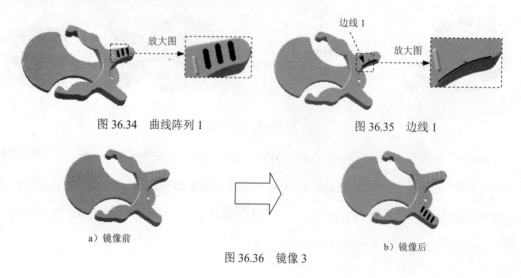

图 36.34　曲线阵列 1　　　　　　　　图 36.35　边线 1

a）镜像前　　　　　　　　　　　　　　b）镜像后

图 36.36　镜像 3

Step24. 创建图 36.37 所示的切除-拉伸 4。选择下拉菜单 插入(I) ➡ 切除(C) ➡ 拉伸(E)… 命令；选取图 36.38 所示的草图基准面，绘制图 36.39 所示的横断面草图；在 方向1 下拉列表中选择 给定深度 选项，输入深度值 20.0，单击 ✔ 按钮，完成切除-拉伸 4 的创建。

图 36.37　切除-拉伸 4

图 36.38　草图基准面

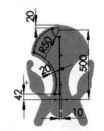

图 36.39　横断面草图

Step25. 创建图 36.40 所示的草图 11。选取图 36.41 所示的模型表面为草图基准面。

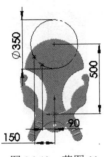

图 36.40　草图 11

图 36.41　草图基准面

Step26. 创建图 36.42 所示的"基准轴 1"。选择下拉菜单 插入(I) ➡ 参考几何体(G) ➡ 基准轴(A) 命令，系统弹出"基准轴"对话框（注：具体参数和操作参见随书光盘）。

Step27. 创建图 36.43 所示的"基准轴 2"。选择下拉菜单 插入(I) ➡ 参考几何体(G) ➡ 基准轴(A) 命令（注：具体参数和操作参见随书光盘）。

图 36.42　基准轴 1

图 36.43　基准轴 2

Step28. 创建图 36.44 所示的零件特征——曲面-拉伸 1。选取右视基准面为草图基准面，绘制图 36.45 所示的横断面草图；单击 ✔ 按钮，反转拉伸方向，在对话框 方向1 区域的下拉列表中选择 给定深度 选项，输入深度值 360.0。单击对话框中的 ✔ 按钮，完成曲面-拉伸 1 的创建。

图 36.44 曲面-拉伸 1

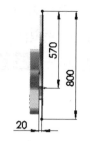

图 36.45 横断面草图

Step29. 创建图 36.46 所示的零件特征——曲面-拉伸 2。选取前视基准面为草图基准面，绘制图 36.47 所示的横断面草图；采用系统默认的方向，在对话框 **方向 1** 区域的"拉伸"下拉列表中选择 **给定深度** 选项，输入深度值 130.0，在 **☑ 方向 2** 区域的"拉伸"下拉列表中选择 **给定深度** 选项，输入深度值 20.0。单击对话框中的 ✅ 按钮，完成曲面-拉伸 2 的创建。

图 36.46 曲面-拉伸 2

图 36.47 横断面草图

Step30. 创建图 36.48 所示的零件特征——曲面-缝合 1。选择下拉菜单 **插入(I)** ➡️ **曲面(S)** ➡️ **缝合曲面(K)...** 命令；选择曲面-拉伸 1、曲面-拉伸 2 为缝合对象；单击对话框中的 ✅ 按钮，完成曲面-缝合 1 的创建。

Step31. 创建图 36.49 所示的"基准轴 3"。选择下拉菜单 **插入(I)** ➡️ **参考几何体(G)** ➡️ **基准轴(A)** 命令；选取草图 11 构造圆的圆心和前视基准面为基准轴的参考实体；单击对话框中的 ✅ 按钮，完成基准轴 3 的创建。

图 36.48 曲面-缝合 1

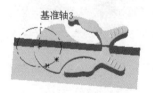

图 36.49 基准轴 3

Step32. 创建图 36.50b 所示的"圆角 10"。选取图 36.50a 所示的边线为要倒圆角的对象，圆角半径为 3.0。

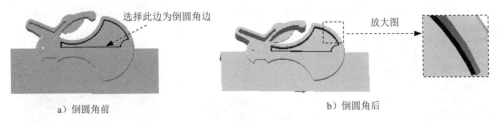

选择此边为倒圆角边   放大图

a）倒圆角前   b）倒圆角后

图 36.50   圆角 10

Step33. 至此，整体零件模型创建完毕。选择下拉菜单 文件(F) ➡ 💾 保存(S) 命令，将模型命名为 frisbee_first，即可保存零件模型。

36.3   左 半 部 分

左半部分模型及设计树如图 36.51 所示。

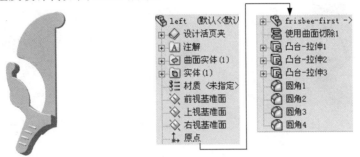

图 36.51   零件模型和设计树

Step1. 新建模型文件。选择下拉菜单 文件(F) ➡ 📄 新建(N)... 命令，在系统弹出的 "新建 SolidWorks 文件" 对话框中选择 "零件" 模块，单击 确定 按钮，进入建模环境。

Step2. 引入参照零件，如图 36.52 所示。选择下拉菜单 插入(I) ➡ 🐾 零件(A)... 命令；在系统弹出的对话框中选择 frisbee_first 文件，单击 打开(O) 按钮；在对话框的 转移(T) 区域选中 ☑ 基准轴(A) 、☑ 基准面(P) 、☑ 曲面实体(S) 和 ☑ 实体(D) 复选框；单击 "插入零件" 对话框中的 ✔ 按钮，完成参照零件 frisbee_first 的引入。

Step3. 创建图 36.53 所示的零件特征——使用曲面切除 1。选择下拉菜单 插入(I) ➡ 切除(C) ▶ ➡ 🕃 使用曲面(W) 命令；选择如图 36.54 所示的曲面为曲面切除面；采用系统默认方向。单击 "使用曲面切除" 对话框中的 ✔ 按钮，完成特征——使用曲面切除 1。

Step4. 创建图 36.55 所示的零件基础特征——凸台-拉伸 1。选择下拉菜单 插入(I) ➡ 凸台/基体(B) ➡ 🗐 拉伸(E)... 命令；选取前视基准面为草图基准面，以基准轴 3 为圆心，绘制图 36.56 所示的横断面草图，选择下拉菜单 插入(I) ➡ 📝 退出草图 命令，退出草绘环境，此时系统弹出"凸台-拉伸"对话框；在 方向1 区域的下拉列表中选择 成形到一面 选项。选取图 36.57 所示的拉伸终止面；单击 ✓ 按钮，完成凸台-拉伸 1 的创建。

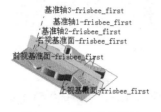

图 36.52　引入参照零件

图 36.53　使用曲面切除 1

图 36.54　切除曲面

Step5. 创建图 36.58 所示的"凸台-拉伸 2"。选取图 36.59 所示的模型表面为草图基准面；以基准轴 3 为圆心，绘制图 36.60 所示的横断面草图（注：具体参数和操作参见随书光盘）。

图 36.55　凸台-拉伸 1

图 36.56　横断面草图

图 36.57　拉伸终止面

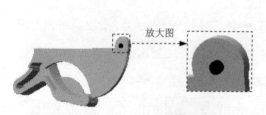

图 36.58　凸台-拉伸 2

图 36.59　草图基准面

图 36.60　横断面草图

Step6. 创建图 36.61 所示的"凸台-拉伸 3"。选取图 36.59 所示的平面为草图基准面；以基准轴 1 为圆心，绘制图 36.62 所示的横断面草图，在 方向1 区域的下拉列表中选择 给定深度 选项，输入深度值 10.0。

图 36.61　凸台-拉伸 3

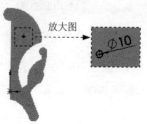

图 36.62　横断面草图

Step7. 创建图 36.63b 所示的"圆角 1"。选择下拉菜单 插入(I) ➞ 特征(F) ➞

圆角(F)... 命令；采用系统默认的圆角类型；选取图 36.63a 所示的边线为要倒圆角的对象；在对话框中输入半径值 3.0；单击"圆角"对话框中的 ✓ 按钮，完成圆角 1 的创建。

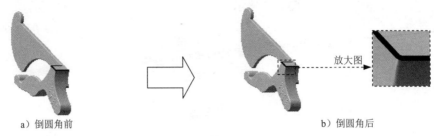

a）倒圆角前　　　　　　　　　　　　　　　b）倒圆角后

图 36.63　圆角 1

Step8. 创建图 36.64b 所示的"圆角 2"。要圆角的对象为图 36.64a 所示的四条边线，圆角半径为 3.0。

a）倒圆角前　　　　　　　　　　　　　　　b）倒圆角后

图 36.64　圆角 2

Step9. 创建图 36.65b 所示的"圆角 3"。选取图 36.65a 所示的边线为要倒圆角的对象，圆角半径为 3.0。

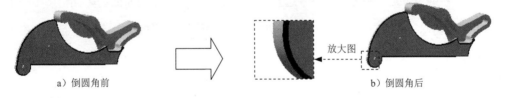

a）倒圆角前　　　　　　　　　　　　　　　b）倒圆角后

图 36.65　圆角 3

Step10. 创建图 36.66b 所示的"圆角 4"。选取图 36.66a 所示的边线为要倒圆角的对象，圆角半径为 3.0。

a）倒圆角前　　　　　　　　　　　　　　　b）倒圆角后

图 36.66　圆角 4

Step11. 至此，左半部分模型创建完毕。选择下拉菜单 文件(F) ➞ 保存(S) 命令，将模型命名为 left，即可保存零件模型。

36.4 右半部分

右半部分零件模型如图 36.67 所示。

图 36.67 右半部分零件模型

Step1. 新建模型文件。选择下拉菜单 文件(F) ➡ 新建(N)... 命令，在系统弹出的"新建 SolidWorks 文件"对话框中选择"零件"模块，单击 确定 按钮，进入建模环境。

Step2. 引入参照零件，如图 36.68 所示。选择下拉菜单 插入(I) ➡ 零件(A)... 命令，在系统弹出的对话框中选择 frisbee_first 文件，单击 打开(O) 按钮；在对话框的 转移(T) 区域选中 ☑ 基准轴(A) 、☑ 基准面(P) 、☑ 曲面实体(S) 和 ☑ 实体(D) 复选框；单击"插入零件"对话框中的 ✔ 按钮，完成参照零件 frisbee_first 的引入。

Step3. 创建图 36.69 所示的零件特征——使用曲面切除 1。选择下拉菜单 插入(I) ➡ 切除(C) ➡ 使用曲面(U) 命令；选择图 36.70 所示的曲面为曲面切除面，采用与系统默认相反的切除方向；单击"使用曲面切除"对话框中的 ✔ 按钮，完成特征——使用曲面切除 1。

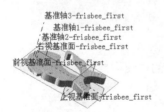

图 36.68 引入参照零件 图 36.69 使用曲面切除 1 图 36.70 切除曲面

Step4. 创建图 36.71 所示的零件特征——切除-拉伸 1。选择下拉菜单 插入(I) ➡ 切除(C) ➡ 拉伸(E)... 命令；选取图 36.72 所示的基准面为草图基准面，在草绘环境中过基准轴 3 绘制图 36.73 所示的横断面草图；在 方向 1 区域单击 ↗ 按钮；在下拉列表中选择 完全贯穿 选项。单击 ✔ 按钮，完成切除-拉伸 1 的创建。

Step5. 创建图 36.74b 所示的"圆角 1"。选择下拉菜单 插入(I) ➡ 特征(F) ➡ 圆角(F)... 命令；取消选中 ☐ 切线延伸(G) 复选框，其他采用系统默认的类型；选取图 36.74a

所示的边线为要倒圆角的对象；在对话框中输入半径值 10.0；单击"圆角"对话框中的 ✓ 按钮，完成圆角 1 的创建。

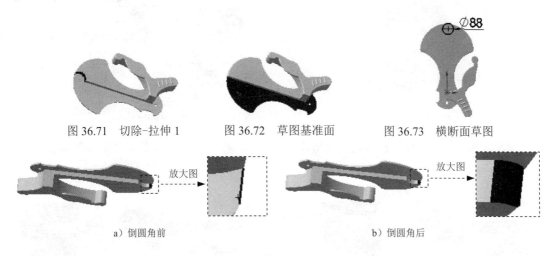

图 36.71　切除-拉伸 1　　　图 36.72　草图基准面　　　图 36.73　横断面草图

a）倒圆角前　　　　　　　　　　　　　　　b）倒圆角后

图 36.74　圆角 1

Step6. 创建图 36.75b 所示的"圆角 2"。选取图 36.75a 所示的边线为要倒圆角的对象，圆角半径为 3.0。

a）倒圆角前　　　　　　　　　　　　　　　b）倒圆角后

图 36.75　圆角 2

Step7. 创建图 36.76 所示的"切除-拉伸 2"。选择前视基准面为草绘基准面，过基准轴 1、基准轴 2 及基准轴 3，绘制图 36.77 所示的横断面草图；在 方向1 区域的下拉列表中选择 完全贯穿 选项；单击 ✓ 按钮，完成切除-拉伸 2 的创建。

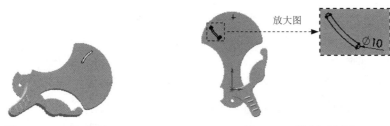

图 36.76　切除-拉伸 2　　　　　　图 36.77　横断面草图

Step8. 创建图 36.78 所示的"切除-拉伸 3"。选择前视基准面为草绘基准面，以基准轴 3 为圆心，绘制如图 36.79 所示的横断面草图。在 方向1 区域的下拉列表中选择 完全贯穿 选项；单击 ✔ 按钮，完成切除-拉伸 3 的创建。

 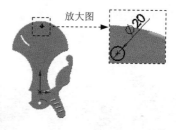

图 36.78　切除-拉伸 3　　　　　　　图 36.79　横断面草图

Step9. 创建图 36.80b 所示的"圆角 3"。选取图 36.80a 所示的边线为要倒圆角的对象，圆角半径为 3.0。

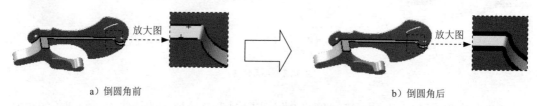

a）倒圆角前　　　　　　　　　　　　　　　　　b）倒圆角后

图 36.80　圆角 3

Step10. 创建图 36.81b 所示的"圆角 4"。选取图 36.81a 所示的边线为要倒圆角的对象，圆角半径为 3.0。

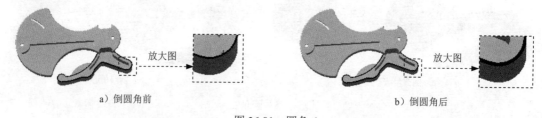

a）倒圆角前　　　　　　　　　　　　　　　　　b）倒圆角后

图 36.81　圆角 4

Step11. 至此，右半部分模型创建完毕。选择下拉菜单 文件(F) ➡ 保存(S) 命令，将模型命名为 right，即可保存零件模型。

36.5　零部件装配

飞盘玩具装配模型及设计树如图 36.82 所示，装配的具体步骤介绍如下。

Step1. 新建一个装配模型文件，进入装配环境。

Step2. 插入右半部分零件模型。进入装配环境后，系统弹出"开始装配体"对话框，单击"开始装配体"对话框中的 浏览(B)... 按钮，在系统弹出的"打开"对话框中选择保存路径下的零部件模型 right，单击 打开(O) 按钮；单击对话框中的 ✔ 按钮，将零件固定在原点位置。

图 36.82　飞盘玩具装配模型和设计树

Step3. 插入图 36.83 所示的玩具左半部分并定位。选择下拉菜单 插入(I) ➡️ 零部件(O) ➡️ 现有零件/装配体(E)... 命令，单击"插入零部件"对话框中的 浏览(B)... 按钮，在系统弹出的"打开"对话框中选取 left.SLDPRT，单击 打开(O) 按钮，将零件放置到图 36.83 所示的位置；选择下拉菜单 插入(I) ➡️ 配合(M)... 命令，系统弹出"配合"对话框，单击"配合"对话框中的 重合(C) 按钮，选取 left 的右视基准面和 right 的右视基准面为重合面，单击快捷工具条中的 ✔ 按钮（注：此处基准平面均为 frisbee-first 中各自零件的基准平面，如图 36.84 和图 36.85 所示）。单击"配合"对话框中的 重合(C) 按钮，选取 left 的前视基准面和 right 的前视基准面为重合面，单击快捷工具条中的 ✔ 按钮（注：此处基准平面均为 frisbee-first 中各自零件的基准平面，如图 36.84 和图 36.85 所示）。单击"配合"对话框中的 重合(C) 按钮，选取 left 的上视基准面和 right 的上视基准面为重合面，单击快捷工具条中的 ✔ 按钮（注：此处基准平面均为 frisbee-first 中各自零件的基准平面，如图 36.84 和图 36.85 所示）。单击"配合"对话框的 ✔ 按钮，完成零件的定位。

Step4. 至此，零件模型创建完毕。选择下拉菜单 文件(F) ➡️ 保存(S) 命令，将模型命名为 frisbee，即可保存零件模型。

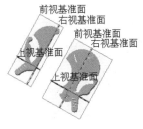

图 36.83　引入第二个零件

图 36.84　right 零件配合所用基准面

图 36.85　left 零件配合所用基准面

实例 **37** 存 钱 罐

37.1 实 例 概 述

本实例详细讲解了存钱罐的一体化设计过程：首先是创建存钱罐的整体结构，然后从一级结构中创建出存钱罐的前盖和后盖结构，最后将前盖和后盖装配起来形成装配整体结构。本例应用了 Top-Down 设计的主体思想。存钱罐模型的装配结果如图 37.1 所示。

图 37.1 装配模型

37.2 存钱罐整体结构

存钱罐模型如图 37.2 所示。

Step1. 新建一个零件模型文件，进入建模环境。

Step2. 创建图 37.3 所示的"曲面-旋转 1"。选择下拉菜单 插入(I) ➡️ 曲面(S) ➡️ 旋转曲面(R)... 命令，系统弹出"曲面-旋转"对话框；选取前视基准面为草图基准面，在草绘环境中绘制图 37.4 所示的草图 1；采用草图中绘制的中心线为旋转轴，在 方向1 区域中 🔄 后的下拉列表中选择 给定深度 选项，在 A1 后的文本框中输入角度值 360.0；单击 ✓ 按钮，完成曲面-旋转 1 的创建。

Step3. 创建图 37.5 所示的"曲面-旋转 2"。选择下拉菜单 插入(I) ➡️ 曲面(S) ➡️ 旋转曲面(R)... 命令；选取前视基准面作为草图基准面，绘制图 37.6 所示的草图 2（及中心线）；在 方向1 区域中 🔄 后的下拉列表中选择 给定深度 选项；在 A1 后的文本框中输入角度值 360.0，单击 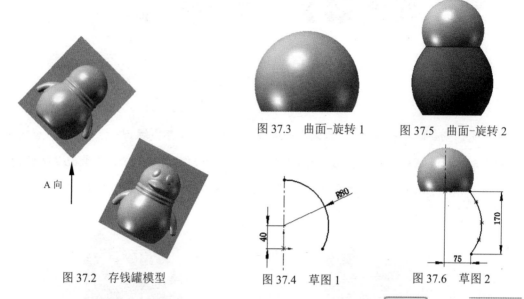 按钮，完成曲面-旋转 2 的创建。

图 37.3　曲面-旋转 1　　　图 37.5　曲面-旋转 2

A 向

图 37.2　存钱罐模型　　　图 37.4　草图 1　　　图 37.6　草图 2

Step4. 创建图 37.7 所示的"曲面-基准面 1"。选择下拉菜单 插入(I) ➡ 曲面(S) ➡ 平面区域(P)... 命令，系统弹出"平面"对话框，选取图 37.8 所示的边线为要填充的平面区域；在"平面"对话框中单击 按钮，完成曲面-基准面 1 的创建。

图 37.7　曲面-基准面 1　　　图 37.8　选取边线

Step5. 创建图 37.9 所示的"曲面-缝合 1"。选择下拉菜单 插入(I) ➡ 曲面(S) ➡ 缝合曲面(K)... 命令，系统弹出"缝合曲面"对话框；在设计树中选取曲面-旋转 1、曲面-旋转 2 和曲面-基准面 1 为缝合对象；单击对话框中的 按钮，完成曲面-缝合 1 的创建。

Step6. 创建图 37.10b 所示的"圆角 1"。选择下拉菜单 插入(I) ➡ 特征(F) ➡ 圆角(F)... 命令，系统弹出"圆角"对话框；选择图 37.10a 所示的边线为倒圆角对象；在 后的文本框中输入数值 35.0；单击对话框中的 按钮，完成圆角 1 的创建。

a）倒圆角前　　　　　　　b）倒圆角后

图 37.9　曲面-缝合 1　　　　图 37.10　圆角 1

Step7. 创建图 37.11b 所示的"圆角 2"。选取图 37.11a 所示的边线为要倒圆角的对象，圆角半径为 20。

a）倒圆角前   b）倒圆角后

图 37.11　圆角 2

Step8. 创建图 37.12 所示的"基准轴 1"。选择下拉菜单 插入(I) ➡ 参考几何体(G) ➡ \ 基准轴(A). 命令，系统弹出"基准轴"对话框；选取前视基准面和右视基准面为基准轴的参考实体；单击对话框中的 ✔ 按钮，完成基准轴 1 的创建。

Step9. 创建图 37.13 所示的"基准面 1"。选择下拉菜单 插入(I) ➡ 参考几何体(G) ➡ ◇ 基准面(P)... 命令，系统弹出"基准面"对话框（注：具体参数和操作参见随书光盘）。

图 37.12　基准轴 1

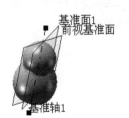

图 37.13　基准面 1

Step10. 创建图 37.14 所示的草图 3。选择下拉菜单 插入(I) ➡ 草图绘制 命令；选取基准面 1 为草图基准面；在草绘环境中绘制图 37.14 所示的草图 3（使用"分割实体"命令在草图中创建两个分割点）；选择下拉菜单 插入(I) ➡ 退出草图 命令，完成草图 3 的创建。

Step11. 创建图 37.15 所示的"分割线 1"。选择下拉菜单 插入(I) ➡ 曲线(U) ➡ 分割线(S)... 命令，系统弹出"分割线"对话框；在"分割线"对话框的 分割类型(T) 区域中选中 ⊙ 投影(P) 单选按钮；在设计树中选取草图 3 为分割工具；选取图 37.16 所示的模型表面为要分割的面；选中 ☑ 单向(D) 和 ☑ 反向(R) 复选框；单击 ✔ 按钮，完成分割线 1 的创建。

图 37.14　草图 3

图 37.15　分割线 1

图 37.16　要分割的面

Step12. 创建图 37.17 所示的"删除面 1"。选择下拉菜单 插入(I) ➡️ 面(F) ➡️ 删除(D)... 命令，系统弹出"删除面"对话框；选取图 37.18 所示的面为要删除的面；在"删除面"对话框的 选项(O) 区域中选中 ⊙ 删除 单选按钮；单击对话框中的 ✓ 按钮，完成删除面 1 的创建。

图 37.17　删除面 1

要删除的面

图 37.18　定义要删除的面

Step13. 创建图 37.19 所示的"基准面 2"。选择下拉菜单 插入(I) ➡️ 参考几何体(G) ➡️ 基准面(P)... 命令，系统弹出"基准面"对话框（注：具体参数和操作参见随书光盘）。

Step14. 创建图 37.20 所示的草图 4。选择下拉菜单 插入(I) ➡️ 草图绘制 命令；选取基准面 2 为草图基准面；在草绘环境中绘制图 37.20 所示的草图 4；选择下拉菜单 插入(I) ➡️ 退出草图 命令，完成草图 4 的创建。

基准面2

图 37.19　基准面 2

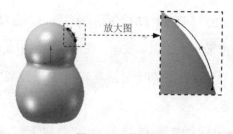
放大图

图 37.20　草图 4

Step15. 创建图 37.21 所示的"曲面-放样 1"。选择下拉菜单 插入(I) ➡️ 曲面(S) ➡️ 放样曲面(L)... 命令，系统弹出"曲面-放样"对话框；依次选取图 37.20 所示的草图 4 和图 37.22 所示的边线 1 为曲面-放样 1 的轮廓；在 开始约束(S): 下拉列表中选择 垂直于轮廓 选项，调整切线长度为 2，其他参数采用系统默认设置值；单击对话框中的 ✓ 按钮，完成曲面-放样 1 的创建。

图 37.21 曲面-放样 1

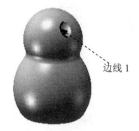

边线 1

图 37.22 边线 1

Step16. 创建图 37.23 所示的"曲面-放样 2"。选择下拉菜单 插入(I) ➡ 曲面(S) ▶ ➡ 放样曲面(L)... 命令，系统弹出"曲面-放样"对话框；依次选取图 37.20 所示的草图 4 和图 37.24 所示的边线 2 作为曲面-放样 2 的轮廓；在 开始约束(S): 下拉列表中选择 垂直于轮廓 选项，调整切线长度为 2，其他参数采用系统默认设置值；单击对话框中的 ✔ 按钮，完成曲面-放样 2 的创建。

图 37.23 曲面-放样 2

边线 2

图 37.24 边线 2

Step17. 创建图 37.25b 所示的"镜像 1"。选择下拉菜单 插入(I) ➡ 阵列/镜向(E) ▶ ➡ 镜向(M)... 命令；选取右视基准面为镜像基准面；在设计树中选择曲面-放样 1 和曲面-放样 2 作为镜像 1 的对象；单击对话框中的 ✔ 按钮，完成镜像 1 的创建。

a）镜像前

b）镜像后

图 37.25 镜像 1

Step18. 创建图 37.26 所示的"曲面-缝合 2"。选择下拉菜单 插入(I) ➡ 曲面(S) ▶ ➡ 缝合曲面(K)... 命令，系统弹出"缝合曲面"对话框；在设计树中选取曲面-放样 1 和曲面-放样 2 为缝合对象；单击 ✔ 按钮，完成曲面-缝合 2 的创建。

Step19. 创建图 37.27 所示的"曲面-缝合 3"。选择下拉菜单 插入(I) ➡ 曲面(S) ▶ ➡ 缝合曲面(K)... 命令，系统弹出"缝合曲面"对话框；在设计树中选取删除面 1 和曲面-缝合 2 为缝合对象；单击 ✔ 按钮，完成曲面-缝合 3 的创建。

图 37.26　曲面-缝合 2

图 37.27　曲面-缝合 3

Step20. 创建图 37.28 所示的"曲面-缝合 4"。选择下拉菜单 插入(I) ➡ 曲面(S) ➡ 🔧 缝合曲面(K)... 命令，系统弹出"缝合曲面"对话框；选取镜像 1 中的两个曲面为缝合对象；单击 ✔ 按钮，完成曲面-缝合 4 的创建。

Step21. 创建 "曲面-剪裁 1"。选择下拉菜单 插入(I) ➡ 曲面(S) ➡ ✏ 剪裁曲面(T)... 命令，系统弹出"剪裁曲面"对话框；采用系统默认的剪裁类型；选取曲面-缝合 4 为剪裁工具；选取图 37.29 所示的曲面为保留部分；其他参数采用系统默认的设置值，单击 ✔ 按钮，完成曲面-剪裁 1 的创建。

图 37.28　曲面-缝合 4

图 37.29　保留部分

Step22. 创建图 37.30 所示的"曲面-缝合 5"。选择下拉菜单 插入(I) ➡ 曲面(S) ➡ 🔧 缝合曲面(K)... 命令，系统弹出"缝合曲面"对话框；在设计树中选取曲面-缝合 4 和曲面-剪裁 1 为缝合对象；单击 ✔ 按钮，完成曲面-缝合 5 的创建。

Step23. 创建图 37.31 所示的草图 5。选择下拉菜单 插入(I) ➡ ✏ 草图绘制 命令；选取前视基准面为草图基准面；在草绘环境中绘制图 37.31 所示的草图 5；选择下拉菜单 插入(I) ➡ ✏ 退出草图 命令，完成草图 5 的创建。

图 37.30　曲面-缝合 5

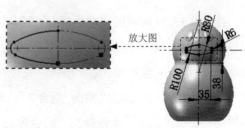
图 37.31　草图 5

Step24. 创建图 37.32 所示的投影曲线 1。选择下拉菜单 插入(I) ➡️ 曲线(U) ➡️
投影曲线(P)... 命令；选取投影类型为 ⦿ 面上草图(K)；选择草图 5 作为要投影的草图，
选择图 37.33 所示的面作为投影面，采用系统默认的投影方向；单击对话框中的 ✔️ 按钮，
完成投影曲线 1 的创建。

图 37.32 投影曲线 1　　　　　　　　　　　　　　图 37.33 投影面

Step25. 创建图 37.34 所示的草图 6。选择下拉菜单 插入(I) ➡️ 草图绘制 命令；
选取前视基准面为草图基准面；在草绘环境中绘制图 37.34 所示的草图（草绘时使用"转
换实体引用"命令引用草图 5 中椭圆的构造线部分）；选择下拉菜单 插入(I) ➡️
退出草图命令，完成草图 6 的创建。

Step26. 创建图 37.35 所示的投影曲线 2。选择下拉菜单 插入(I) ➡️ 曲线(U) ➡️
投影曲线(P)... 命令；选取投影类型为 ⦿ 面上草图(K)；选择草图 6 作为要投影的草图，
选择图 37.36 所示的面作为投影面，采用系统默认的投影方向；单击对话框中的 ✔️ 按钮，
完成投影曲线 2 的创建。

图 37.34 草图 6　　　　　　图 37.35 投影曲线 2　　　　　　　图 37.36 投影面

Step27. 创建图 37.37 所示的草图 7。选择下拉菜单 插入(I) ➡️ 草图绘制 命令；
选取右视基准面为草图基准面；在草绘环境中绘制图 37.37 所示的草图 7；选择下拉菜单
插入(I) ➡️ 退出草图命令，完成草图 7 的创建。

图 37.37 草图 7

Step28. 创建图 37.38 所示的"曲面-放样 3"。选择下拉菜单 插入(I) ➞ 曲面(S) ➞ 放样曲面(L)...命令，系统弹出"曲面-放样"对话框；依次选取草图 7 和投影曲线 1 为曲面-放样 3 的轮廓；在 开始约束(S): 下拉列表中选择 垂直于轮廓 选项，调整切线长度为 1，其他参数采用系统默认设置值；单击对话框中的 ✔ 按钮，完成曲面-放样 3 的创建。

Step29. 创建图 37.39 所示的"曲面-放样 4"。选择下拉菜单 插入(I) ➞ 曲面(S) ➞ 放样曲面(L)...命令，系统弹出"曲面-放样"对话框，依次选取草图 7 和投影曲线 2 作为曲面-放样 4 的轮廓，在 开始约束(S): 下拉列表中选择 垂直于轮廓 选项，调整切线长度为 1，其他参数采用系统默认设置值，单击对话框中的 ✔ 按钮，完成曲面-放样 4 的创建。

图 37.38 曲面-放样 3

图 37.39 曲面-放样 4

Step30. 创建图 37.40 所示的"曲面-缝合 6"。选择下拉菜单 插入(I) ➞ 曲面(S) ➞ 缝合曲面(K)...命令，系统弹出"缝合曲面"对话框；在设计树中选取曲面-放样 3、曲面-放样 4 为缝合对象；单击 ✔ 按钮，完成曲面-缝合 6 的创建。

Step31. 创建"曲面-剪裁 2"。选择下拉菜单 插入(I) ➞ 曲面(S) ➞ 剪裁曲面(T)...命令，系统弹出"剪裁曲面"对话框；在 剪裁类型(T) 区域中选中 ⊙ 相互(M) 单选按钮；选取曲面-缝合 6 和曲面-缝合 5 为要剪裁的曲面特征；选中 ⊙ 保留选择(K) 单选按钮，然后选取图 37.41 所示的两个曲面为要保留的部分；其他参数采用系统默认的设置值，单击对话框中的 ✔ 按钮，完成曲面-剪裁 2 的创建。

图 37.40 曲面-缝合 6

图 37.41 保留部分

Step32. 创建图 37.42 所示的"曲面-旋转 3"。选择下拉菜单 插入(I) ➞ 曲面(S) ➞ 旋转曲面(R)...命令，选取前视基准面为草图基准面，绘制图 37.43 所示的草图 8（及中心线）；在 方向1 区域中 ↻ 后的下拉列表中选择 给定深度 选项；在 ↕ 后的文本框中输入角度值 360.0，单击 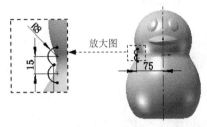 按钮，完成曲面-旋转 3 的创建。

　　Step33. 创建"曲面-剪裁 3"。选择下拉菜单 插入(I) ➡ 曲面(S) ➡
剪裁曲面(T)... 命令，系统弹出"剪裁曲面"对话框；在 剪裁类型(T) 区域中选中 ⊙ 相互(M)
单选按钮；选取曲面-旋转 3 和曲面-剪裁 2 为剪裁曲面；选取图 37.44 所示的曲面为保留
部分；其他参数采用系统默认的设置值，单击对话框中的 ✓ 按钮，完成曲面-剪裁 3 的创建。

图 37.42　曲面-旋转 3

图 37.43　草图 8

　　Step34. 创建图 37.45 所示的草图 9。选择下拉菜单 插入(I) ➡ 草图绘制 命令，
选取右视基准面为草图基准面，在草绘环境中绘制图 37.45 所示的草图 9，选择下拉菜单
插入(I) ➡ 退出草图 命令，完成草图 9 的创建。

图 37.44　保留部分

图 37.45　草图 9

　　Step35. 创建图 37.46 所示的投影曲线 3。选择下拉菜单 插入(I) ➡ 曲线(U) ➡
投影曲线(P)... 命令；选取投影类型为 ⊙ 面上草图(K)；选择草图 9 作为要投影的草图，
选择如图 37.47 所示的面作为投影面，采用系统默认的投影方向；单击对话框中的 ✓ 按钮，
完成投影曲线 3 的创建。

图 37.46　投影曲线 3

图 37.47　投影面

　　Step36. 创建图 37.48 所示的草图 10。选择下拉菜单 插入(I) ➡ 草图绘制 命令，
选取前视基准面为草图基准面，绘制图 37.48 所示的草图 10。

　　Step37. 创建图 37.49 所示的草图 11。选择下拉菜单 插入(I) ➡ 草图绘制 命令，选取前视基准面为草图基准面，绘制图 37.49 所示的草图 11。

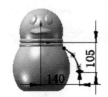

图 37.48　草图 10

图 37.49　草图 11

Step38. 创建图 37.50 所示的"基准面 3"。选择下拉菜单 插入(I) ➝ 参考几何体(G) ➝ 基准面(P)... 命令，系统弹出 "基准面"对话框；选取上视基准面和草图 10 的端点作为参考实体；单击对话框中的 ✅ 按钮，完成基准面 3 的创建。

Step39. 创建图 37.51 所示的草图 12。选择下拉菜单 插入(I) ➝ 草图绘制 命令，选取基准面 3 为草图基准面，绘制图 37.51 所示的草图 12（约束绘制的圆重合于草绘 10、11 的端点）。

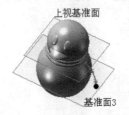

图 37.50　基准面 3

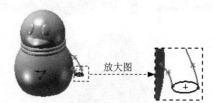

图 37.51　草图 12

Step40. 创建图 37.52 所示的"曲面-放样 5"。选择下拉菜单 插入(I) ➝ 曲面(S) ➝ 放样曲面(L)... 命令，系统弹出"曲面-放样"对话框；依次选取草图 12 和投影曲线 3 作为曲面-放样 5 的轮廓；选取草图 10 和草图 11 为引导线，其他参数采用默认设置值；单击对话框中的 ✅ 按钮，完成曲面-放样 5 的创建。

Step41. 创建图 37.53 所示的"镜像 2"。选择下拉菜单 插入(I) ➝ 阵列/镜向(E) ➝ 镜向(M)... 命令；选取右视基准面为镜像基准面；选择曲面-放样 5 作为镜像 2 的实体；单击对话框中的 ✅ 按钮，完成镜像 2 的创建。

图 37.52　曲面-放样 5

图 37.53　镜像 2

Step42. 创建 "曲面-剪裁 4"。选择下拉菜单 插入(I) ➝ 曲面(S) ➝

命令，系统弹出"剪裁曲面"对话框；采用的剪裁类型为"标准"；选取曲面-放样 5 为剪裁工具；选取图 37.54 所示的曲面为保留部分。其他参数采用系统默认的设置值，单击对话框中的 ✅ 按钮，完成曲面-剪裁 4 的创建。

Step43. 创建"曲面-剪裁 5"。选择下拉菜单 插入(I) ➡ 曲面(S) ➡

剪裁曲面(T)... 命令，系统弹出"剪裁曲面"对话框；采用系统默认的剪裁类型；选取镜像 2 为剪裁工具；选取图 37.55 所示的曲面为保留部分；其他参数采用系统默认的设置值，单击对话框中的 ✅ 按钮，完成曲面-剪裁 5 的创建。

图 37.54 保留部分

图 37.55 保留部分

Step44. 创建图 37.56 所示的"曲面-基准面 2"。选择下拉菜单 插入(I) ➡ 曲面(S) ➡

➡ 平面区域(P)... 命令；选取图 37.57 所示的边线，内部为要填充的平面区域；单击 ✅ 按钮，完成曲面-基准面 2 的创建。

Step45. 创建图 37.58 所示的"曲面-缝合 7"。选择下拉菜单 插入(I) ➡

曲面(S) ➡ 缝合曲面(K)... 命令；选取所有曲面为缝合对象，并选中 ☑ 尝试形成实体(T) 复选框，单击 ✅ 按钮，完成曲面-缝合 7 的创建。

图 37.56 曲面-基准面 2

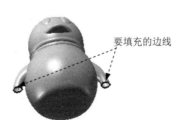

要填充的边线

图 37.57 选取边线

图 37.58 曲面-缝合 7

Step46. 创建图 37.59b 所示的"圆角 3"。选取图 37.59a 所示的边线为要倒圆角的对象，圆角半径为 10.0。

a）倒圆角前

放大图

b）倒圆角后

图 37.59 圆角 3

Step47. 创建图 37.60b 所示的"圆角 4"。选取图 37.60a 所示的边线为要倒圆角的对象，圆角半径为 15.0。

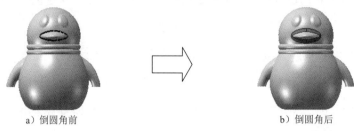

a）倒圆角前　　　　　　　　　b）倒圆角后

图 37.60　圆角 4

Step48. 创建图 37.61b 所示的"圆角 5"。选取图 37.61a 所示的边线为要倒圆角的对象，圆角半径为 4.0。

a）倒圆角前　　　　　　　　　b）倒圆角后

图 37.61　圆角 5

Step49. 创建图 37.62b 所示的"圆角 6"。选取图 37.62a 所示的边线为要倒圆角的对象，圆角半径为 5.0。

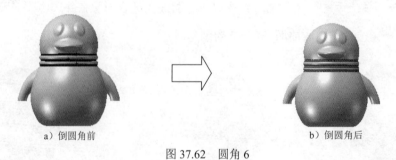

a）倒圆角前　　　　　　　　　b）倒圆角后

图 37.62　圆角 6

Step50. 创建图 37.63b 所示的"圆角 7"。选取图 37.63a 所示的边线为要倒圆角的对象，圆角半径为 10.0。

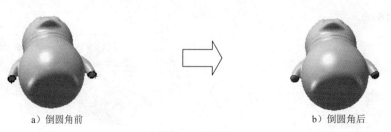

a）倒圆角前　　　　　　　　　b）倒圆角后

图 37.63　圆角 7

Step51. 创建图 37.64 所示的"曲面-拉伸 1"。选择下拉菜单 插入(I) ➤ 曲面(S) ➤ 拉伸曲面(E)...命令；选取右视基准面作为草图基准面，在草绘环境中绘制图 37.65 所示的草图 13；采用系统默认的深度方向，在 方向1 区域的下拉列表中选择 两侧对称 选项，输入深度值 300.0；单击对话框中的 ✔ 按钮，完成曲面-拉伸 1 的创建。

图 37.64 曲面-拉伸 1

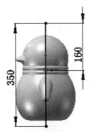

图 37.65 草图 13

Step52. 创建图 37.66 所示的草图 14。选择下拉菜单 插入(I) ➤ 草图绘制 命令；选取前视基准面作为草图基准面，绘制图 37.66 所示的草图（两个点）。

Step53. 创建图 37.67 所示的"基准轴 2"。选择下拉菜单 插入(I) ➤ 参考几何体(G) ➤ 基准轴(A) 命令，系统弹出"基准轴"对话框；选取前视基准面和草图 14 中的点 1 为基准轴的参考实体；单击对话框中的 ✔ 按钮，完成基准轴 2 的创建。

Step54. 创建图 37.68 所示的"基准轴 3"。选择下拉菜单 插入(I) ➤ 参考几何体(G) ➤ 基准轴(A) 命令，系统弹出"基准轴"对话框；选取前视基准面和草图 14 中的点 2 为基准轴的参考实体；单击对话框中的 ✔ 按钮，完成基准轴 3 的创建。

Step55. 创建图 37.69 所示的"基准面 4"。选择下拉菜单 插入(I) ➤ 参考几何体(G) ➤ 基准面(P)...命令，系统弹出"基准面"对话框（注：具体参数和操作参见随书光盘）；单击对话框中的 ✔ 按钮，完成基准面 4 的创建。

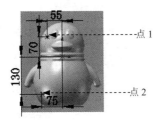

图 37.66 草图 14

图 37.67 基准轴 2

图 37.68 基准轴 3

Step56. 创建图 37.70 所示的"基准面 5"。选择下拉菜单 插入(I) ➤ 参考几何体(G) ➤ 基准面(P)...命令，系统弹出"基准面"对话框；单击对话框中的 ✔ 按钮，完成基准面 5 的创建（注：具体参数和操作参见随书光盘）。

图 37.69 基准面 4

图 37.70 基准面 5

Step57. 至此,零件模型创建完毕。选择下拉菜单 文件(F) ➡️ 🖫 保存(S) 命令,将模型命名为 money_saver_first,即可保存零件模型。

37.3 存钱罐上盖

存钱罐上盖的零件模型如图 37.71 所示。

图 37.71 零件模型

Step1. 新建模型文件。选择下拉菜单 文件(F) ➡️ 🗋 新建(N)... 命令,在系统弹出的"新建 SolidWorks 文件"对话框中选择"零件"模块,单击 确定 按钮,进入建模环境。

Step2. 引入零件,如图 37.72 所示。选择下拉菜单 插入(I) ➡️ 🐾 零件(A)... 命令;在系统弹出的对话框中选择 money_saver_first 文件,单击 打开(O) 按钮;在对话框中的 转移(T) 区域选中 ☑ 基准轴(A)、☑ 基准面(P)、☑ 曲面实体(S) 和 ☑ 实体(D) 复选框;单击"插入零件"对话框中的 ✅ 按钮,完成 money_saver_first 的引入。

Step3. 创建图 37.73 所示的零件特征——使用曲面切除 1。选择下拉菜单 插入(I) ➡️ 切除(C) ▸ ➡️ 🗟 使用曲面(U) 命令;选取图 37.74 所示的拉伸曲面为曲面切除面;单击"使用曲面切除"对话框中的 ✅ 按钮,完成特征——使用曲面切除 1。

曲面切除面

图 37.72　引入零件　　　图 37.73　使用曲面切除 1　　　图 37.74　切除曲面

Step4. 创建图 37.75b 所示的零件特征——抽壳 1。选择下拉菜单 插入(I) ➡ 特征(F) ➡ 抽壳(S)... 命令；选取图 37.75a 所示模型表面为要移除的面；在对话框的 参数(P) 区域输入壁厚值 3；单击对话框中的 ✓ 按钮，完成抽壳 1 的创建。

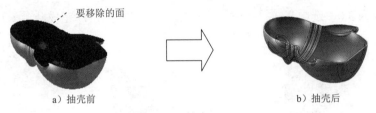

要移除的面

a）抽壳前　　　　　　　　　　　　　b）抽壳后

图 37.75　抽壳 1

Step5. 绘制图 37.76 所示的草图 15。选择下拉菜单 插入(I) ➡ 草图绘制 命令；选取右视基准面作为草图基准面；在草绘环境中绘制图 37.76 所示的草图 15；选择下拉菜单 插入(I) ➡ 退出草图 命令，退出草图设计环境。

Step6. 创建图 37.77 所示的组合曲线 1。选择下拉菜单 插入(I) ➡ 曲线(U) ➡ 组合曲线(C)... 命令；选择图 37.77 所示的曲线。

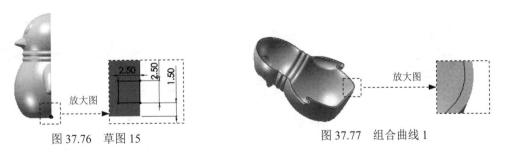

放大图

2.50

2.50

1.50

放大图

图 37.76　草图 15　　　　　　　　图 37.77　组合曲线 1

Step7. 创建图 37.78 所示的"切除-扫描 1"。选择下拉菜单 插入(I) ➡ 切除(C) ➡ 扫描(S)... 命令，系统弹出"切除-扫描"对话框；选择草图 15 为扫描特征的轮廓；选择组合曲线 1 为扫描特征的路径；单击对话框中的 ✓ 按钮，完成切除-扫描 1 的创建。

图 37.78　切除-扫描 1

Step8. 创建图 37.79 所示的零件基础特征——凸台-拉伸 1。选择下拉菜单 插入(I)

➡ 凸台/基体(B) ➡ 拉伸(E)... 命令；选取前视基准面作为草图基准面，选择引

入零件 money_saver_first 中基准轴 2 和基准轴 3 为圆心在草绘环境中绘制图 37.80 所示的

横断面草图，选择下拉菜单 插入(I) ➡ 退出草图 命令，退出草绘环境，此时系统弹出

"凸台-拉伸"对话框；拉伸方向默认，在 方向1 区域的下拉列表中选择 成形到下一面 选项；

定义拔模斜度为 3.0，选中 ☑ 向外拔模(O) 复选框。单击 ✔ 按钮，完成凸台-拉伸 1 的创建。

图 37.79　凸台-拉伸 1

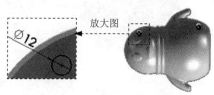

图 37.80　横断面草图

Step9. 创建图 37.81 所示的零件特征——切除-拉伸 1。选择下拉菜单 插入(I) ➡

切除(C) ➡ 拉伸(E)... 命令；选取图 37.69 所示的基准面 4 作为草图基准面，在草绘

环境中绘制图 37.82 所示的横断面草图；拉伸方向默认，在"切除-拉伸"对话框 方向1 区

域的下拉列表中选择 给定深度 选项，拉伸深度值为 10.0；单击对话框中的 ✔ 按钮，完成切

除-拉伸 1 的创建。

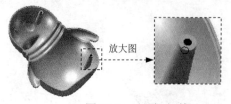

图 37.81　切除-拉伸 1

图 37.82　横断面草图

Step10. 创建图 37.83b 所示的"圆角 1"。选择下拉菜单 插入(I) ➡ 特征(F) ➡

⬠ 圆角(F)... 命令；采用系统默认的圆角类型；选取图 37.83a 所示的边线为要倒圆角的对

象；在对话框中输入半径值 2.0；单击"圆角"对话框中的 ✔ 按钮，完成圆角 1 的创建。

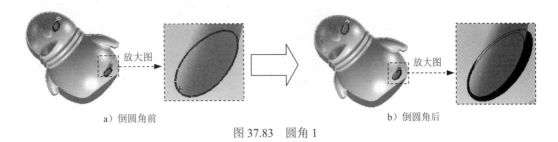

a）倒圆角前　　　　　　　　　　　　　b）倒圆角后

图 37.83　圆角 1

Step11. 创建图 37.84b 所示的"圆角 2"。选取图 37.84a 所示的边线为要倒圆角的对象，圆角半径为 1.0。

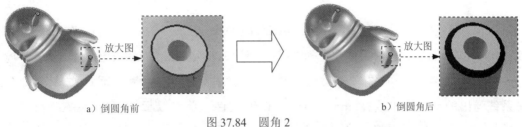

a）倒圆角前　　　　　　　　　　　　　b）倒圆角后

图 37.84　圆角 2

Step12. 创建图 37.85b 所示的"镜像 1"。选择下拉菜单 插入(I) ➡ 阵列/镜向(E) ▶

➡ 镜向(M)… 命令；选取右视基准面作为镜像基准面；选择凸台-拉伸 1、切除-拉伸 1、圆角 1 和圆角 2 为镜像 1 要镜像的特征。

Step13. 至此，存钱罐上盖零件模型创建完毕。选择下拉菜单 文件(F) ➡ 保存(S) 命令，将模型命名为 money_saver_front，即可保存零件模型。

a）镜像前　　　　　　　　　　　　　b）镜像后

图 37.85　镜像 1

37.4　存钱罐下盖

存钱罐下盖的零件模型如图 37.86 所示。

图 37.86　零件模型

Step1. 新建模型文件。选择下拉菜单 文件(F) ➡ 新建(N)…命令，在系统弹出的"新建 SolidWorks 文件"对话框中选择"零件"模块，单击 确定 按钮，进入建模环境。

Step2. 引入零件，如图 37.87 所示。选择下拉菜单 插入(I) ➡ 零件(A)… 命令；在系统弹出的对话框中选择 money_saver_first 文件，单击 打开(0) 按钮；在对话框的 转移(T) 区域选中☑ 基准轴(A)、☑ 基准面(P)、☑ 曲面实体(S)和☑ 实体(D) 复选框；单击"插入零件"对话框中的 ✓ 按钮，完成 money_saver_first 的引入。

Step3. 创建图 37.88 所示的零件特征——使用曲面切除1。选择下拉菜单 插入(I) ➡ 切除(C) ➡ 使用曲面(U)；选择图 37.89 所示的前视基准面为曲面切除面；单击 ↗ 按钮。单击"使用曲面切除"对话框中的 ✓ 按钮，完成使用曲面切除 1 的创建。

Step4. 创建图 37.90b 所示的零件特征——抽壳1。选择下拉菜单 插入(I) ➡ 特征(F) ➡ 抽壳(S)… 命令；选取图 37.90a 所示模型的表面为要移除的面；在对话框的 参数(P) 区域中输入壁厚值3；单击对话框中的 ✓ 按钮，完成抽壳 1 的创建。

图 37.87　引入零件

图 37.88　使用曲面切除 1

曲面切除面

图 37.89　切除曲面

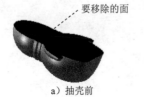

要移除的面

a）抽壳前

b）抽壳后

图 37.90　抽壳 1

Step5. 绘制图 37.91 所示的草图 16。选择下拉菜单 插入(I) ➡ 草图绘制 命令；选取右视基准面为草图基准面；在草绘环境中绘制图 37.91 所示的草图 16；选择下拉菜单 插入(I) ➡ 退出草图 命令，退出草图设计环境。

Step6. 创建图 37.92 所示的组合曲线 1。选择下拉菜单 插入(I) ➡ 曲线(U) ➡ 组合曲线(C)... 命令，选取图 37.92 所示的曲线。

图 37.91　草图 16　　　　　　　　图 37.92　组合曲线 1

Step7. 创建图 37.93 所示的特征——切除-扫描 1。选择下拉菜单 插入(I) ➡ 凸台/基体(B) ➡ 扫描(S) 命令，系统弹出"扫描"对话框；选择草图 16 为扫描特征的轮廓；选择组合曲线 1 为扫描特征的路径；单击对话框中的 ✅ 按钮，完成切除-扫描 1 的创建。

图 37.93　切除-扫描 1

Step8. 创建图 37.94 所示的零件基础特征——凸台-拉伸 1。选择下拉菜单 插入(I) ➡ 凸台/基体(B) ➡ 拉伸(E)... 命令；选取前视基准面作为草图基准面，选择引入零件 money_saver_first 中的基准轴 2 和基准轴 3 为圆心，在草绘环境中绘制图 37.95 所示的横断面草图，选择下拉菜单 插入(I) ➡ 退出草图 命令，退出草绘环境，此时系统弹出"凸台-拉伸"对话框；单击 ⟲ 按钮，选取与默认相反的方向，在"凸台-拉伸"对话框 方向1 区域的下拉列表中选择 成形到下一面 选项；定义拔模斜度为 3.0，选中 ☑ 向外拔模(O) 复选框，单击 ✅ 按钮，完成凸台-拉伸 1 的创建。

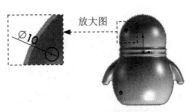

图 37.94　凸台-拉伸 1　　　　　　图 37.95　横断面草图

Step9. 创建图 37.96 所示的零件特征——切除-拉伸 1。选择下拉菜单 插入(I) ➡
切除(C) ➡ 拉伸(E)... 命令；选取图 37.70 所示的基准面 5 作为草图基准面，在草绘
环境中绘制图 37.97 所示的横断面草图；单击 按钮，选取与默认相反的方向，在"切除-
拉伸"对话框 方向1 区域的下拉列表中选择 完全贯穿 选项；单击对话框中的 按钮，完成
切除-拉伸 1 的创建。

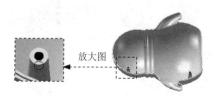
图 37.96 切除-拉伸 1

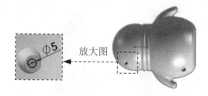
图 37.97 横断面草图

Step10. 创建图 37.98 所示的切除-拉伸 2。选择下拉菜单 插入(I) ➡ 切除(C)
➡ 拉伸(E)... 命令；选取图 37.70 所示的基准面 5 为草绘基准面，过基准轴 2、基准
轴 3 绘制图 37.99 所示的横断面草图；在 方向1 区域的下拉列表中选择 完全贯穿 选项；单击
按钮，完成切除-拉伸 2 的创建。

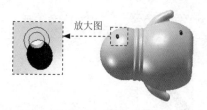
图 37.98 切除-拉伸 2

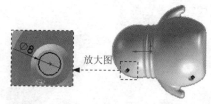
图 37.99 横断面草图

Step11. 创建图 37.100b 所示的"圆角 1"。选择下拉菜单 插入(I) ➡ 特征(F) ➡
圆角(F)... 命令；采用系统默认的圆角类型；选取图 37.100a 所示的边线为要倒圆角的对
象；在对话框中输入半径值 1.0；单击"圆角"对话框中的 按钮，完成圆角 1 的创建。

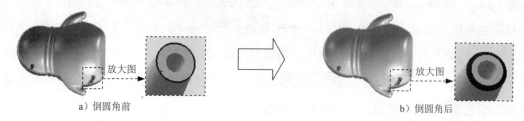
a）倒圆角前　　　　　　　　　　　　　　　　　　　　　b）倒圆角后

图 37.100 圆角 1

Step12. 创建图 37.101b 所示的"镜像 1"。选择下拉菜单 插入(I) ➡ 阵列/镜向(E)
➡ 镜向(M)... 命令；选取右视基准面作为镜像基准面；选择凸台-拉伸 1、切除-拉伸
1、圆角 1 和切除-拉伸 2 为镜像 1 要镜像的特征。

a）镜像前

b）镜像后

图 37.101　镜像 1

Step13. 创建图 37.102 所示的零件特征——切除-拉伸 3。选择上视基准面为草绘基准面，绘制如图 37.103 所示的横断面草图；在"切除-拉伸"对话框 方向1 区域的下拉列表中选择 完全贯穿 选项。单击 按钮，选取与默认相反的方向，单击对话框中的 按钮，完成切除-拉伸 3 的创建。

图 37.102　切除-拉伸 3

图 37.103　横断面草图

Step14. 至此，零件模型创建完毕。选择下拉菜单 文件(F) ➡ 保存(S) 命令，将模型命名为 money_saver_back，即可保存零件模型。

37.5　存钱罐装配

Step1. 新建一个装配模型文件，进入装配环境。

Step2. 插入上盖零件模型。进入装配环境后，系统弹出"开始装配体"对话框，单击"开始装配体"对话框中的 浏览(B)... 按钮，在系统弹出的"打开"对话框中选择保存路径下的零部件模型 money_saver_front.SLDPRT，然后单击对话框中的 打开(O) 按钮；单击对话框中的 按钮，将零件固定在原点位置，如图 37.104 所示。

Step3. 插入图 37.105 所示的下盖并定位。选择下拉菜单 插入(I) ➡ 零部件 (O) ➡ 现有零件/装配体 (E)... 命令，系统弹出"插入零部件"对话框，单击"插入零部件"对话框中的 浏览(B)... 按钮，在系统弹出的"打开"对话框中选取 money_saver_back.SLDPRT，单击 打开(O) 按钮，将零件放置到图 37.105 所示的位置；选择下拉菜单 插入(I) ➡ 配合 (M)... 命令，系统弹出"配合"对话框，单击"配合"对话框中的 重合(C) 按钮，选取图 37.106 所示的两零件的前视基准面为重合面，单击快捷工具条中

的 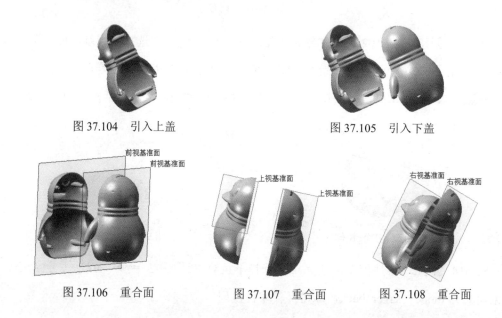 按钮，单击"配合"对话框中的 重合(C) 按钮，选取图 37.107 所示的两零件的上视基准面为重合面，单击快捷工具条中的 按钮，单击"配合"对话框中的 重合(C) 按钮，选取图 37.108 所示的两零件的右视基准面为重合面，单击快捷工具条中的 按钮，单击"配合"对话框的 按钮，完成零件的定位。

图 37.104　引入上盖

图 37.105　引入下盖

图 37.106　重合面

图 37.107　重合面

图 37.108　重合面

Step4. 至此，零件模型装配完毕。选择下拉菜单 文件(F) ➡ 保存(S) 命令，命名为 money_saver，即可保存存钱罐装配体模型。

实例 **38** 鼠标的自顶向下设计

38.1 实 例 概 述

本实例介绍了一个鼠标的设计过程，采用的是自顶向下设计方法。许多电器（如手机、吹风机和固定电话）都可以采用这种方法进行设计以得到较好的整体造型。鼠标装配模型如图 38.1 所示（由于在创建样条曲线时不可能与图中所示的样条曲线完全一致，所以最终创建的鼠标会有一些差异），流程图如图 38.2 所示。

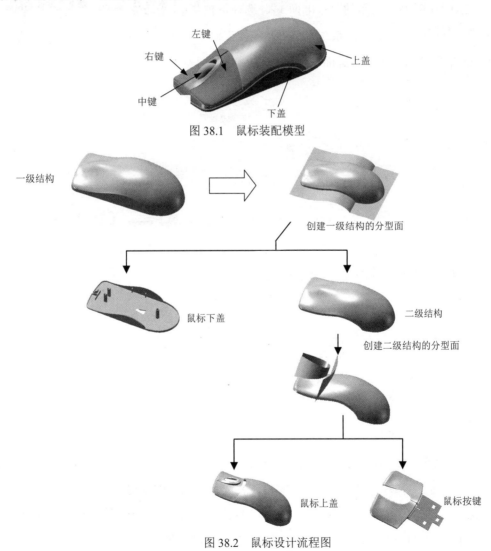

图 38.1 鼠标装配模型

图 38.2 鼠标设计流程图

自顶向下设计的主要思想是：将要创建的产品的整体外形分割，以得到各个零部件，再对零部件各结构进行设计。

在鼠标的设计流程图中可以看出，其具体创建步骤分为两部分：零部件设计和零部件装配。

38.2　创建一级结构

Task1．构建轮廓曲线

Step1. 新建一个零件模型文件，进入建模环境。

Step2. 创建图 38.3 所示的"基准面 1"。选择下拉菜单 插入(I) ➡ 参考几何体(G) ➡ 基准面(P)... 命令，系统弹出"基准面"对话框（注：具体参数和操作参见随书光盘）；单击 ✓ 按钮，完成基准面 1 的创建。

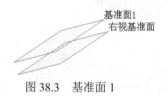

图 38.3　基准面 1

Step3. 创建图 38.4 所示的草图 1。选择下拉菜单 插入(I) ➡ 草图绘制 命令；选取前视基准面为草图基准面；在草绘环境中绘制图 38.4 所示的草图 1；选择下拉菜单 插入(I) ➡ 退出草图 命令，完成草图 1 的创建。

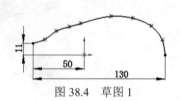

图 38.4　草图 1

Step4. 创建图 38.5 所示的"基准面 2"。选择下拉菜单 插入(I) ➡ 参考几何体(G) ➡ 基准面(P)... 命令，系统弹出"基准面"对话框；选取右视基准面和图 38.5 所示的点作为基准面 2 的参考实体；单击 ✓ 按钮，完成基准面 2 的创建。

Step5. 创建图 38.6 所示的草图 2。选择下拉菜单 插入(I) ➡ 草图绘制 命令；选取上视基准面为草图基准面；在草绘环境中绘制图 38.6 所示的草图 2；选择下拉菜单 插入(I) ➡ 退出草图 命令，完成草图 2 的创建。

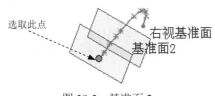

图 38.5 基准面 2

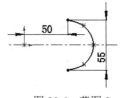

图 38.6 草图 2

Step6. 创建图 38.7 所示的"基准面 3"。选择下拉菜单 插入(I) ➡️ 参考几何体(G) ➡️ 基准面(P)... 命令，系统弹出"基准面"对话框。选取右视基准面和如图 38.7 所示的点为基准面 3 的参考实体，单击 ✔ 按钮，完成基准面 3 的创建。

Step7. 创建图 38.8 所示的草图 3。选择下拉菜单 插入(I) ➡️ ✏️ 草图绘制 命令；选取右视基准面为草图基准面；在草绘环境中绘制图 38.8 所示的草图 3（曲线两端曲率均约束为竖直）；选择下拉菜单 插入(I) ➡️ ✏️ 退出草图 命令，完成草图 3 的创建。

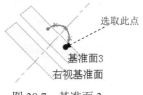

图 38.7 基准面 3

图 38.8 草图 3

Step8. 创建图 38.9 所示的草图 4。选择下拉菜单 插入(I) ➡️ ✏️ 草图绘制 命令，选取基准面 1 为草图基准面，绘制图 38.9 所示的草图（曲线两端曲率均约束为竖直）。

Step9. 创建图 38.10 所示的草图 5。选择下拉菜单 插入(I) ➡️ ✏️ 草图绘制 命令，选取基准面 2 为草图基准面，绘制图 38.10 所示的草图 4（曲线两端曲率均约束为竖直）。

图 38.9 草图 4

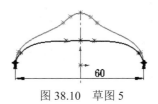

图 38.10 草图 5

Step10. 创建图 38.11 所示的草图 6。选择下拉菜单 插入(I) ➡️ ✏️ 草图绘制 命令，选取基准面 3 为草图基准面，绘制图 38.11 所示的草图 6（曲线两端曲率均约束为竖直）。

Step11. 创建图 38.12 所示的草图 7。选择下拉菜单 插入(I) ➡️ ✏️ 草图绘制 命令，选取上视基准面为草图基准面，绘制图38.12所示的草图7（在样条曲线端点创建曲率控制）。

Step12. 创建图 38.13 所示的草图 8。选择下拉菜单 插入(I) ➡️ ✏️ 草图绘制 命令，选取上视基准面为草图基准面，绘制图38.13所示的草图8（在样条曲线端点创建曲率控制）。

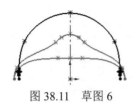

图 38.11　草图 6

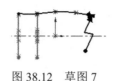

图 38.12　草图 7

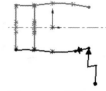

图 38.13　草图 8

Task2．利用轮廓曲线构建曲面

Step1．创建图 38.14 所示的"曲面-放样 1"。选择下拉菜单 插入(I) ➡ 曲面(S) ▸ ➡ 放样曲面(L)... 命令，系统弹出"曲面-放样"对话框；依次选取草图 6、草图 3、草图 4 和草图 5 为曲面-放样 1 的轮廓；依次选取草图 8、草图 1 和草图 7 为曲面-放样 1 的引导线；采用系统默认约束值；单击对话框中的 ✔ 按钮，完成曲面-放样 1 的创建。

Step2．创建图 38.15 所示的"曲面-放样 2"。选择下拉菜单 插入(I) ➡ 曲面(S) ▸ ➡ 放样曲面(L)... 命令，系统弹出"曲面-放样"对话框，依次选取草图 2 和草图 6 作为曲面-放样 2 的轮廓，选取草图 1 作为曲面-放样 2 的引导线，在 开始约束(S): 下拉列表中选择 与面相切 选项，调整切线长度为 1，其他采用系统默认设置值。单击对话框中的 ✔ 按钮，完成曲面-放样 2 的创建。

图 38.14　曲面-放样 1

图 38.15　曲面-放样 2

Step3．创建图 38.16 所示的"曲面-缝合 1"。选择下拉菜单 插入(I) ➡ 曲面(S) ▸ ➡ 缝合曲面(K)... 命令，系统弹出"缝合曲面"对话框；选择曲面-放样 1 和曲面-放样 2 为要缝合的面；采用系统默认的选项；单击对话框中的 ✔ 按钮，完成曲面-缝合 1 的创建。

Step4．创建图 38.17 所示的"曲面-拉伸 1"。选择下拉菜单 插入(I) ➡ 曲面(S) ▸ ➡ 拉伸曲面(E)... 命令；选取基准面 3 为草图基准面，进入草绘环境，绘制图 38.18 所示的草图 9，建立相应约束并修改尺寸，然后选择下拉菜单 插入(I) ➡ 退出草图命令，此时系统弹出"曲面-拉伸"对话框；采用系统默认的拉伸方向。在"曲面-拉伸"对话框 方向1 区域的下拉列表中选择 成形到一面 选项，选择基准面 2 作为拉伸终止面；单击对话框中的 ✔ 按钮，完成曲面-拉伸 1 的创建。

图 38.16　曲面-缝合 1　　　　图 38.17　曲面-拉伸 1　　　　图 38.18　草图 9

Step5. 创建图 38.19 所示的"镜像 1"。选择下拉菜单 插入(I) ➡ 阵列/镜向(E) ▶ ➡ 镜向(M)... 命令；选取前视基准面为镜像基准面；选取曲面-拉伸 1 作为镜像 1 的实体；单击对话框中的 ✅ 按钮，完成镜像 1 的创建。

Step6. 创建图 38.20 所示的"曲面-剪裁 1"。选择下拉菜单 插入(I) ➡ 曲面(S) ▶ ➡ 剪裁曲面(T)... 命令，系统弹出"剪裁曲面"对话框；在对话框的 剪裁类型(T) 区域中选择 相互(M) 单选按钮；在设计树中选取曲面-拉伸 1、镜像 1 和曲面-缝合 1 为剪裁曲面，选择 保留选择(K) 单选按钮，然后选取图 38.21 所示的曲面为需要保留的面；单击对话框中的 ✅ 按钮，完成曲面-剪裁 1 的创建。

需要保留的面

图 38.19　镜像 1　　　　图 38.20　曲面-剪裁 1　　　　图 38.21　定义剪裁参数

Step7. 创建图 38.22 所示的草图 10。选取前视基准面为草图基准面，在草绘环境中绘制图 38.22 所示的草图 10。

Step8. 创建图 38.23 所示的草图 11。选取上视基准面为草图基准面，在草绘环境中绘制图 38.23 所示的草图 11。

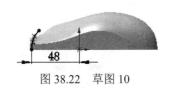

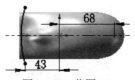

图 38.22　草图 10　　　　　　　　　　　　图 38.23　草图 11

Step9. 创建图 38.24 所示的"曲面-扫描 1"。选择下拉菜单 插入(I) ➡ 曲面(S) ▶ ➡ 扫描曲面(S)... 命令；选取草图 11 为扫描的轮廓；选取草图 10 为扫描的路径；单击对话框中的 ✅ 按钮，完成曲面-扫描 1 的创建。

Step10. 创建图 38.25 所示的"曲面-剪裁 2"。选择下拉菜单 插入(I) ➡ 曲面(S) ▶ ➡ 剪裁曲面(T)... 命令，系统弹出"剪裁曲面"对话框；在对话框的 剪裁类型(T) 区域中选择 相互(M) 单选按钮；在设计树中选取曲面-剪裁 1 和曲面-扫描 1 为剪裁曲面，

选择 ⊙ 保留选择(K) 单选按钮，然后选取图 38.26 所示的曲面为需要保留的面；单击对话框中的 ✅ 按钮，完成曲面-剪裁 2 的创建。

图 38.24 曲面-扫描 1

图 38.25 曲面-剪裁 2

需要保留的面

图 38.26 定义剪裁参数

Step11. 创建图 38.27b 所示的"圆角 1"。选择下拉菜单 插入(I) ➡ 曲面(S) ➡ 🔵 圆角(F)... 命令，系统弹出"圆角"对话框；在"圆角"对话框的 圆角类型(Y) 区域中单击 🔲 选项；选取图 38.27a 所示的两条边线为倒圆角对象，在对话框的 ⟋ 文本框中输入数值 8.0；单击对话框中的 ✅ 按钮，完成圆角 1 的创建。

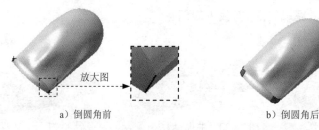

放大图

a）倒圆角前   b）倒圆角后

图 38.27 圆角 1

Step12. 创建图 38.28b 所示的"圆角 2"。选择下拉菜单 插入(I) ➡ 曲面(S) ➡ 🔵 圆角(F)... 命令，系统弹出"圆角"对话框，在"圆角"对话框的 圆角类型(Y) 区域中单击 🔲 选项，选取图 38.28a 所示的边线为倒圆角对象，在对话框的 ⟋ 文本框中输入数值 3.0，单击对话框中的 ✅ 按钮，完成圆角 2 的创建。

a）倒圆角前

b）倒圆角后

图 38.28 圆角 2

Step13. 创建图 38.29 所示的"曲面填充 1"。选择下拉菜单 插入(I) ➡ 曲面(S) ➡ ◈ 填充(I)... 命令，系统弹出"填充曲面"对话框；选取图 38.30 所示的边线为曲面的修补边界；单击对话框中的 ✅ 按钮，完成曲面填充 1 的创建。

图 38.29 曲面填充 1

图 38.30 定义修补边界

Step14. 创建图 38.31 所示的"曲面-缝合 2"。选择下拉菜单 插入(I) ➡ 曲面(S) ➡ ➡ 缝合曲面(K)...命令，系统弹出"缝合曲面"对话框，选择曲面-剪裁 2 和曲面填充 1 作为要缝合的面，单击对话框中的 ✓ 按钮，完成曲面-缝合 2 的创建。

图 38.31 曲面-缝合 2

Step15. 创建图 38.32b 所示的"圆角 3"。选择下拉菜单 插入(I) ➡ 曲面(S) ➡ ➡ 圆角(F)...命令，系统弹出"圆角"对话框，在"圆角"对话框的 圆角类型(Y) 区 域中单击 选项，选取图 38.32a 所示的边线为倒圆角对象，在对话框的 文本框中输入 数值 1.5，单击对话框中的 ✓ 按钮，完成圆角 3 的创建。

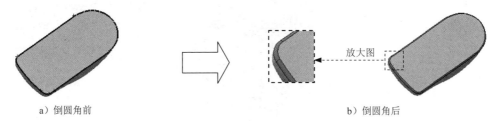

a）倒圆角前   放大图   b）倒圆角后

图 38.32 圆角 3

Step16. 创建图 38.33 所示的"曲面-拉伸 2"。选择下拉菜单 插入(I) ➡ 曲面(S) ➡ ➡ 拉伸曲面(E)...命令；选取前视基准面为草图基准面，绘制图 38.34 所示的草图 12；采用系统默认的拉伸方向，在"曲面-拉伸"对话框 方向1 区域的下拉列表中选择 两侧对称 选项，然后输入深度值 100.0；单击对话框中的 ✓ 按钮，完成曲面-拉伸 2 的创建。

图 38.33 曲面-拉伸 2

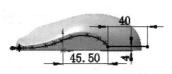

图 38.34 草图 12

Step17. 创建图 38.35 所示的草图 13。选择下拉菜单 插入(I) ➡ 草图绘制 命令，选取上视基准面为草图基准面，在草绘环境中绘制图 38.35 所示的草图 13。

Step18. 创建图 38.36 所示的草图 14。选择下拉菜单 插入(I) ➡ 草图绘制 命令，选取上视基准面为草图基准面，在草绘环境中绘制图 38.36 所示的草图 14（草图为椭圆，其圆心与基准面 1 重合）。

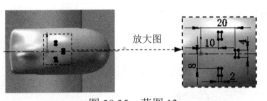
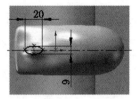

放大图

图 38.35　草图 13　　　　　　　　　图 38.36　草图 14

Step19. 保存模型文件。选择下拉菜单 文件(F) ➡ 保存(S) 命令，将模型文件命名为 first.SLDPRT，然后关闭模型。

38.3　创建二级控件

二级控件模型如图 38.37 所示。

图 38.37　二级控件模型

Step1. 新建一个装配文件。选择下拉菜单 文件(F) ➡ 新建(N)... 命令，在弹出的"新建 SolidWorks 文件"对话框中选择"装配体"选项，单击 确定 按钮，进入装配环境。

Step2. 插入 first 零件。进入装配环境后，系统会自动弹出"开始装配体"对话框，单击"开始装配体"对话框中的 浏览(B)... 按钮，在弹出的"打开"对话框中选取 first.SLDPRT，单击 打开(O) 按钮；单击对话框中的 ✔ 按钮，将零件固定在系统默认位置。

Step3. 保存装配体。选择下拉菜单 文件(F) ➡ 保存(S) 命令，将装配体文件命名为 mouse_asm.SLDASM。

Step4. 在装配中创建新零件。选择下拉菜单 插入(I) ➡️ 零部件(O) ➡️
🐭 新零件(N)... 命令，设计树中会增加一个固定的零件，如图 38.38 所示。

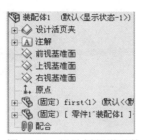

图 38.38 设计树新增零件

Step5. 在设计树中右击新建的零件，在弹出的快捷菜单中选择 打开零件 (C) 命令，系统进入空白界面。选择下拉菜单 文件(F) ➡️ 🔲 另存为(A)... ，在系统弹出的 SolidWorks 2015 对话框中单击 确定 按钮，将新的零件命名为 second.SLDPRT。

Step6. 引入零件，如图 38.39 所示。选择下拉菜单 插入(I) ➡️ 🐭 零件(A)... 命令；在系统弹出的对话框中选择 first 文件，单击 打开(O) 按钮；在对话框中的 转移(T) 区域选中☑️ 基准轴(A) 、☑️ 基准面(P) 、☑️ 曲面实体(S) 和☑️ 实体(D) 复选框；单击"插入零件"对话框中的✅ 按钮，完成 first 的引入。

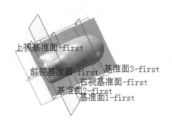

图 38.39 引入零件

Step7. 创建图 38.40 所示的"曲面-剪裁 1"。选择下拉菜单 插入(I) ➡️ 曲面(S) ➡️ ✂️ 剪裁曲面(T)... 命令，系统弹出"剪裁曲面"对话框；在对话框的 剪裁类型(T) 区域中选择 ⦿ 标准(D) 单选按钮；选择如图 38.41 所示的曲面为剪裁工具，选择 ⦿ 保留选择(K) 单选按钮，然后选取图 38.41 所示的曲面为需要保留的面；单击对话框中的✅ 按钮，完成曲面-剪裁 1 的创建。

图 38.40 曲面-剪裁 1

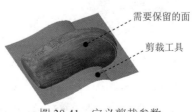

图 38.41 定义剪裁参数

Step8. 创建图 38.42 所示的"曲面-拉伸 1"。选择下拉菜单 插入(I) ➡ 曲面(S) ➡ 拉伸曲面(E)...命令；选取上视基准面为草图基准面，绘制图 38.43 所示的草图 1；采用系统默认的拉伸方向，在"曲面-拉伸"对话框 方向1 区域的下拉列表中选择 给定深度 选项，然后输入深度值 40.0；单击对话框中的 ✓ 按钮，完成曲面-拉伸 1 的创建。

图 38.42　曲面-拉伸 1

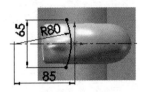

图 38.43　草图 1

Step9. 创建图 38.44 所示的"分割线 1"。选择下拉菜单 插入(I) ➡ 曲线(U) ➡ 分割线(S)...命令，系统弹出"分割线"对话框；在"分割线"对话框的 分割类型(T) 区域中选中 ⊙ 交叉点(I) 单选按钮；选取图 38.45 所示的模型表面为分割实体面；选取图 38.45 所示的模型表面为要分割的面；单击对话框中的 ✓ 按钮，完成分割线 1 的创建。

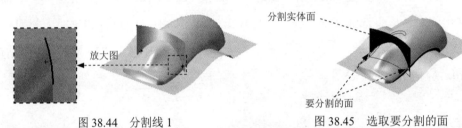

图 38.44　分割线 1　　　　　　　　　　　图 38.45　选取要分割的面

Step10. 创建图 38.46 所示的草图 2。选择下拉菜单 插入(I) ➡ 草图绘制 命令；选取 first 零件中创建的基准面 2 为草图基准面；在草绘环境中绘制图 38.46 所示的草图；选择下拉菜单 插入(I) ➡ 退出草图 命令，退出草图设计环境。

Step11. 创建图 38.47 所示的投影曲线 1。选择下拉菜单 插入(I) ➡ 曲线(U) ➡ 投影曲线(P)...命令，系统弹出"投影曲线"对话框；在"投影曲线"对话框中选择 ⊙ 面上草图(K) 单选按钮；选择草图 2 为要投影的草图；选取曲面-拉伸 1 为要投影到的面；单击对话框中的 ✓ 按钮，完成投影曲线 1 的创建。

图 38.46　草图 2

图 38.47　投影曲线 1

Step12. 创建组合曲线 1。选择下拉菜单 插入(I) ➡ 曲线(U) ➡ 组合曲线(C)... 命令，选择如图 38.48 所示的边线创建组合曲线 1。

Step13. 创建图 38.49 所示的"边界-曲面 1"。选择下拉菜单 插入(I) ➡ 曲面(S)

➡ ◈ 边界曲面(B)... 命令，系统弹出"边界-曲面"对话框；依次选择投影曲线 1 和组合曲线 1 为 方向1 的边界曲线；分别选择与投影曲线 1 和组合曲线 1 相连的两条曲线为 方向2 的边界曲线；单击对话框中的 ✅ 按钮，完成边界-曲面 1 的创建。

图 38.48　组合曲线 1

图 38.49　边界-曲面 1（隐藏上表面）

Step14. 创建"曲面-剪裁 2"。选择下拉菜单 插入(I) ➡ 曲面(S) ➡ ◈ 剪裁曲面(T)... 命令，系统弹出"剪裁曲面"对话框；采用系统默认的剪裁类型；选取边界-曲面 1 为剪裁工具；选取图 38.50 所示的曲面为要保留的曲面；其他参数采用系统默认的设置值，单击对话框中的 ✅ 按钮，完成曲面-剪裁 2 的创建。

Step15. 创建图 38.51 所示的"曲面-拉伸 2"。选择下拉菜单 插入(I) ➡ 曲面(S) ➡ ◈ 拉伸曲面(E)... 命令；选取上视基准面为草图基准面，在草绘环境中绘制图 38.52 所示的横断面草图；采用系统默认的深度方向。在"曲面-拉伸"对话框 方向1 区域的下拉列表中选择 给定深度 选项，输入深度值 40.0；单击对话框中的 ✅ 按钮，完成曲面-拉伸 2 的创建。

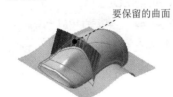

图 38.50　曲面-剪裁 2

图 38.51　曲面-拉伸 2

图 38.52　横断面草图

Step16. 创建图 38.53 所示的"曲面-剪裁 3"。选择下拉菜单 插入(I) ➡ 曲面(S) ➡ ◈ 剪裁曲面(T)... 命令，系统弹出"剪裁曲面"对话框；在对话框的 剪裁类型(T) 区域中选择 ⊙ 相互(M) 单选按钮；在设计树中选取曲面-剪裁 2、曲面-拉伸 2 和边界-曲面 1 为剪裁曲面。选择 ⊙ 保留选择(K) 单选按钮，然后选取图 38.54 所示的曲面为需要保留的面；单击对话框中的 ✅ 按钮，完成曲面-剪裁 3 的创建。

图 38.53　曲面-剪裁 3（隐藏 first 曲面）

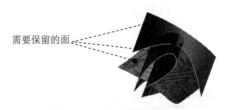

图 38.54　定义剪裁参数

Step17. 保存模型文件。选择下拉菜单 文件(F) ➡ 保存(S) 命令，然后关闭模型。

38.4　创建鼠标底座

鼠标底座模型和设计树如图 38.55 所示。

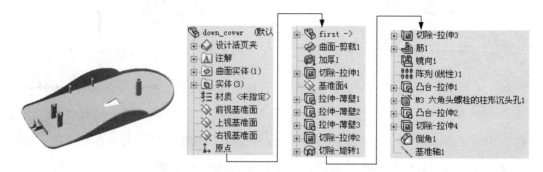

图 38.55　模型和设计树

Step1. 在装配中创建新零件。选择下拉菜单 插入(I) ➡ 零部件(O) ➡ 新零件(N)... 命令，设计树中会增加一个新的固定零件，如图 38.56 所示。

Step2. 在设计树中右击新建的零件，在弹出的快捷菜单中选择 打开零件(C) 命令，系统进入空白界面。选择下拉菜单 文件(F) ➡ 另存为(A)...，在系统弹出的 SolidWorks 2015 对话框中单击 确定 按钮，将新的零件命名为 down_cover.SLDPRT。

Step3. 引入零件，如图 38.57 所示。选择下拉菜单 插入(I) ➡ 零件(A)... 命令；在系统弹出的对话框中选择 first 文件，单击 打开(O) 按钮；在对话框中的 转移(T) 区域选中 ☑ 基准轴(A)、☑ 基准面(P)、☑ 曲面实体(S) 和 ☑ 实体(D) 复选框；单击"插入零件"对话框中的 ✔ 按钮，完成 first 的引入。

图 38.56　设计树新增零件

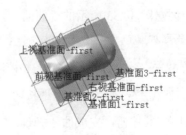

图 38.57　引入零件

Step4. 创建图 38.58 所示的"曲面-剪裁 1"。选择下拉菜单 插入(I) ➡ 曲面(S) ➡ 剪裁曲面(T)... 命令，系统弹出"剪裁曲面"对话框；在对话框的 剪裁类型(T) 区域中选择 ⦿ 标准(D) 单选按钮；选择图 38.58 中的曲面为剪裁工具。选择 ⦿ 保留选择(K) 单选按钮，然后选取图 38.59 所示的曲面为需要保留的部分；单击对话框中的 ✅ 按钮，完成曲面-剪裁 1 的创建。

图 38.58　曲面-剪裁 1　　　　　　　图 38.59　定义剪裁参数

Step5. 创建如图 38.60 所示的加厚 1。选择下拉菜单 插入(I) ➡️ 凸台/基体(B) ➡️ 📦 加厚(T)... 命令；选择整个曲面作为加厚曲面；在 加厚参数(T) 区域中单击 ☰ 按钮，在 ⤴T1 后的文本框中输入数值 1.0。

图 38.60　加厚 1

Step6. 创建图 38.61 所示的零件特征——切除-拉伸 1。选择下拉菜单 插入(I) ➡️ 切除(C) ➡️ 📦 拉伸(E)... 命令；选取 first 零件中的基准面 2 作为草图基准面，在草绘环境中绘制图 38.62 所示的横断面草图，选择下拉菜单 插入(I) ➡️ 📝 退出草图 命令，完成横断面草图的创建；单击 📐 按钮，采用与系统默认相反的切除深度方向，在"切除-拉伸"对话框 方向1 区域的下拉列表中选择 给定深度 选项，输入深度值 10.0；单击对话框中的 ✅ 按钮，完成切除-拉伸 1 的创建。

Step7. 创建图 38.63 所示的"基准面 4"。选择下拉菜单 插入(I) ➡️ 参考几何体(G) ➡️ ◇ 基准面(P)... 命令，系统弹出"基准面"对话框（注：具体参数和操作参见随书光盘）。

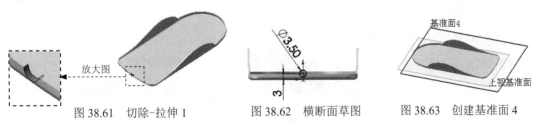

图 38.61　切除-拉伸 1　　　　图 38.62　横断面草图　　　　图 38.63　创建基准面 4

说明：读者在操作时，可能编号不是基准面 4，按照自己的作图顺序进行后续的操作即可。

Step8. 创建图 38.64 所示的零件基础特征——拉伸-薄壁 1。选择下拉菜单 插入(I) ➡️ 凸台/基体(B) ➡️ 📦 拉伸(E)... 命令；选取基准面 4 作为草图基准面，在草绘环境中绘制图 38.65 所示的横断面草图，选择下拉菜单 插入(I) ➡ 退出草图 命令，退出草绘环境，此时系统弹出"拉伸"对话框；在 方向1 区域中单击"反向" 按钮。在"凸台-拉伸"对话框 方向1 区域的下拉列表中选择 成形到下一面 选项；在 ☑ 薄壁特征(I) 区域中单击"反向"按钮，在"凸台-拉伸"对话框 ☑ 薄壁特征(I) 区域的下拉列表中选择 单向 选项，在 文本框中输入数值 0.5；单击 ✔ 按钮，完成拉伸-薄壁 1 的创建。

图 38.64　拉伸-薄壁 1　　　　　　　图 38.65　横断面草图

Step9. 创建图 38.66 所示的零件基础特征——拉伸-薄壁 2。选择下拉菜单 插入(I) ➡ 凸台/基体(B) ➡ 拉伸(E)... 命令；选取基准面 4 作为草图基准面，在草绘环境中绘制图 38.67 所示的横断面草图；在 方向1 区域中单击"反向"按钮，在"凸台-拉伸"对话框 方向1 区域的下拉列表中选择 成形到下一面 选项；采用系统默认的加厚方向，在"凸台-拉伸"对话框 ☑ 薄壁特征(I) 区域的下拉列表中选择 单向 选项，在 文本框中输入数值 0.5；单击 ✔ 按钮，完成拉伸-薄壁 2 的创建。

图 38.66　拉伸-薄壁 2　　　　　　　图 38.67　横断面草图

Step10. 创建图 38.68 所示的零件基础特征——拉伸-薄壁 3。选择下拉菜单 插入(I) ➡ 凸台/基体(B) ➡ 拉伸(E)... 命令；选取基准面 4 作为草图基准面，在草绘环境中绘制图 38.69 所示的横断面草图；在 方向1 区域中单击"反向"按钮，在"凸台-拉伸"对话框 方向1 区域的下拉列表中选择 成形到下一面 选项；在 ☑ 薄壁特征(I) 区域中单击"反向"按钮，在"凸台-拉伸"对话框 ☑ 薄壁特征(I) 区域的下拉列表中选择 单向 选项，在 文本框中输入数值 0.5；单击 ✔ 按钮，完成拉伸-薄壁 3 的创建。

图 38.68　拉伸-薄壁 3　　　　　　　图 38.69　横断面草图

Step11. 创建图 38.70 所示的零件特征——切除-拉伸 2。选择下拉菜单 插入(I) ➜ 切除(C) ➜ 拉伸(E)... 命令；选取前视基准面作为草图基准面，在草绘环境中绘制图 38.71 所示的横断面草图，选择下拉菜单 插入(I) ➜ 退出草图 命令，完成横断面草图的创建；采用系统默认的切除深度方向，在"切除-拉伸"对话框 方向1 区域的下拉列表中选择 两侧对称 选项，输入深度值 10.0；单击对话框中的 ✓ 按钮，完成切除-拉伸 2 的创建。

图 38.70　切除-拉伸 2　　　　　　　　图 38.71　横断面草图

Step12. 创建图 38.72 所示的零件特征——切除-旋转 1。选择下拉菜单 插入(I) ➜ 切除(C) ➜ 旋转(R)... 命令；选取前视基准面为草图基准面，绘制图 38.73 所示的横断面草图；采用草图中绘制的中心线作为旋转轴线；在"切除-旋转"对话框中输入旋转角度值 360.0；单击 ✓ 按钮，完成切除-旋转 1 的创建。

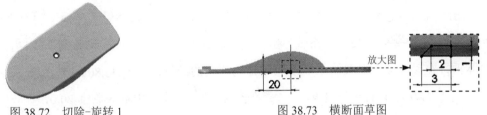

图 38.72　切除-旋转 1　　　　　　　　图 38.73　横断面草图

Step13. 创建图 38.74 所示的零件特征——切除-拉伸 3。选择下拉菜单 插入(I) ➜ 切除(C) ➜ 拉伸(E)... 命令；选取上视基准面作为草图基准面，在草绘环境中绘制图 38.75 所示的横断面草图；单击 按钮，采用与系统默认相反的切除深度方向，在"切除-拉伸"对话框 方向1 区域的下拉列表中选择 完全贯穿 选项；单击对话框中的 ✓ 按钮，完成切除-拉伸 3 的创建。

图 38.74　切除—拉伸 3　　　　　　　　图 38.75　横断面草图

Step14. 创建图 38.76 所示的零件特征——筋 1。选择下拉菜单 插入(I) ➜ 特征(F) ➜ 筋(R)... 命令；选取右视基准面作为草图基准面，绘制截面的几何图形（即图 38.77 所示的直线）；在"筋"对话框的 参数(P) 区域中单击 ▤（两侧）按钮，输入筋厚度值 1.0，

在  下单击 按钮，选中 ☑ 反转材料方向(F) 复选框；单击 按钮，完成筋 1 的创建。

图 38.76　筋 1　　　　　　　　　　　　图 38.77　筋（肋）的几何图形

Step15. 创建图 38.78b 所示的"镜像 1"。选择下拉菜单 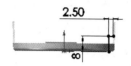 命令；在设计树中选择前视基准面为镜像基准面；在设计树中选择筋 1 为镜像 1 的对象；单击对话框中的 按钮，完成镜像 1 的创建。

a）镜像前　　　　　　　　　　　　b）镜像后

图 38.78　镜像 1

Step16. 创建图 38.79 所示的"阵列（线性）1"。选择下拉菜单 插入(I) ➡ 阵列/镜向(E) ➡ 线性阵列(L)... 命令，系统弹出"线性阵列"对话框；单击 要阵列的特征(F) 区域中的文本框，在设计树中选取筋 1 和镜像 1 作为阵列的源特征（图 38.80）；选取图 38.81 所示的边线 1 为方向 1 的参考边线，在 方向1 区域的 D1 文本框中输入数值 20.0，在 文本框中输入数值 2；单击对话框中的 按钮，完成阵列（线性）1 的创建。

边线 1

图 38.79　阵列（线性）1　　图 38.80　阵列的源特征　　图 38.81　边线 1

Step17. 创建图 38.82 所示的零件基础特征——凸台-拉伸 1。选择下拉菜单 插入(I) ➡ 凸台/基体(B) ➡ 拉伸(E)... 命令；选取上视基准面作为草图基准面，在草绘环境中绘制图 38.83 所示的横断面草图。选择下拉菜单 插入(I) ➡ 退出草图 命令，退出草绘环境，此时系统弹出"凸台-拉伸"对话框；采用系统默认的深度方向，在"凸台-拉伸"对话框 方向1 区域的下拉列表中选择 给定深度 选项，输入深度值 16.0；在"凸台-拉伸"对话框的 方向1 区域中单击"拔模开关"按钮 ，输入角度为 1；单击 按钮，完成凸台-拉伸 1 的创建。

图 38.82　凸台-拉伸 1

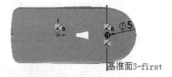

图 38.83　横断面草图

Step18. 创建图 38.84 所示的零件特征——M3 六角头螺栓的柱形沉头孔 1。选择下拉菜单 插入(I) → 特征(F) → 孔(H) → 向导(W)... 命令，系统弹出"孔规格"对话框；选择 位置 选项卡，系统弹出"孔位置"对话框，选择图 38.85 所示的模型表面点为孔的放置位置；在"孔位置"对话框中选择 类型 选项卡，选择孔"类型"为 （柱孔），标准为 GB，类型为 Hex head bolts GB/T5782-2000，大小为 M3，配合为 正常，在"孔规格"对话框的 终止条件(C) 下拉列表中选择 完全贯穿 选项；在"孔规格"对话框的 ☑ 显示自定义大小(Z) 区域的 后的文本框中输入数值 3.0，在 后的文本框中输入数值 4.0，在 后的文本框中输入数值 12.0；单击"孔规格"对话框中的 按钮，完成 M3 六角头螺栓的柱形沉头孔 1 的创建。

图 38.84　M3 六角头螺栓的柱形沉头孔 1

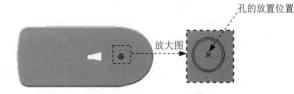

图 38.85　孔的放置位置

Step19. 创建图 38.86 所示的零件基础特征——凸台-拉伸 2。选择下拉菜单 插入(I) → 凸台/基体(B) → 拉伸(E)... 命令；选取上视基准面为草图基准面，在草绘环境中绘制图 38.87 所示的横断面草图；采用系统默认的深度方向，在"凸台-拉伸"对话框 方向1 区域的下拉列表中选择 给定深度 选项，输入深度值 16.0；单击 按钮，完成凸台-拉伸 2 的创建。

图 38.86　凸台-拉伸 2

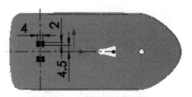

图 38.87　横断面草图

Step20. 创建图 38.88 所示的零件特征——切除-拉伸 4。选择下拉菜单 插入(I) → 切除(C) → 拉伸(E)... 命令；选取前视基准面为草图基准面，在草绘环境中绘制图 38.89 所示的横断面草图；采用系统默认的切除深度方向，在"切除-拉伸"对话框 方向1 区

域和 方向2 区域的下拉列表中均选择 完全贯穿 选项；单击对话框中的 ✅ 按钮，完成切除-拉伸 4 的创建。

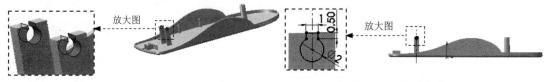

图 38.88　切除-拉伸 4　　　　　　　　图 38.89　横断面草图

Step21. 创建图 38.90b 所示的"倒角 1"。选择下拉菜单 插入(I) ➡ 特征(F) ➡ ◇ 倒角(C)... 命令，弹出"倒角"对话框；在"倒角"对话框中选择 ⊙ 角度距离(A) 单选按钮；选取图 38.90a 所示的边线为要倒角的对象；在 ⟋ 文本框中输入数值 0.5，在 ⟋ 文本框中输入数值 45.0；单击 ✅ 按钮，完成倒角 1 的创建。

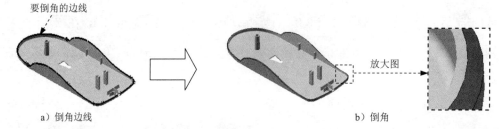

a）倒角边线　　　　　　　　　　　　　b）倒角

图 38.90　倒角 1

Step22. 创建图 38.91 所示的"基准轴 1"。选择下拉菜单 插入(I) ➡ 参考几何体(G) ➡ ⟋ 基准轴(A) 命令，系统弹出"基准轴"对话框；在"基准轴"对话框的 选择(S) 区域中单击 圆柱/圆锥面(C) 按钮；选取如图 38.92 所示的孔表面为基准轴的参考；单击对话框中的 ✅ 按钮，完成基准轴 1 的创建。

图 38.91　基准轴 1　　　　　　　　图 38.92　参考实体

Step23. 保存模型文件。选择下拉菜单 文件(F) ➡ 📄 保存(S) 命令，将模型存盘。

38.5　创建鼠标上盖

鼠标上盖模型如图 38.93 所示。

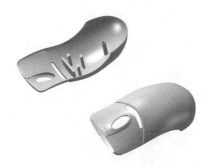

图 38.93　鼠标上盖模型

Step1. 在装配中创建新零件。选择下拉菜单 插入(I) ➡ 零部件(O) ➡ 新零件(N)... 命令，设计树中会增加一个固定的零件，如图 38.94 所示。

Step2. 在设计树中右击新建的零件，在弹出的快捷菜单中选择 打开零件 命令，系统进入空白界面。选择下拉菜单 文件(F) ➡ 另存为(A)... ，在系统弹出的 SolidWorks 2015 对话框中单击 确定 按钮，将新的零件命名为 top_cover.SLDPRT。

Step3. 引入零件，如图 38.95 所示。选择下拉菜单 插入(I) ➡ 零件(A)... 命令；在系统弹出的对话框中选择 second.SLDPRT 文件，单击 打开(O) 按钮；在对话框的 转移(T) 区域选中 ☑ 基准轴(A) 、 ☑ 基准面(P) 、 ☑ 曲面实体(S) 和 ☑ 实体(D) 复选框；单击"插入零件"对话框中的 ✔ 按钮，完成 second.SLDPRT 文件的引入。

图 38.94　设计树新增零件

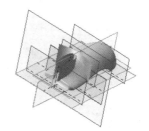

图 38.95　引入零件

Step4. 创建图 38.96 所示的"曲面-剪裁 1"。选择下拉菜单 插入(I) ➡ 曲面(S) ➡ 剪裁曲面(T)... 命令，系统弹出"剪裁曲面"对话框；在对话框的 剪裁类型(T) 区域中选择 ⦿ 相互(M) 单选按钮；选取图 38.97 所示的曲面为剪裁曲面。选择 ⦿ 移除选择(R) 单选按钮，然后选取图 38.98 所示的曲面为需要移除的面；单击对话框中的 ✔ 按钮，完成曲面-剪裁 1 的创建。

Step5. 创建图 38.99 所示的"加厚 1"。选择下拉菜单 插入(I) ➡ 凸台/基体(B) ➡ 加厚(T)... 命令，系统弹出"加厚"对话框；定义加厚曲面。选取曲面-剪裁 1 为要加

厚的曲面；在"加厚"对话框的 加厚参数(T) 区域中单击"加厚边侧2"按钮 ≣；在 加厚参数(T)
区域 ↖T1 后的文本框中输入值1.0；单击 ✔ 按钮，完成加厚1的创建。

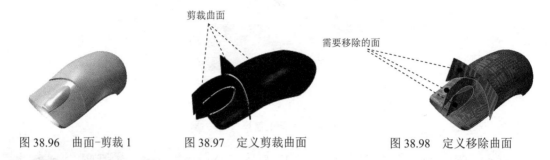

图 38.96　曲面-剪裁1　　　　图 38.97　定义剪裁曲面　　　　图 38.98　定义移除曲面

Step6. 创建图 38.100 所示的"基准面5"。选择下拉菜单 插入(I) ➡ 参考几何体(G) ▸
➡ ◈ 基准面(P)... 命令，系统弹出"基准面"对话框（注：具体参数和操作参见随书
光盘）；单击对话框中的 ✔ 按钮，完成基准面5的创建。

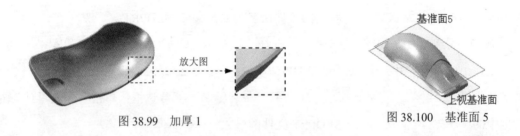

图 38.99　加厚1　　　　　　　　　　图 38.100　基准面5

Step7. 创建图 38.101 所示的零件基础特征——凸台-拉伸1。选择下拉菜单 插入(I)
➡ 凸台/基体(B) ➡ ⬚ 拉伸(E)... 命令；选取基准面5为草图基准面，在草绘环境
中绘制图 38.102 所示的草图4，选择下拉菜单 插入(I) ➡ ⬚ 退出草图 命令，退出草绘环
境，此时系统弹出"凸台-拉伸"对话框；采用系统默认的深度方向，在"凸台-拉伸"对
话框 方向1 区域的下拉列表中选择 成形到下一面 选项；单击 ✔ 按钮，完成凸台-拉伸1的创建。

图 38.101　凸台-拉伸1　　　　　　　图 38.102　草图4

Step8. 创建图 38.103 所示的零件特征——拔模1。选择下拉菜单 插入(I) ➡ 特征(F) ▸
➡ ◈ 拔模(D)... 命令。选取图 38.104 所示的拔模面；选取图 38.105 所示的拔模中性
面；采用系统默认的拔模方向，在"拔模"对话框 拔模角度(G) 区域的 ◤ 文本框中输入数值
1.0；单击 ✔ 按钮，完成拔模1的创建。

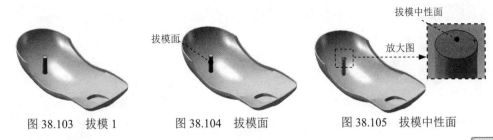

图 38.103 拔模 1   图 38.104 拔模面   图 38.105 拔模中性面

Step9. 创建图 38.106 所示的零件特征——∅3.0（3）直径孔 1。选择下拉菜单 插入(I) ➡ 特征(F) ➡ 孔(H) ➡ 向导(W)... 命令，系统弹出"孔规格"对话框；选择 位置 选项卡，系统弹出"孔位置"对话框，选择图 38.107 所示的模型表面点为孔的放置位置；在"孔规格"对话框中选择 类型 选项卡，选择孔"类型"为 （孔），标准为 GB ，类型为 钻孔大小 ，大小为 ∅3.0 。在"孔规格"对话框的 终止条件(C) 下拉列表中选择 给定深度 选项；在"孔规格"对话框 终止条件(C) 区域中的 文本框中输入值 5.0；单击"孔规格"对话框中的 按钮，完成∅3.0（3）直径孔 1 的创建。

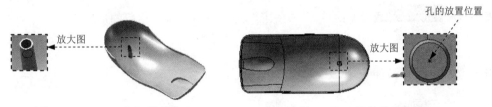

图 38.106 ∅3.0（3）直径孔 1   图 38.107 孔的放置位置

Step10. 创建图 38.108 所示的零件特征——切除-拉伸 1。选择下拉菜单 插入(I) ➡ 切除(C) ➡ 拉伸(E)... 命令；选取基准面 2 为草图基准面，在草绘环境中绘制图 38.109 所示的草图 5；单击 按钮，采用与系统默认相反的切除深度方向，在"切除-拉伸"对话框 方向1 区域的下拉列表中选择 成形到下一面 选项；单击对话框中的 按钮，完成切除-拉伸 1 的创建。

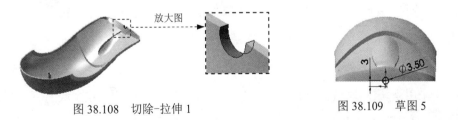

图 38.108 切除-拉伸 1   图 38.109 草图 5

Step11. 创建图 38.110 所示的零件特征——切除-拉伸 2。选择下拉菜单 插入(I) ➡ 切除(C) ➡ 拉伸(E)... 命令；选取上视基准面为草图基准面，在草绘环境中绘制图 38.111 所示的草图 6；单击"反向"按钮 ，在"切除-拉伸"对话框 方向1 区域的下拉列

表中选择 完全贯穿 选项；单击对话框中的 ✓ 按钮，完成切除-拉伸 2 的创建。

图 38.110　切除-拉伸 2

图 38.11　草图 6

Step12. 创建图 38.112 所示的"基准面 6"。选择下拉菜单 插入(I) ➡ 参考几何体(G)

➡ 基准面(P)... 命令，系统弹出"基准面"对话框；选取上视基准面为参考实体；采用系统默认的偏移方向值，在 後的文本框中输入数值 18.0；单击对话框中的 ✓ 按钮，完成基准面 6 的创建。

Step13. 创建图 38.113 所示的零件基础特征——拉伸-薄壁 1。选择下拉菜单 插入(I)

➡ 凸台/基体(B) ➡ 拉伸(E)... 命令；选取基准面 6 为草图基准面；绘制如图 38.114 所示的草图 7；采用系统默认的加厚值，在"凸台-拉伸"对话框 方向1 区域的下拉列表中选择 成形到下一面 选项；单击 按钮，采用与系统默认相反的加厚方向，在"凸台-拉伸"对话框 ☑薄壁特征(T) 区域的下拉列表中选择 单向 选项，在 文本框中输入数值 2.0；单击 ✓ 按钮，完成拉伸-薄壁 1 的创建。

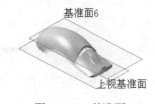

图 38.112　基准面 6

图 38.113　拉伸-薄壁 1

图 38.114　草图 7

Step14. 创建图 38.115 所示的零件基础特征——凸台-拉伸 2。打开 mouse_asm.SLDASM 文件，进入装配环境，在设计树中选择 top_cover<1> -> 节点，右击，在弹出的快捷菜单中选择"编辑零件"命令，系统进入零件编辑环境；选择下拉菜单 插入(I) ➡ 凸台/基体(B) ➡ 拉伸(E)... 命令；选取基准面 6 为草图基准面（在图形区显示出 first 零件中的草图 13），在草绘环境中绘制图 38.116 所示的草图 8（此草图与 first 中的草图 13 完全重合）；采用系统默认的深度方向，在"凸台-拉伸"对话框 方向1 区域的下拉列表中选择 成形到下一面 选项，在 方向2 区域的下拉列表中选择 给定深度 选项，输入深度值 1.0；单击 ✓ 按钮，完成凸台-拉伸 2 的创建；在工具栏中单击"编辑零件" 按钮 ，退出零件编辑环境，在设计树中选择 top_cover<1> -> 节点，右击，在弹出的快捷菜单中选择"打开零件"命令，进入 top_cover 零部件编辑环境。

图 38.115 凸台-拉伸 2

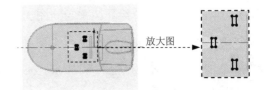

图 38.116 草图 8

Step15. 创建图 38.117 所示的零件基础特征——凸台-拉伸 3。选择下拉菜单 插入(I)

➡ 凸台/基体(B) ➡ 拉伸(E)... 命令；选取如图 38.118 所示的模型表面为草图基准面，在草绘环境中绘制图 38.119 所示的草图 9；采用系统默认的深度方向，在"凸台-拉伸"对话框 方向1 区域的下拉列表中选择 成形到一面 选项，选取与草图基准面对应的面为拉伸终止面；单击 ✔ 按钮，完成凸台-拉伸 3 的创建。

Step16. 参照 Step15 的操作步骤创建如图 38.120 所示的凸台-拉伸 4 和图 38.121 所示的凸台-拉伸 5，横断面草图同凸台-拉伸 3 的草图。

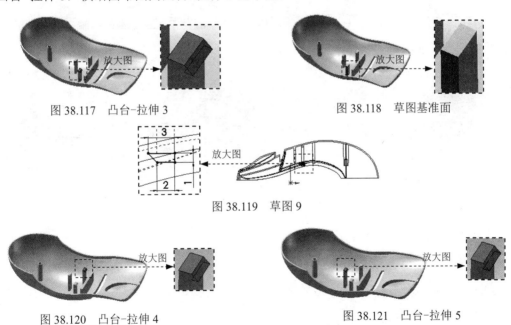

图 38.117 凸台-拉伸 3   图 38.118 草图基准面

图 38.119 草图 9

图 38.120 凸台-拉伸 4   图 38.121 凸台-拉伸 5

Step17. 创建图 38.122 所示的草图 10。选择下拉菜单 插入(I) ➡ 草图绘制 命令；选取前视基准面为草图基准面；在草绘环境中绘制图 38.122 所示的草图；选择下拉菜单 插入(I) ➡ 草图绘制 命令，完成草图 10 的创建。

Step18. 创建图 38.123 所示的零件特征——切除-拉伸 3。打开 mouse_asm.SLDASM 文件，进入装配环境，在设计树中选择 top_cover〈1〉-> 节点，右击，在弹出的快捷菜单中选择"编辑零件"命令，系统进入零件编辑环境；选择下拉菜单 插入(I) ➡ 切除(C) ➡ 拉伸(E)... 命令；选取上视基准面为草图基准面（在图形区显示出 first

零件中的草图 14），在草绘环境中绘制图 38.124 所示的横断面草图；单击 按钮，采用与系统默认相反的切除深度方向，在"切除-拉伸"对话框 方向1 区域的下拉列表中选择 完全贯穿 选项；单击对话框中的 ✅ 按钮，完成切除-拉伸 3 的创建；在工具栏中单击"编辑零件"按钮 🖉，退出零件编辑环境，在设计树中选择 ⊟ 🖧 top_cover⟨1⟩ -> 节点，右击，在弹出的快捷菜单中选择"打开零件"命令，进入 top_cover 零部件编辑环境。

图 38.122　草图 10　　　　图 38.123　切除-拉伸 3　　　　图 38.124　横断面草图

Step19. 创建图 38.125b 所示的"倒角 1"。选择下拉菜单 插入(I) ➡ 特征(F) ➡ 🔲 倒角(C)... 命令，弹出"倒角"对话框；选择 ⦿ 角度距离(A) 单选按钮；选取图 38.125a 所示的边线为要倒角的对象；在 🔻 文本框中输入数值 0.3，在 🔲 文本框中输入数值 45.0；单击 ✅ 按钮，完成倒角 1 的创建。

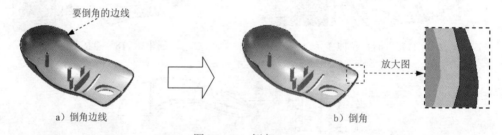

图 38.125　倒角 1

Step20. 创建图 38.126b 所示的"圆角 1"。选择下拉菜单 插入(I) ➡ 特征(F) ➡ 🔲 圆角(F)... 命令，系统弹出"圆角"对话框；采用系统默认的圆角类型；选取图 38.126a 所示的边线为要倒圆角的对象；在对话框中输入半径值 0.5；单击"圆角"对话框中的 ✅ 按钮，完成圆角 1 的创建。

图 38.126　圆角 1

Step21. 创建圆角 2。选择下拉菜单 插入(I) ➡ 特征(F) ➡ 🔲 圆角(F)... 命令，系统弹出"圆角"对话框，采用系统默认的圆角类型，选取图 38.127 所示的边线为要倒圆角的对象，圆角半径为 0.2。

Step22. 创建圆角 3。选择下拉菜单  命令，系统弹出"圆角"对话框，采用系统默认的圆角类型，选取图 38.128 所示的边线为要倒圆角的对象，圆角半径为 0.5。

图 38.127　圆角 2 边线　　　　　　　图 38.128　圆角 3 边线

Step23. 创建图 38.129b 所示的"倒角 2"。选择下拉菜单  命令，弹出"倒角"对话框；选择 ⊙ 角度距离(A) 单选按钮；选取图 38.129a 所示的边线为要倒角的对象；在 文本框中输入数值 1.0，在 文本框中输入数值 60.0；单击 按钮，完成倒角 2 的创建。

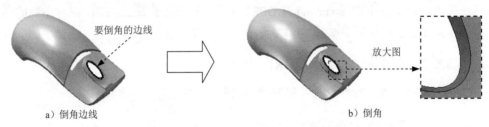

a）倒角边线　　　　　　　　　　　　b）倒角

图 38.129　倒角 2

Step24. 创建圆角 4。选择下拉菜单 插入(I) → 特征(F) → 圆角(F)... 命令，系统弹出"圆角"对话框，采用系统默认的圆角类型，选取图 38.130 所示的边线为要倒圆角的对象，圆角半径为 0.5。

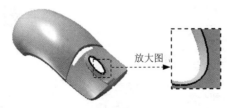

图 38.130　圆角 4 边线

Step25. 保存模型文件。选择下拉菜单 文件(F) → 保存(S) 命令，将模型存盘。

38.6　创建鼠标按键

鼠标按键模型如图 38.131 所示。

图 38.131　鼠标按键模型

Step1. 在装配中创建新零件。选择下拉菜单 插入(I) ➡ 零部件(O) ➡
新零件(N)... 命令，设计树中会增加一个固定的零件，如图 38.132 所示。

Step2. 在设计树中右击新建的零件，在弹出的快捷菜单中选择"打开零件"命令，系统进入空白界面。选择下拉菜单 文件(F) ➡ 另存为(A)...，在系统弹出的 SolidWorks 2015 对话框中单击 确定 按钮，将新的零件命名为 key.SLDPRT。

Step3. 引入零件，如图 38.133 所示。选择下拉菜单 插入(I) ➡ 零件(A)... 命令；在系统弹出的对话框中选择 second.SLDPRT 文件，单击 打开(O) 按钮；在对话框的 转移(T) 区域选中 ☑ 基准轴(A)、☑ 基准面(P)、☑ 曲面实体(S) 和 ☑ 实体(D) 复选框；单击"插入零件"对话框中的 ✓ 按钮，完成 second.SLDPRT 文件的引入。

注意：此时，为了操作方便要将拉伸曲面隐藏。

图 38.132　设计树新增零件

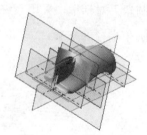

图 38.133　引入零件

Step4. 创建图 38.134 所示的"曲面-剪裁 1"。选择下拉菜单 插入(I) ➡ 曲面(S) ➡ 剪裁曲面(T)... 命令，系统弹出"剪裁曲面"对话框；在对话框的 剪裁类型(T) 区域中选择 ◉ 标准(D) 单选按钮；选取图 38.135 所示曲面为剪裁曲面，选择 ◉ 保留选择(K) 单选按钮，然后选取图 38.136 所示的曲面为需要保留的曲面；单击对话框中的 ✓ 按钮，完成曲面-剪裁 1 的创建。

图 38.134 曲面-剪裁 1

剪裁曲面

图 38.135 定义剪裁曲面

需要保
留的曲面

图 38.136 定义保留曲面

注意：此时，为了操作方便要将 second 曲面隐藏。

Step5. 创建图 38.137 所示的"加厚 1"。选择下拉菜单 插入(I) ➡ 凸台/基体(B)
➡ 加厚(T)... 命令，系统弹出"加厚"对话框；选取曲面-剪裁 1 为要加厚的曲面；
在"加厚"对话框的 加厚参数(T) 区域中单击"加厚边侧 2"按钮 ；在"加厚"对话框
加厚参数(T) 区域的 文本框中输入值 1.0；单击 按钮，完成加厚 1 的创建。

Step6. 创建图 38.138 所示的"基准面 7"。选择下拉菜单 插入(I) ➡ 参考几何体(G)
➡ 基准面(P)... 命令，系统弹出"基准面"对话框（注：具体参数和操作参见随书
光盘）。

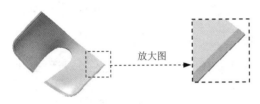

放大图

图 38.137 加厚 1

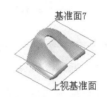

基准面7

上视基准面

图 38.138 基准面 7

Step7. 创建图 38.139 所示的零件基础特征——凸台-拉伸 1。选择下拉菜单 插入(I)
➡ 凸台/基体(B) ➡ 拉伸(E)... 命令；选取基准面 7 为草图基准面，在草绘环境中
绘制图 38.140 所示的横断面草图（此草图通过图 38.139 所示等距边线等距而出）；采用系
统默认的深度方向，在"凸台-拉伸"对话框 方向1 区域的下拉列表中选择 成形到一面 选项，
选取如图 38.141 所示的拉伸终止面；单击 按钮，完成凸台-拉伸 1 的创建。

图 38.139 凸台-拉伸 1

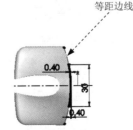

等距边线

0.40

30

0.40

图 38.140 横断面草图

图 38.141 拉伸终止面

Step8. 创建图 38.142 所示的"基准面 8"。选择下拉菜单 插入(I) ➡ 参考几何体(G) ➡ 基准面(P)... 命令，选取右视基准面为基准面的参考实体，采用系统默认的偏移方向，在 文本框中输入偏移距离值 26.0。单击对话框中的 按钮，完成基准面 8 的创建。

Step9. 创建图 38.143 所示的零件基础特征——凸台-拉伸 2。选择下拉菜单 插入(I) ➡ 凸台/基体(B) ➡ 拉伸(E)... 命令，选取基准面 8 为草图基准面，在草绘环境中绘制图 38.144 所示的横断面草图。采用系统默认的深度方向，在"凸台-拉伸"对话框 方向1 区域的下拉列表中选择 成形到一面 选项，选取如图 38.145 所示的拉伸终止面，单击 按钮，完成凸台-拉伸 2 的创建。

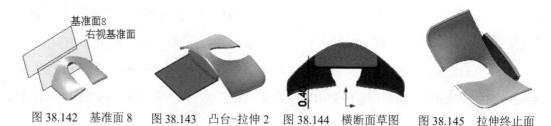

图 38.142　基准面 8　　图 38.143　凸台-拉伸 2　　图 38.144　横断面草图　　图 38.145　拉伸终止面

Step10. 创建图 38.146b 所示的"圆角 1"。选择下拉菜单 插入(I) ➡ 特征(F) ➡ 圆角(F)... 命令，系统弹出"圆角"对话框；采用系统默认的圆角类型；选取图 38.146a 所示的边线为要倒圆角的对象；在对话框中输入半径值 0.2；单击"圆角"对话框中的 按钮，完成圆角 1 的创建。

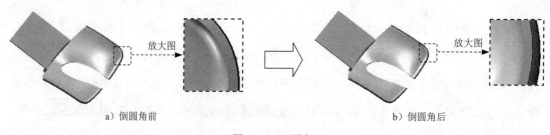

a）倒圆角前　　　　　　　　　　　　　　b）倒圆角后

图 38.146　圆角 1

Step11. 创建圆角 2。选择下拉菜单 插入(I) ➡ 特征(F) ➡ 圆角(F)... 命令，系统弹出"圆角"对话框，采用系统默认的圆角类型，选取图 38.147 所示的边线为要倒圆角的对象，圆角半径为 0.2。

Step12. 创建圆角 3。选择下拉菜单 插入(I) ➡ 特征(F) ➡ 圆角(F)... 命令，系统弹出"圆角"对话框，采用系统默认的圆角类型，选取图 38.148 所示的边线为要倒圆角的对象，圆角半径为 0.2。

图 38.147 圆角 2 边线

图 38.148 圆角 3 边线

Step13. 创建图 38.149 所示的零件特征——切除-拉伸 1。打开 mouse_asm.SLDASM 文件，进入装配环境，在设计树中选择 ⊞ 🐾 key<1> -> 节点，右击，在弹出的快捷菜单中选择"编辑零件"命令，系统进入零件编辑环境；选择下拉菜单 插入(I) ➡ 切除(C) ➡ 🔲 拉伸(E)... 命令；选取基准面 7 为草图基准面（在图形区显示出 first 零件中的草图 13），在草绘环境中绘制图 38.150 所示的横断面草图（两边分别外延 0.5）；采用系统默认的切除深度方向，在"切除-拉伸"对话框 方向1 区域和 方向2 区域的下拉列表中选择 完全贯穿 选项；单击对话框中的 ✅ 按钮，完成切除-拉伸 1 的创建；在工具栏中单击"编辑零件"按钮 ✐，退出零件编辑环境，在设计树中选择 ⊞ 🐾 key<1> -> 节点，右击，在弹出的快捷菜单中选择"打开零件"命令，进入 top_cover 零部件编辑环境。

图 38.149 切除-拉伸 1

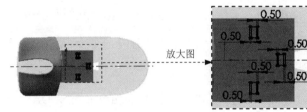

图 38.150 横断面草图

Step14. 创建图 38.151 所示的零件特征——切除-拉伸 2。选择下拉菜单 插入(I) ➡ 切除(C) ➡ 🔲 拉伸(E)... 命令；选取基准面 7 为草图基准面，在草绘环境中绘制图 38.152 所示的横断面草图；采用系统默认的切除深度方向，在"切除-拉伸"对话框 方向1 区域和 方向2 区域的下拉列表中选择 完全贯穿 选项；单击对话框中的 ✅ 按钮，完成切除-拉伸 2 的创建。

图 38.151 切除-拉伸 2

图 38.152 横断面草图

Step15. 创建图 38.153 所示的零件特征——切除-拉伸-薄壁 1。选择下拉菜单 插入(I) ➡ 切除(C) ➡ 🔲 拉伸(E)... 命令；选取上视基准面为草图基准面，在草绘环境中绘制图 38.154 所示的横断面草图；采用系统默认的切除深度方向，在"切除–拉伸"对话框 **方向1** 区域和 **方向2** 区域的下拉列表中选择 **完全贯穿** 选项；在 **☑ 薄壁特征(T)** 区域的下拉列表中选择 **两侧对称** 选项，输入厚度值 1.0；单击对话框中的 ✅ 按钮，完成切除–拉伸–薄壁 1 的创建。

图 38.153　切除–拉伸–薄壁 1

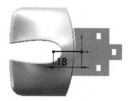

图 38.154　横断面草图

Step16. 保存模型文件。选择下拉菜单 文件(F) ➡ 💾 保存(S) 命令，将模型存盘。

38.7　创建鼠标中键

鼠标中键模型如图 38.155 所示。

Step1. 进入装配环境。选择下拉菜单 插入(I) ➡ 零部件(O) ▸ ➡ 🐷 新零件(N)... 命令，设计树中会增加一个固定的零件，在设计树中右击零件，在弹出的快捷菜单中选择"打开零件"命令，系统进入空白界面。选择下拉菜单 文件(F) ➡ 🔙 另存为(A)...，将新的零件命名为 trolley.SLDPRT，打开 mouse_asm.SLDASM 文件，进入装配环境，在设计树中选择 ⊞ 🐷 (固定) trolley⟨1⟩ -> 默认 节点，右击，在弹出的快捷菜中选择"编辑零件"命令，系统进入零件编辑环境。

注意：此时，为了操作方便要将 first、second、top_cover、key 隐藏，将显示模式改为上色状态。

Step2. 创建图 38.156 所示的零件特征——旋转 1。选择下拉菜单 插入(I) ➡ 凸台/基体(B) ➡ 🔄 旋转(R)... 命令，系统弹出"旋转"对话框；选取 first.SLDPRT 模型中的基准面 1 作为草图基准面，进入草图环境，绘制图 38.157 所示的横断面草图，选择下拉菜单 插入(I) ➡ 🔚 退出草图 命令，退出草图环境；采用草图中绘制的中心线为旋转轴线（此时"旋转"对话框中显示所选中心线的名称）；在"旋转"对话框 **方向1** 区域的下拉列表中选择 **给定深度** 选项，采用系统默认的旋转方向，在 **方向1** 区域的 🔼 文本框中输入数值 360.0；单击对话框中的 ✅ 按钮，完成旋转 1 的创建。

图 38.155　鼠标中键

图 38.156　旋转 1

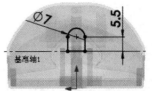

图 38.157　横断面草图

Step3. 创建图 38.158 所示的零件基础特征——凸台-拉伸 1。选择下拉菜单 插入(I)

➡ 凸台/基体(B) ➡ 拉伸(E)... 命令；选取如图 38.159 所示的模型表面为草图基

准面，在草绘环境中绘制图 38.160 所示的横断面草图；采用系统默认的深度方向，在"凸

台-拉伸"对话框 方向1 区域和 方向2 区域的下拉列表中选择 成形到一顶点 选项，选取如图

38.161 所示的两个支架的上端点为拉伸终止点；单击 ✔ 按钮，完成凸台-拉伸 1 的创建。

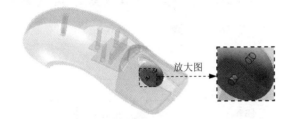

图 38.158　凸台-拉伸 1

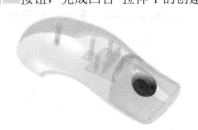

图 38.159　草图基准面

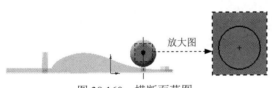

图 38.160　横断面草图

图 38.161　拉伸终止点

Step4. 至此，鼠标设计完毕，隐藏 first.SLDPRT 和 second.SLDPRT 零件，其余为可见。

可以看到已经装配在一起的鼠标整体。选择下拉菜单 文件(F) ➡ 保存(S) 命令。

读者意见反馈卡

尊敬的读者:

感谢您购买电子工业出版社出版的图书!

我们一直致力于 CAD、CAPP、PDM、CAM 和 CAE 等相关技术的跟踪,希望能将更多优秀作者的宝贵经验与技巧介绍给您。当然,我们的工作离不开您的支持。如果您在看完本书之后,有好的意见和建议,或是有一些感兴趣的技术话题,都可以直接与我联系。

策划编辑: 管晓伟

注: 本书的随书光盘中含有该 "读者意见反馈卡" 的电子文档,您可将填写后的文件采用电子邮件的方式发给本书的责任编辑或主编。

E-mail 詹迪维: zhanygjames@163.com;   管晓伟 guanphei@163.com。

请认真填写本卡,并通过邮寄或 E-mail 传给我们,我们将奉送精美礼品或购书优惠卡。

书名:《SolidWorks 产品设计实例精解（2015 版）》（配全程视频教程)》

1. 读者个人资料:

姓名: _____ 性别: ____ 年龄: ____ 职业: _____ 职务: _____ 学历: _____

专业: _____ 单位名称: _____ 电话: _____ 手机: _____

邮寄地址: _____ 邮编: _____ E-mail: _____

2. 影响您购买本书的因素 (可以选择多项):

☐内容   ☐作者   ☐价格

☐朋友推荐   ☐出版社品牌   ☐书评广告

☐工作单位 (就读学校) 指定 ☐内容提要、前言或目录   ☐封面封底

☐购买了本书所属丛书中的其他图书   ☐其他_____

3. 您对本书的总体感觉:

☐很好   ☐一般   ☐不好

4. 您认为本书的语言文字水平:

☐很好   ☐一般   ☐不好

5. 您认为本书的版式编排:

☐很好   ☐一般   ☐不好

6. 您认为 SolidWorks 其他哪些方面的内容是您所迫切需要的?

_____

7. 其他哪些 CAD/CAM/CAE 方面的图书是您所需要的?

_____

8. 您认为我们的图书在叙述方式、内容选择等方面还有哪些需要改进的?

如若邮寄,请填好本卡后寄至:

北京市万寿路 173 信箱 1017 室,电子工业出版社工业技术分社   管晓伟 (收)

邮编: 100036   联系电话: (010) 88254460   光盘技术咨询电话: (010) 82176248/49

读者可以加入专业 QQ 群 273433049 或者 424371954 来进行互动学习和技术交流。